用于国家职业技能鉴定
YONGYU GUOJIA ZHIYE JINENG JIANDING
国家职业资格培训教程
GUOJIA ZHIYE ZIGE PEIXUN JIAOCHENG

豆制品工艺师

（基础知识）

编审委员会

主　任　刘　康
副主任　张亚男
委　员　卫祥云　李里特　吴月芳　石彦国　胡耀辉
　　　　蔡祖明　季　凯　沈建华　张玺麟　杨林其
　　　　杨　林　张小宝　陈金财　金兴仓　赵广春
　　　　林榆生　陈　蕾　张　伟

编审人员

主　编　吴月芳
副主编　石彦国　蔡祖明
主　审　李里特
审　稿　陈明海　于爱群　王常敏　林治海　宋　清
　　　　商为民　李旻怡　董　梅

中国劳动社会保障出版社

图书在版编目(CIP)数据

豆制品工艺师：基础知识/中国就业培训技术指导中心组织编写. —北京：中国劳动社会保障出版社，2011

国家职业资格培训教程

ISBN 978-7-5045-9277-4

Ⅰ.①豆…　Ⅱ.①中…　Ⅲ.①豆制品加工-技术培训-教材　Ⅳ.①TS214.2

中国版本图书馆 CIP 数据核字(2011)第 197979 号

中国劳动社会保障出版社出版发行

(北京市惠新东街 1 号　邮政编码：100029)

出 版 人：张梦欣

*

新华书店经销

北京地质印刷厂印刷　三河市华东印刷装订厂装订

787 毫米×1092 毫米　16 开本　16.75 印张　291 千字

2011 年 10 月第 1 版　2011 年 10 月第 1 次印刷

定价：34.00 元

读者服务部电话：010-64929211/64921644/84643933

发行部电话：010-64961894

出版社网址：http://www.class.com.cn

前　　言

为推动豆制品工艺师职业培训和职业技能鉴定工作的开展，在豆制品工艺师从业人员中推行国家职业资格证书制度，中国就业培训技术指导中心在完成《国家职业标准·豆制品工艺师》（试行）（以下简称《标准》）制定工作的基础上，组织参加《标准》编写和审定的专家及其他有关专家，编写了豆制品工艺师国家职业资格培训系列教程。

豆制品工艺师国家职业资格培训系列教程紧贴《标准》要求，内容上体现“以职业活动为导向、以职业能力为核心”的指导思想，突出职业资格培训特色；结构上针对豆制品工艺师职业活动领域，按照职业功能模块分级别编写。

豆制品工艺师国家职业资格培训系列教程共包括《豆制品工艺师（基础知识）》《豆制品工艺师（国家职业资格三级）》《豆制品工艺师（国家职业资格二级）》《豆制品工艺师（国家职业资格一级）》4本。《豆制品工艺师（基础知识）》内容涵盖《标准》的“基本要求”，是各级别豆制品工艺师均需掌握的基础知识；其他各级别教程的章对应于《标准》的“职业功能”，节对应于《标准》的“工作内容”，节中阐述的内容对应于《标准》的“能力要求”和“相关知识”。

本书是豆制品工艺师国家职业资格培训系列教程中的一本，适用于对各级别豆制品工艺师的职业资格培训，是国家职业技能鉴定推荐辅导用书，也是各级别豆制品工艺师职业技能鉴定国家题库命题的直接依据。

本书在编写过程中得到杭州华源豆制品有限公司、连云港日丰钙镁有限公司等单位的大力支持与协助，在此一并表示衷心的感谢。

中国就业培训技术指导中心

目 录

CONTENTS

国家职业资格培训教程

第1章 职业道德

第1节 豆制品工艺师职业道德

一、职业道德的基本概念

日常生活中，人与人之间的交往会存在各种各样的利益冲突，解决利益冲突的办法要靠法律和社会道德。社会道德是一种特殊的规范，它能最大限度地发挥人的潜能，使人趋向社会认可的良知，它对人的约束力量来自人的本身。职业道德是社会道德的一个重要组成部分，它是一种通过从业人员自身的约束来化解人们之间矛盾的规范。

1. 职业道德的内涵

职业道德是指人们在从事各种职业活动过程中，为了适应这些职业活动的要求而必然产生的道德原则、规范和相应的道德意识、道德情操和道德品质等行为规范的总和。作为“行为规范总和”的职业道德是一定社会占主导地位的道德在职业活动中的具体体现，也是一定的社会道德在特殊社会关系领域中的应用和发展。职业道德也可以表现为从业人员是否具有一定的职业道德修养，是否具备一定的内在职业道德品质以及其达到的程度和水平等。

2. 职业道德的特征

职业道德作为一种特殊的社会道德领域和行为调节方式，与一般社会道德有着明显的区别，它通过规定各种职业活动应尽的责任和义务，维持各种职业活动的正常进行。职业道德有其自身的特殊性，了解这些特殊性，有助于人们加深对职业道德的认识和理解。

（1）职业道德的范围具有专业性和对象性

职业道德受职业活动的制约，是围绕着特定的职责、活动方式展开的。职业道德往往只约束从事该职业的人员及其在职业活动中所发生的行为。实际生活中，各种职业从本职业的要求出发，概括提炼出一些十分明确具体的职业道德准则。例如，企业员工与老板之间、医生与患者之间都存在着不同的特殊性，因此企业员工、医生都有着不同的职业道德。而这些职业道德，彼此之间是不可以随意替代的。正是这些与本行业的具体业务和具体条件相适应的特征，保障了职业道德在调节人们的思想和职业行为方面的重要作用。

（2）职业道德的内容稳定、连续

在不同的社会形态中，同一职业总有大体一致的特定利益和义务，有一定的活动内容和经营方式。职业的稳定存在，要求与该职业相适应的职业道德存在。职业道德的要求在长期的职业实践中延续，其成功的方面被作为经验传承下来，不会随着社会的变化而消失。例如，人们通常所说的商人习气、机关作风、军人作风等。这些世代相传的职业传统，已经形成了人们稳定的职业心理和职业习惯。又如，无论医疗器械和医疗环境有怎样的不同，救死扶伤必然是医生职业道德的基本要求；无论工厂的硬件条件如何不同，作为豆制品工艺师，都要遵守爱岗敬业、严守商业机密、诚实守信的基本要求。

（3）职业道德的多样性

职业道德是应各种职业活动的内容与形式的要求产生的。因此，社会分工的多样性决定了职业领域的多样性，也就决定了职业道德的多样性。每种职业道德在有着相同时代精神的同时，又有着互不相同的具体职业道德内容和要求。例如，医生必须有医德，老师必须有师德，商人必须有商德等。这些都是职业道德多样性的表现。

（4）不同的职业有不同的职业道德，职业道德具备成熟性的特征

适用性是由职业道德使用范围的特定性所决定的。职业道德是对已参加工作的从业人员提出的职业道德规范和要求，表现在实际从事一定职业的成年人的意识和行为中。各种职业道德都是建立在人们比较深刻的道德认识和比较普遍的道德经验之上的，因此表现出道德意识和道德行为发展的成熟特性。

（5）职业道德的执行具有强制性和自觉性

职业道德除了通过传统习惯、社会舆论等方式调节外，还与职业责任、职业纪

律相结合，加上职业道德具体性的特点，对从业人员的工作态度、服务标准等方面作了明确规定。如果在从业过程中有违反职业道德的行为，就要受到职业纪律的处分甚至法律的制裁。例如，医生如果在手术过程中，不按照操作规程办事，导致患者伤亡，就必须要对患者家属负责，情节严重的要承担法律责任。同样，作为豆制品工艺师，如果私自将公司的科研机密公开或者透露给其他企业，或者私自做违反食品安全的产品，情节严重的还会受到法律的惩处。因此，职业道德不仅仅是一种自觉的“软规则”，还是具有一定强制性的“硬规则”。

3. 职业道德的作用

职业活动在人类的社会实践中处于最中心的位置，职业道德是社会道德体系的重要组成部分，它一方面具有社会道德的一般作用，另一方面又具有自身的特殊作用，具体表现在以下四方面。

(1) 调节职业交往中从业人员内部以及从业人员与服务对象间的关系

职业道德的基本职能是调节职能。一方面，职业道德可以调节从业人员内部的关系，即运用职业道德规范约束职业内部人员的行为，促进职业内部人员的团结与合作。如职业道德规范要求，各行各业的从业人员都要团结、互助、爱岗、敬业，齐心协力地为发展本行业、本职业服务。另一方面，职业道德又可以调节从业人员和服务对象之间的关系。如职业道德规定了制造产品的工人要怎样对用户负责，营销人员怎样对顾客负责，医生怎样对病人负责，教师怎样对学生负责等。

(2) 有助于维护和提高本行业的信誉

一个行业和一个企业的信誉，即其形象、信用和声誉，是指该行业、企业及其产品与服务在社会公众中的信任程度，提高行业和企业的信誉主要依靠其产品质量和服务质量，而从业人员职业道德水平的提升是产品质量和服务质量的有效保证。若从业人员职业道德水平不高，则很难生产出优质的产品和提供优质的服务。

(3) 促进本行业的发展

行业、企业的发展有赖于高的经济效益，而高的经济效益源于高的员工素质。员工素质主要包含知识、能力、责任心三方面，其中责任心是最重要的。而职业道德水平高的从业人员其责任心是极强的，因此，职业道德能促进本行业的发展。

(4) 有助于提高全社会的道德水平

职业道德是整个社会道德的一部分。职业道德一方面涉及每个从业者如何对待职业，如何对待工作，同时也是一个从业人员的生活态度、价值观念的表现，是一个人的道德意识、道德行为发展的成熟阶段，具有较强的稳定性和连续性。另一方面，职业道德也是一个职业集体，甚至是一个行业全体人员的行为表现，如果每个行业、每个职业集体都具备优良的道德，对整个社会道德水平的提高肯定会发挥重要作用。

二、豆制品工艺师的职业道德

豆制品工艺师是豆制品企业中承担生产工艺管理及产品技术研发的人员，这就要求该类人员不仅要具有专业技术方面的技能，同时还应具备豆制品工艺师的职业道德。

1. 豆制品工艺师的道德挑战

豆制品工艺师会面对各种各样的道德挑战和诱惑，这些挑战和诱惑可能会使豆制品工艺师产生道德偏差，导致一些错误的行为。主要表现在以下几方面。

（1）诚信的挑战

豆制品工艺师是企业中重要的生产工艺管理人员，对企业的生产经营起着非常重要的作用。豆制品工艺师在工作中应勇于负责、严于律己、坚持原则、信守合同、忠于职守。如果出现某些不诚信的问题，将会给企业造成很大的损失。这就是诚信的挑战。

（2）利益的挑战

豆制品是人们日常消费的食品，豆制品的食用安全关系到千千万万老百姓的健康。豆制品工艺师是从事豆制品生产的工艺管理人员，如果受到利益的驱使，置大众消费者的利益于不顾，以改善产品的口感、外观或以提高产量为借口在生产过程中采用非食品原料或滥用添加剂进行违规生产，会使豆制品工艺师陷入与消费者利益冲突的挑战。

（3）失密的挑战

豆制品工艺师是企业的生产技术和产品研发人才，通常可以接触到企业的技术核心机密甚至专利，如果由于豆制品工艺师的道德缺失，把企业的技术核心机密或者技术专利泄露给企业的竞争对手而导致产品或技术被模仿，将会给企业造成不可估量的损失。这就是失密的挑战。

（4）工作能力的挑战

企业在生产过程中会碰到很多问题需要解决，可能有些问题是在豆制品工艺师的能力范围之外的，这时，豆制品工艺师是为了面子敷衍了事，还是先承认自己的能力不足，然后请求他人帮助共同完成任务、解决问题。这就是工作能力的挑战。

2. 豆制品工艺师的职业道德原则

豆制品工艺师的职业道德原则是这个职业对豆制品工艺师的根本要求，是其行为的根本价值取向，是在为企业和社会服务过程中的基本道德标准。豆制品工艺师的职业道德原则主要包括以下几点。

（1）致力于为消费者提供高品质的豆制品产品

豆制品工艺师是豆制品行业技术的中坚力量，致力于为消费者提供高品质及食用安全的豆制品。要做到这一点，首先，豆制品工艺师必须掌握丰富的专业知识，而且能在实际生产中活学活用；其次，豆制品工艺师必须积极投身生产一线，把专业理论知识与生产实践结合起来；最后，豆制品工艺师还要了解市场需求，以市场指导生产。

（2）专心致志做好本职工作

豆制品工艺师必须有很强的职业责任感，对工作积极负责。试想，如果豆制品工艺师在进行产品品质控制的过程中出现疏忽，造成不合格产品甚至有害消费者健康的产品流入市场，这将对企业及消费者的利益造成多大的损失。

（3）严守商业秘密

企业商业秘密是指尚未公开，且一旦公开将有损企业利益的专有性或保密性信息。无论在职与否或是否从中获利，豆制品工艺师均不得与任何个人、公司或机构交流，或使用任何与制作工艺等有关的涉密信息。

（4）利益冲突原则

利益冲突是指豆制品工艺师的个人利益与企业利益、或个人利益与所承担的岗位职责发生的或可能发生的冲突。遇到利益冲突时，应及时向上级主管或企业相关部门报告，并根据反馈意见及时加以处理。豆制品工艺师应忠实履行岗位职责，严防利益冲突，维护企业及股东的最佳利益。

（5）利益相关方关系处理原则

利益相关方是指豆制品工艺师及其所服务的企业与合作伙伴、竞争对手、客户及其他员工等利益相关者之间的关系。在处理利益相关方关系时，应本着“客户至上”的理念为客户生产最好的产品，提供满意的服务；应公正、客观地对待合作伙伴，禁止侵犯合作伙伴的利益，促进与合作伙伴的关系，实现“双赢”；应遵守社会公德和竞争规则，尊重竞争对手，禁止采取不正当手段夸大或歪曲事实、贬低竞争对手的产品或服务；对同事热忱友善，尊重他人人格，注重团队协作，并充分发挥自身业务技术特长，积极创新，将个人才智融入到工作团队中。

（6）保护企业财产原则

企业财产指企业有形资产、无形资产、商业秘密或其他专业信息。豆制品工艺师作为企业的一员应合理使用并保护公司财产，禁止以任何方式损害、浪费、侵占、挪用、滥用公司财产。同时还应具有风险意识，自觉规避相关风险，如生产安全事故等，做到防患于未然。

三、豆制品工艺师的职业道德修养

1. 豆制品工艺师职业道德修养的概念与特点

豆制品工艺师职业道德修养，是指按照豆制品工艺师职业道德基本原则和规范，在职业活动中所进行的自我教育、自我改造、自我完善，使自己形成良好的职业道德品质和达到一定的职业道德境界。

豆制品工艺师职业道德修养的提高一方面靠自己的主观努力，即自我修养；另一方面靠社会的培养和组织的教育，两方面缺一不可。其关键在于自我锻炼、自我改造和自我提高。

2. 提高豆制品工艺师职业道德修养的方法

豆制品工艺师是豆制品行业的中坚力量，提高豆制品工艺师的职业道德修养，对提高豆制品行业的整体素质，促进豆制品行业健康发展具有非常重要的作用。

（1）应树立正确的职业观，锻炼自己的职业道德意志

树立正确的职业观，就是要珍爱自己的工作岗位，对从事的职业有一种自豪感和使命感；同时要志向远大，执著追求，不懈奋斗。在职业道德的实践过程中，要自觉、勇敢地接受所面临的各种困难和挑战，不断地磨炼自己，锻炼自己坚忍的意志力。在利益冲突面前，要果断地作出正确的职业道德选择，实现自己的职业道德价值。

（2）必须刻苦钻研专业文化知识以提高自身的专业技能

当今社会正处在一个科学技术突飞猛进的时代，技术在更新，知识在更新，假如不能迎头赶上的话，将永远处于落后的状态。作为豆制品工艺师，要迎接新的挑战，树立良好的职业形象，就必须刻苦钻研专业文化知识，用知识武装头脑，苦练专业技能。

（3）必须端正敬业态度以提高自身的职业热情

“今天工作不努力，明天努力找工作”，这是许多企业都会贴出来的一句警示语。它警示人们要珍惜热爱自己的工作岗位。职业热情是从业人员对本职工作的一种强有力的、稳定而深刻的情感体验，具体表现为对事业成功的执著追求。作为豆制品工艺师，要不断地提高自身的职业热情、职业荣誉感，在生产经营活动中不断

地运用所学的理论知识指导实践，在实践中不断提高自己，培养自己各方面的能力。

第2节　豆制品工艺师职业守则

一、职业守则的概念

职业守则是职业道德的具体表现形式，是人们在从事各项职业活动的过程中，为了适应职业活动的要求而制定的具体行为规范。

二、豆制品工艺师的职业守则

豆制品工艺师职业标准中明确规定了其职业守则，具体内容是：重视食品安全，遵守国家法律、法规和有关规定；爱岗敬业，诚信尽职，保守商业秘密；工作认真负责，严于律己；刻苦学习，钻研业务，努力提高自身素质；讲究效率，善于创新；谦虚谨慎、团结协作，具有团队精神。

1. 豆制品工艺师应重视食品安全，遵守国家法律、法规和有关规定

这是豆制品工艺师必须具备的政治、道德及法纪要素，也是作为从事食品行业工作人员最起码的做事准则。

2. 豆制品工艺师应对工作认真负责、严于律己、爱岗敬业、诚信尽职并保守商业秘密

这是豆制品工艺师必须具备的职业态度和职业诚信要素。一名合格的豆制品工艺师，必须养成良好的职业素养。爱岗敬业、忠于职守是职业道德的基本规范，是对所有从业人员的基本要求，豆制品工艺师也要遵守。爱岗，就是热爱自己的工作岗位，热爱本职工作；敬业，就是以一种严肃认真、尽职尽责、勤奋积极的态度对待工作。爱岗与敬业是相互联系、相辅相成的，只有干一行，爱一行，才能真正做到爱岗敬业。归根结底，就是要养成努力学习、认真做事、执著工作和一丝不苟的工作作风，即使是最不起眼的工作，也应力求做到尽善尽美。诚信尽职是爱岗敬业的具体体现，也是对爱岗敬业的进一步升华。对待本职工作认真负责，以勤恳踏实的态度面对工作，不互相推诿，这就是真正的尽职。而诚实守信、保守商业秘密不仅是职业道德的要求，更是做人的一种基本道德品质。

3. 豆制品工艺师应刻苦学习，钻研业务，努力提高自身素质

这是豆制品工艺师应具备的技能要素。随着豆制品工艺技术的蓬勃发展，豆制品工艺师不但要熟练掌握现有的工艺技术知识，还要了解并掌握不断涌现的新技术、新工艺，成为集配方、工艺、机械和生产管理等知识于一身的复合型人才。因此，必须注重提高自身综合素质。

提高综合素质可以从以下几方面入手：

（1）提高思想认识，重视自身修养。

（2）加强业务学习，提高业务水平。

（3）注重理论与实践相结合。

（4）注重学习法律、法规知识，国家有关政策，掌握各类有关标准。

（5）与时俱进、注重更新与发展，努力与国际接轨。

4. 豆制品工艺师应具有解决实际问题的能力，讲究效率和创新精神

这是豆制品工艺师应具备的效率和创新要素。豆制品工艺师最大的职业特征就是综合性强，其在实际工作中需要面对的问题包括产品设计、生产工艺控制、生产过程管理等方面，这些工作往往是多因素的综合体，情况多样而复杂，因此不仅要求豆制品工艺师必须具有多方位思考和处理复杂问题的能力，同时还要求豆制品工艺师能为企业效益着想，在规定的时间内利用创新能力解决实际生产工艺等问题。

5. 豆制品工艺师要有团队精神

这是豆制品工艺师应具备的内部合作要素。豆制品工艺师在工作中要讲团结协作，要有与同事友好协作的工作态度，要有团队精神，应该善于团结周围的人，增进人与人之间的感情，使大家能够融洽并和睦相处，营造出良好的工作氛围，最大限度地发挥集体力量。

第 2 章

产品综合基础知识

第 1 节　豆制品的历史和发展

一、豆制品的起源与发展

中国是大豆的故乡，也是大豆制品的发源地。最早的豆制品是豆腐，多数人认为豆腐是公元前 2 世纪由淮南王刘安发明的。

1. 豆制品的起源

明朝罗颀在《物原》中提到前汉书籍中刘安做豆腐的记载。明朝李时珍在《本草纲目》中也说："豆腐之法，始于前汉淮南王刘安"。五代十国时陶谷所著《清异录》中说："日市豆腐数个，邑人呼豆腐为小宰羊。"陶谷的故乡就是淮南，这就是说当时淮南一带不仅有了制作豆腐的技术，并且豆腐已成为非常受欢迎的食品。

在 1960 年河南密县发掘的打虎亭一号汉墓中所发现的大面积画像就有豆腐作坊图的石刻，而墓的主人正是东汉末期人，这为汉代已有豆腐的生产提供了充分的证据。

相关链接

豆腐制作的传说

刘安是汉高祖刘邦之孙，袭父爵位封为淮南王。关于淮南王做豆腐的传说很多。

● 传说一

刘安在八公山上用大豆炼丹，偶然发现豆浆的凝固现象，逐渐试做出豆腐。

● 传说二

八公山上的和尚受不了长年吃素之苦，以豆代荤，逐步试做出豆腐，在禅内秘食，淮南王善于游禅交僧，一日尝到了和尚们做的豆腐，顿觉口感很好，便将豆腐的制作技术推广到民间，相继传到各地。

● 传说三

淮南王刘安非常孝顺父母，其母喜欢吃黄豆。汉高祖十一年时，淮南王的母亲生了病，刘安让人把她平时爱吃的黄豆磨成粉，用水冲着喝，并为了调味放入了一些盐，结果就出现了蛋白质凝集现象。刘安的母亲吃了很高兴，病也很快好了，于是盐卤点豆腐的技术便流传下来。

2. 豆制品的发展和传播

大量的历史资料证明，豆腐的制法源于我国。现代豆制品生产技术正是我们祖先在生产实践中不断改进、提高、发展的结果，由于各地自然条件、地理条件和人民的饮食习惯各不相同，我国的豆制品花样繁多，形成了不少别具特色的地方产品，如安徽淮南的“八公山豆腐”，浙江宁波的嫩豆腐，江苏扬州的老豆腐，山东泰安的神豆腐，山东牟平的曲立文豆腐，浙江绍兴柯桥豆腐干，安徽安庆的茶干，广西桂林的三边腐竹，桂林、绍兴、克东的腐乳，北京的王致和臭豆腐，资阳的豆瓣酱，江西、湖南、四川的豆豉等。这些产品有的誉满全国，有的名扬世界。

迄今为止，中国式的豆制品已有了 2 000 多年的生产史。在这漫长的岁月里，随着我国与世界各国在政治、经济、文化、科学、宗教等各方面的交流发展，我国的豆腐与豆制品生产技术逐渐传到了亚洲、欧洲、北美洲以及非洲等国家和地区。

唐朝即日本的奈良时代（公元 710—794 年），唐朝高僧鉴真及其弟子到日本传授佛教。佛教以素食为膳，豆腐制作技术也随着佛教的交流传到了日本。首先传到奈良的寺院，以后又逐渐普及到其他地区的寺院和民间。1963 年，日本奈良举行鉴真逝世 1 200 年的活动，中国佛教协会派代表团参加，当时有很多日本朋友带了各种袋装豆制品来参加纪念活动，所带豆制品袋上几乎都写有“唐传豆腐干，淮南堂制”的字样。其大意是说汉代淮南王发明了豆腐制作技术，唐代的鉴真大师把它传到了日本。但日本著名学者、国立民族学博物馆的筱田统教授则认为，中国豆腐做法传入日本，大约是在元朝的至元四年，而不是在唐朝。据《李朝实录》记载：豆腐在我国宋朝末已经传入朝鲜。豆腐传入欧美的史料几乎无处可查，唯一可查的记载豆腐传入欧洲的史料表明，1873 年在奥地利维也纳的万国博览会上，我国的豆腐制品与欧洲观众见了面。20 世纪初，中国留学生和华侨大量流入欧美，才真正使欧美人认识了中国的豆腐。据史料记载，1900 年留学法国的李石曾、吴雅晖、张静江等在巴黎创办了一个豆腐公司。豆腐公司一开始就很红火。他们生产的豆腐除了供中国人食用之外，还供给许多外国人和外国军队食用。数百名中国人和外国人同时工作也做不到供求平衡。在生产品种方面，豆腐公司除生产水豆腐外，还生产豆腐干、油豆腐、豆乳酱、豆腐粉、豆芽等。据说还送给当时的法国总统吃，使中国豆腐的身价顿时提高，成为外国宫廷餐桌上的美味佳肴。后来，由于第一次世界大战的影响，豆腐公司向银行贷款，银行倒闭，豆腐公司也关了门。尽管如此，豆腐公司对豆腐在欧美的传播起了很大作用，现在在欧美的许多中国餐馆都能吃到豆腐。在美国的纽约、旧金山的唐人街，很早就有了生产豆腐的华人商店。豆腐传入非洲的时间较晚。据报道，1981 年 7 月 16 日，在刚果布拉柴维尔郊区的贡贝农业技术推广站举办了一次豆腐宴，据刚果官员说，这是他们第一次在自己的国土上吃到豆腐。

3. 豆制品制作技术的发展

我国的豆制品有 2 000 多年的历史，但其生产技术的发展却极其缓慢，直到 20 世纪中叶，豆制品的生产仍多在小型手工作坊，设备简陋，劳动强度大，生产环境恶劣；人推磨，手工过滤，搬石头压豆腐。所以，旧中国有句俗话：“世上三行苦，撑船、打铁、磨豆腐。”到了 20 世纪 50 年代初，豆制品行业的面貌开始改变。先是电力磨代替了人力磨、畜力磨；电动吊浆、挤浆、刮浆，离心过滤代替了手工滤浆；蒸汽煮浆代替了土灶直火煮浆。1958 年，上海首先研制出了薄百叶浇制机和薄百叶脱布机。之后，在鞍山、沈阳、北京、益阳、哈尔滨又相继研制出了豆腐浇制机。20 世纪 80 年代，我国自行设计和制造的豆制品生产线相继在全国各地出现。我国生产的豆制品生产线，不仅行销全国，而且远销美国、加拿大、澳大利亚等国。

值得一提的是，近些年来，美国和日本的豆腐行业也有了突飞猛进的发展。20世纪80年代，日本豆腐生产均实现了工厂化，生产设备不断更新改进，一直处于世界一流水平，生产操作完全实现了机械化和自动化，整个生产过程完全由计算机控制，既安全又卫生。目前，日本的豆腐几乎都实现了包装销售。进入20世纪80年代以来，美国也出现了“豆腐热”。《华盛顿明星报》曾预言，豆腐将像乳酪一样，成为美国人最喜欢吃的食品之一。

目前，我国豆制品的生产基本上实现了机械化或半机械化，而且正朝着生产机械自动化、工艺科学化、管理标准化、品种多样化和产品包装化的方向发展。

二、豆制品生产发展前景

1. 从豆制品的营养价值方面评估

豆制品是高营养的植物性食品，这里所提到的高营养尤指大豆蛋白，豆制品中均含有丰富的优质蛋白质。蛋白质是组成人体的主要物质，是人体生命活动的物质基础。恩格斯指出：“生命的基本特征就是蛋白质化学成分经常的自我更新。”如果人的膳食中蛋白质摄入量不足，就会使人消瘦，引起各种疾病，特别是对儿童，会造成发育不良。

大豆含有近40%的蛋白质，比任何一种粮食作物的蛋白质含量都高。大豆和部分粮食作物的蛋白质含量见表2—1。

表2—1　大豆和部分粮食作物的蛋白质含量

品名	蛋白质含量	品名	蛋白质含量
大豆	38.8%	玉米	8.5%
绿豆	22.1%	高粱	8.2%
豌豆	23.0%	小米	9.7%
小豆	20.7%	小麦粉	9.9%
大米	8.0%		

中国传统大豆制品多数是以大豆蛋白质为主要成分，以制品中的干基计算，蛋白质含量可达50%左右或更多。就这一点来看，大豆制品中的蛋白质含量完全可以与动物性食品相媲美。豆制品和部分动物性食品的蛋白质含量见表2—2。

表 2—2　豆制品与部分动物性食品的蛋白质含量（以 100 g 可食用部分计）

品名	蛋白质含量（g）	品名	蛋白质含量（g）	品名	蛋白质含量（g）
豆浆	2.8	豆腐乳	5.3	嫩豆腐	5.3
老豆腐	10.7	油豆腐	24.6	豆腐干（五香）	19.2
百叶	35.8	腐竹	40.5	素鸡	15.9
臭豆腐	14.4	红豆腐	14.6	豆腐渣	2.6
全脂大豆粉	40.5	脱脂大豆粉	53.0	大豆浓缩蛋白	67.6
大豆分离蛋白	91.8	猪肉（肥）	2.2	猪肉（瘦）	16.7
牛肉（瘦）	20.3	兔肉	21.2	鸡肉	21.5
鸭肉	16.5	鸡蛋	14.7	牛奶	2.8

注：蛋白质含量用国际通用方法凯氏滴定法测定。

豆制品的蛋白质不仅含量高，而且质量也好，即营养价值高。评价一种食物蛋白质的营养价值，主要看这种蛋白质中八种人体必需氨基酸的含量是否充足，比例是否平衡。平衡是指蛋白质所含必需氨基酸的种类、含量和比例与人体所需要的相似，凡与人体需要越相似的，营养价值就越高。鸡蛋蛋白质与人奶蛋白质是目前已知营养价值最高的蛋白质。世界卫生组织（WHO）建议，将鸡蛋蛋白质作为参考蛋白质，并根据它所含人体必需氨基酸的构成提出一个参考构成比例，即理想蛋白质的必需氨基酸构成比例，食物蛋白质中的人体必需氨基酸构成比例与此比例越接近，其营养价值越高。表 2—3 列出了部分食物蛋白质中的人体必需氨基酸的含量比较。从表中的数据可以看出，大豆及大豆制品中的蛋白质所含必需氨基酸的含量比例虽然较鸡蛋等稍差，但在植物性食物当中是最合理、最接近于人体所需比例的。从这一点可以说明，大豆蛋白质是植物蛋白质中营养价值最高的蛋白质。当然，若将大豆蛋白质与玉米、小麦等蛋白质混合食用，则可以通过蛋白质的互补作用，大大提高混合蛋白质的营养价值。通过实测评价蛋白质营养价值的指标——蛋白质消化率，也可以看出大豆及其制品的营养价值确实是很高的，见表 2—4。

豆制品除富含蛋白质外，还可为人体提供多种维生素和矿物质，尤以钙、磷为多。

豆制品具有保健作用。经常食用含有丰富大豆蛋白的豆制品，可以在降低人体总胆固醇及低密度脂蛋白胆固醇含量的同时，不影响高密度脂蛋白胆固醇的含量。据国外研究表明：每天摄入 25 g 大豆蛋白，可减少患心脏病的危险。

表 2—3　部分食物蛋白质中的人体必需氨基酸的含量比较（每克蛋白质）　mg

食物＼必需氨基酸	缬氨酸	异亮氨酸	亮氨酸	赖氨酸	蛋氨酸＋胱氨酸	苯丙氨酸＋酪氨酸	苏氨酸	色氨酸
理想蛋白质	50	40	70	55	70	60	40	10
鸡蛋	74	49	81	66	47	87	45	17
人奶	44	40	86	54	29	58	35	13
牛奶	46	40	84	71	32	80	35	13
猪肉（瘦）	52	45	83	75	33	79	46	13
牛肉（肥瘦）	49	45	80	87	38	76	46	11
兔肉	51	45	80	81	43	85	42	14
鸡肉	44	42	71	74	33	68	39	12
鸭肉	49	43	80	83	34	80	44	14
大豆	49	43	80	64	26	86	41	13
脱脂大豆粉	54	51	65	42	21	77	34	12
大豆蛋白粉	41	34	75	54	39	70	29	15
传统豆制品	47	47	79	59	24	83	33	13
粳米（特等）	52	34	70	60	41	82	30	17
小麦粉（标准粉）	47	37	70	26	36	78	28	12
小米	54	44	130	20	57	84	36	20
玉米（黄，干）	50	36	115	30	44	82	30	9

数字来源：中国疾病预防控制中心营养与食品安全所编著《中国食物成分表》2002 北京大学医学出版社。

表 2—4　几种食物中的蛋白质消化率

蛋白质来源	蛋白质消化率	蛋白质来源	蛋白质消化率
奶类	97%～98%	大豆粉	75%
肉类	92%～94%	整粒大豆	60%
蛋类	98%	豆浆	86.3%
面包	79%	豆腐	94.3%
土豆	74%	大豆分离蛋白	97%
玉米面窝头	66%	花生粉	58%
米饭	82%	棉子粉	61%

2. 从人类膳食需求方面评估

进入 21 世纪以来，世界人口增长与人类饮食供需矛盾仍很突出，其中最突出的问题仍是食物构成中缺乏蛋白质，尤其是完全蛋白质。这个问题涉及占全世界人口 2/3 左右的居民，主要是亚洲、非洲和拉丁美洲的发展中国家的居民。

以我国为例，近年来我国居民膳食结构及生活方式发生了重大变化，与之相关的慢性非传染性疾病，如肥胖、高血压、糖尿病、血脂异常等患病率也逐渐增加，这已成为威胁国民健康的突出问题。为了给居民提供最根本的、准确的健康膳食信息，指导居民合理营养，达到保持健康的目的，中华人民共和国卫生部对《中国居民膳食指南（1997）》进行修订，形成了《中国居民膳食指南（2007）》，并已于 2008 年 1 月予以发布。在《中国居民膳食指南（2007）》中，对一般人群膳食指南建议由"常吃大豆或其制品"，改为"每天吃大豆或其制品"，以强调其重要性。大豆不仅含丰富的优质蛋白质、必需脂肪酸、多种维生素和膳食纤维，且含有磷脂、低聚糖，以及异黄酮、植物固醇等多种植物化学物质，近年来对这些植物化学物的健康效益有很多报道。

从《中国居民膳食指南（2007）》的变化不难看出，由于豆制品的保健功能不断被人们所认识，我国豆制品的消费趋热。随着对大豆食品健康功效研究的不断深入以及人们越来越重视自身的健康，"健康长寿，不可一日无豆"的饮食观念已形成并成为一种新的消费趋势。豆制品种类除了传统的豆腐、豆腐干、豆腐片、腐竹、豆浆外，各种花样豆制品品种不断增多，产量也在迅速增加。

从欧美来看，1999 年美国食品药品管理局（FDA）认为摄取大豆蛋白可以降低患心脏病的危险，并且允许在食品行业公开宣传，大豆食品的消费需求迅速扩大。以豆浆为例，增长率在 1995—2000 年的几年间上升了约 700%。

现在，世界各国越来越多的企业开始看好或已经介入豆制品行业，这给豆制品产业的发展带来了蓬勃生机。

3. 从农业资源方面评估

人类食用的蛋白质主要有两大类，即植物蛋白质和动物蛋白质，其中植物蛋白占 70%以上，而动物蛋白不足 30%。在植物蛋白中，大豆蛋白所占的比例越来越大，这是与近几十年来世界大豆产量迅速增长密切相关的。1960—2007 年，世界大豆总产量增长了 9.3 倍。美国和巴西等国大豆生产的发展尤为迅速。1960—2007 年，美国的大豆总产量增加了 4.7 倍；巴西的大豆总产量增加了 300 倍；阿根廷在 1960 年时大豆的产量几乎为 0，而到 2007 年，其大豆总产量是我国的 3 倍多。这种惊人的增长速度超过了世界上任何一种粮食生产的增长速度。目前，世界上已有 52 个国家和地区种植大豆。2006—2007 年度世界大豆总产量已达 2.2 亿 t，其中美国、巴西、阿根廷、中国这 4 个国家的大豆总产量占世界大豆总产量的 87.7%。依据上述数字计算，每年由大豆提供的蛋白质资源可达 8 600 万 t 左右。就我国所产大豆来讲，每年也可提供优质植物蛋白 600 万 t 左右。但无论过去还是现在，80%以上的大豆都作为油料使用，提油后的豆粕主要用于肥料和饲料，用于加工成食用蛋白的豆粕不足 5%。也就是说，世界每年由大豆所提供的蛋白质只有 20%左右是被人类直接食用的。

将豆粕作为肥料，不言而喻，是对大豆蛋白质的极端浪费。将豆粕等作为动物饲料，通过多环节的食物链条（如种植业—养殖业—食品加工业—食品），把植物蛋白转化为动物蛋白也是极不经济的。在这种传统的食物链条运行过程中，不仅要增加很多投入，而且在每个环节上都有相当大的损失。从将豆粕作为动物饲料的蛋白质转化率（见表 2—5）看，蛋白质的损失率可达 90%。

表 2—5　　将豆粕作为动物饲料的蛋白质转化率

产品	转化率	产品	转化率
牛肉	6%～10%	鱼类	20%
羊肉	9%	奶类	23%～38%
猪肉	12%～15%	蛋类	25%～31%
兔肉	17%	肉用雏鸡	31%
禽类	17%		

将生产蛋白质的直接途径同间接途径相比较，1 hm^2 耕地用于种植业或畜牧业时，其蛋白质产量见表 2—6。

表 2—6　　1 hm^2 耕地的食物生产量（按蛋白质计算）　　kg

产品	食物生产量	产品	食物生产量
苜蓿	3 000	小麦	200
大豆	560～670	奶类	110
玉米	360	肉类	49～65

可以看出，按照成人每人每天所需蛋白质约为 75 g 计算，用 1 hm^2 耕地种植的大豆所提供的蛋白质产品可供一个人食用约 7 500 天，生产小麦时所提供的蛋白质产品可供一个人食用约 2 600 天，生产玉米时所提供的蛋白质产品可供一个人食用约 4 800 天，生产牛奶时所提供的蛋白质产品可供一个人食用约 1 400 天，生产肉类时所提供的蛋白质产品可供一个人食用约 700 天。

第 2 节　豆制品的分类及基本特性

豆制品泛指以大豆为主要原料，经过加工制作或精炼提取而得到的产品。到目前为止，豆制品已有几千种之多，其中包括具有上千年生产历史的中国传统豆制品和采用新科学、新技术生产的新兴豆制品。

根据生产工艺的不同，可把豆制品分成三类，即传统豆制品、发酵豆制品及其他豆制品。

一、传统豆制品

传统豆制品的生产基本上都经过精选、浸泡、磨浆、除渣、煮浆等工序，生产的产品有豆浆、豆腐、豆腐干、腐竹等。

1. 传统豆制品的分类

（1）豆浆

豆浆又称豆乳、豆奶，是将大豆或大豆粕经浸泡、磨糊、过滤除渣而制成的浆状液体。根据工艺的不同又可分为高温灭菌豆浆和低温灭菌豆浆。

1）高温灭菌豆浆。高温灭菌豆浆是指豆浆经过 135℃以上高温瞬时灭菌、无菌灌装或保持灭菌制成的产品，能在常温条件下保存。根据添加的辅料情况又分为高温灭菌原味豆浆和高温灭菌调味豆浆。

2）低温灭菌豆浆。低温灭菌豆浆是指过滤后的浆液直接包装后经 120℃以下灭菌、灌装而成的产品，需在冷藏条件下保存。根据添加的辅料情况又分为低温灭菌原味豆浆和低温灭菌调味豆浆。

（2）豆腐类

豆腐又称大豆腐、水豆腐，是以大豆或大豆饼粕为原料，经选料、浸泡、研磨、滤浆、煮浆、点脑、蹲脑、压制成形等工序，制成的厚度在 5 cm 以上方块形豆制品的通称。豆腐含水量为 80%～90%。豆腐根据所用凝固剂不同，又可分为南豆腐、北豆腐和内酯豆腐。

1）南豆腐。又称嫩豆腐、软豆腐，是指用石膏作为凝固剂制成的豆腐。呈白色，质地细嫩、光滑，有弹性，口味略涩，含水量较大，一般为 85%～90%。

2）北豆腐。又称老豆腐、硬豆腐，是指用盐卤作为凝固剂制成的豆腐。呈白色或淡黄色，质地柔韧，有一定光泽，弹性较差，韧性较强，口味较香，含水量比南豆腐低，一般为 80%～85%。

3）内酯豆腐。又称充填豆腐，是用豆浆冷却后加入葡萄糖酸内酯等凝固剂混合，充填入容器中加热凝固制成的豆腐。呈白色，质地细嫩、光滑，弹性、韧性较差，口味略酸，含水量一般为 88%左右。

4）冻豆腐。水豆腐经低温冷冻即为冻豆腐。呈黄色，解冻并脱水后呈多孔的海绵状。

（3）豆腐干

豆腐干是以大豆或大豆饼粕为原料，经选料、浸泡、研磨、滤浆、煮浆、点脑、蹲脑、破脑、压制成形等工序，制成的厚度为0.5～1.2 cm的扁方形豆制品的通称。豆腐干质地坚韧有劲，切口光滑致密，口味较香，含水量为60%～70%。豆腐干根据所用成形器具的不同，又可分为板干和花干。白豆腐干一般很少直接销售，而要经过炸、卤、炒、熏等调制加工后上市。常见的有五香豆腐干、熏豆腐干、熏辣豆腐干、茶香豆腐干、苏州豆腐干、天津孟字香干、汝南鸡汁豆腐干等。

(4) 豆腐片

豆腐片又称干豆腐、百叶、千张，是以大豆或大豆饼粕为原料，经选料、浸泡、研磨、滤浆、煮浆、点脑、蹲脑、破脑、压制成形等工序，制成的厚度在2 mm以下的薄片状豆制品。呈淡黄色，质地坚韧有劲，口味较香，含水量一般为50%～60%。

(5) 再加工制品

再加工制品俗称素制品，是指以豆腐、豆腐干或豆腐片为坯料，配以植物油、调味料、香辛料、糖等，经改刀切制（或搅碎成形）及炸、卤、熏等工序，调制成的具有一定风味的豆制品。这类制品种类繁多，风味、形状及口感各异，大多可供直接食用。根据所采用的主体工艺不同又可分为炸制品、卤制品、熏制品、炸卤制品和炸炒制品等。

1）炸制品。炸制品是指加工成形的坯料经油炸制成的产品，又称炸货。这类产品有的可直接食用，有的可与其他食品一起烹调食用。油炸制品大多酥脆味美、外焦里嫩，色泽多为浅黄、金黄或棕黄色。主要产品有油豆腐、炸豆腐、豆腐泡、豆腐果、油豆果、油炸丝、油炸条、炸素虾、炸丸子、炸千子、炸素卷等。炸制品的储存期较长。

2）卤制品。卤制品是指加工成形的坯料经卤汤（食盐水或添加各种调味料的卤水）煮制而成的产品。这类产品多呈褐色，具有五香风味，可以直接食用，也可与其他食物一起烹调后食用。主要产品有五香豆腐干（简称香干）、苏州香干、五香豆腐片、五香豆腐卷、五香豆腐丝等。

3）熏制品。熏制品是指加工成形的坯料，先经煮制，再熏制而成的产品。产品表面呈茶褐色，具有特殊的烟熏香气。产品的保质期相对较长，主要产品有熏干、熏豆腐、熏素肚、熏素肠、熏素鸡、熏辣干等。

4）炸卤制品。炸卤制品是指加工成形的坯料，经油炸后再卤制而成的产品。产品表面多呈黄色或褐色，口味鲜香。主要产品有素什锦、素火腿、素猪排、素鸡、素肚、方鸡、圆鸡、辣块、辣干、兰花干、素蟹等。

5）炸炒制品。炸炒制品是指加工成形的坯料，经油炸后加卤汁翻炒而成的产品。产品表面多呈黄色或褐色，口味多甜辣。主要产品有蜜汁豆腐、辣汁豆腐、甜味辣干及炒素肝等。

（6）腐竹类

腐竹又名豆腐筋、腐皮（豆腐衣）。豆浆煮沸后，经降温并恒定在一定温度，从豆浆表面挑起的一层薄膜，干燥后即为腐皮；腐皮干燥前卷成卷，然后烘干，其形状类似竹枝，称为腐竹。产品呈淡黄色，有光泽，含水量为 7%～9%。

（7）速溶豆粉

速溶豆粉是将大豆或大豆粕经浸泡、磨糊、制浆后再减压浓缩、干燥而制得的淡黄色粉粒。蛋白质含量在 15%以上，水分含量在 4%以下，供冲饮。

2. 传统豆制品的营养成分

大豆及传统豆制品的一般营养成分见表 2—7。

表 2—7　　大豆及传统豆制品的一般营养成分（按 100 g 大豆及豆制品计）

营养成分	大豆	豆浆	北豆腐	南豆腐	内酯豆腐	豆腐干	豆腐片	腐竹类	速溶豆粉
蛋白质（g）	36	2.8	8.0	6.0	4.0	16.2	21.5	43.5	19.7
脂肪（g）	16.0	0.7	4.8	2.5	1.9	3.6	10.5	21.7	9.4
膳食纤维（g）	15.5	0	0.5	0.2	0.4	0.8	1.1	1.0	2.2
碳水化合物（g）	18.6	1.1	1.5	2.4	2.9	10.7	5.1	21.3	64.6
灰分（g）	4.6	0.2	1.0	0.8	0.6	3.5	3.4	3.5	2.6
能量（kJ）	1 502	54	410	238	205	586	841	1 920	1 766
胡萝卜素（μg）	220	90	30	—	—	—	30	—	—
视黄醇当量（μg）	37	15	5	—	—	—	5	—	—
硫胺素（mg）	0.41	0.02	0.05	0.02	0.06	0.03	0.04	0.13	0.07
核黄素（mg）	0.20	0.02	0.03	0.04	0.03	0.07	0.12	0.07	0.05
尼克酸（mg）	2.1	0.1	0.3	1.0	0.3	0.3	0.5	0.8	0.7
维生素 E（mg）	18.90	0.80	6.70	3.62	3.26	—	9.76	27.84	17.99
钾（mg）	1 503	48	106	154	95	140	74	553	771
钠（mg）	2.2	3.0	7.3	3.1	6.4	76.5	20.6	26.5	26.4
钙（mg）	191	10	138	116	17	308	204	77	101
镁（mg）	199	9	63	36	24	102	127	71	122
铁（mg）	8.2	0.5	2.5	1.5	0.8	4.9	9.1	16.5	3.7
锰（mg）	2.26	0.09	0.69	0.44	0.26	1.31	1.71	2.55	1.24

续表

营养成分	大豆	豆浆	北豆腐	南豆腐	内酯豆腐	豆腐干	豆腐片、千张	腐竹类	速溶豆粉
锌（mg）	3.34	0.24	0.63	0.59	0.55	1.76	2.04	3.69	1.77
铜（mg）	1.35	0.07	0.22	0.14	0.13	0.77	0.29	1.31	0.69
磷（mg）	465	30	158	90	57	273	220	284	253
硒（μg）	6.16	0.14	1.55	2.62	0.81	0.02	1.39	6.65	3.30

数字来源：中国预防医学研究院营养与食品卫生研究所．食物成分表（全国代表值）[M]．北京：人民卫生出版社，1991.

二、发酵豆制品

发酵豆制品的生产需要经过一个或几个特殊的生物发酵过程，产品具有特定的形态和风味。

1．发酵豆制品的分类

（1）腐乳

腐乳又称乳腐或豆腐乳，是将大豆制成的白豆腐坯经接种发酵、腌制、加料、后酵等工艺而制成的一类发酵食品。此类产品具有口味鲜美、风味独特、质地柔糯等特点。我国现有的腐乳品种很多，按生产工艺可分为腌制型和发霉型两大类。发霉型按生产中所使用的微生物类型又可分为毛霉型腐乳、细菌型腐乳和根霉菌型腐乳；按产品的颜色和风味大体上可分为红腐乳、白腐乳、青腐乳、酱腐乳及各种花色腐乳；按产品规格又可分为太方腐乳、中方腐乳、丁方腐乳和棋方腐乳等。

1）腌制型腐乳。腌制型腐乳生产时，豆腐坯不经微生物生长的前期发酵，而直接进行腌制和后期发酵。由于没有微生物生长的前期发酵，缺少蛋白酶，风味的形成完全依赖于添加的辅料，如面曲、红曲、米酒、黄酒等，因此发酵周期长、品质不够细腻、游离氨基酸含量低。目前，以此工艺生产腐乳的厂家已很少。

2）发霉型腐乳。发霉型腐乳生产时，豆腐坯先经天然的或纯菌种的微生物生长前期发酵，再添加配料进行后期发酵。前期发酵阶段在豆腐坯表面长满了菌体，同时分泌出大量的酶，后期发酵阶段豆腐坯经酶分解，产品质地细腻，游离氨基酸含量高。现在国内大部分企业都采用此工艺生产腐乳。

3）红腐乳。又称红乳腐，北方称红酱豆腐，南方称红方或南乳，是腐乳中的一大类产品。表面鲜红或紫红，断面为杏黄色，滋味鲜咸适口，质地细腻，是十分普及的一种佐餐小菜或烹饪用调味料。其最大的工艺特点是在后期发酵用的汤料中加入了着色剂——红曲。

4）白腐乳。也是腐乳中的一大类产品。此类产品颜色表里一致，为乳黄色、淡黄色或青白色。醇香浓郁，鲜味突出，质地细腻。其主要特点是含盐量低，发酵期短，成熟较快，大部分在南方生产。

①糟方腐乳。糟方腐乳是白腐乳类的一个品种。因为在发酵时以酒酿糟或酒酿卤为主要辅料而得名。用做辅料的酒酿糟为黄酒发酵完成后经榨去汁余下的酒糟，在生产糟方腐乳时，要在酒酿糟中加入适量的白酒。但实际生产糟方时大多数使用酒酿卤，即不经压榨的原发酵黄酒酒醪，将酒酿汁和酒酿糟一起使用。

②霉香腐乳。霉香腐乳是白腐乳中的一个主要品种，主要产地在长江流域以南。这种腐乳有浓郁的霉香和酒香味。此品种分为辣味型和普通型。辣味型以桂林和广州的产品最为有名，普通型以四川夹江生产的腐乳为代表。之所以称为霉香型腐乳，是因为在后期发酵中，盐坯本身含盐量较一般腐乳低，蛋白质的分解程度比其他腐乳（青腐乳除外）更完全一些，氨基酸含量较高，而且有微量的硫化物被分解出来，使产品有极特殊的霉香气味。

③醉方腐乳。醉方腐乳也是白腐乳中的一个品种，因为在后期发酵中加入纯黄酒作为辅料，或者用白酒和花椒兑成汤料，酿成的腐乳酒香和酯香浓厚，所以称为醉方。醉方的产地在我国长江以南。

5）青腐乳。又名青方，俗称臭豆腐。此类产品表里颜色均呈青色或豆青色，具有刺激性的臭味。最具代表性的是北京的王致和臭豆腐。

6）酱腐乳。这类腐乳在后期发酵中以酱曲为主要辅料酿制而成，产品表面和内部颜色基本一致，具有自然生成的红褐或棕褐色，酱香浓郁，质地细腻。它与红腐乳的区别是不添加红曲，与白腐乳的区别是酱香味浓而醇香味差。

7）花色腐乳。又称别味腐乳。该类产品因添加了各种不同风味的辅料而酿成了各具特色的腐乳。这类产品的品种最多，有辣味型、甜味型、香辛型和咸鲜型等。这些产品都是随着消费水平的不断提高和地区生活习惯的不同而制造的新型风味腐乳。其制作方法有两种：一种是同步发酵法，另一种是再制法。前者是将各种辅料一次性加入配成汤料，与盐坯一起进入后酵；后者是先制成一种基础腐乳或使用成熟的红腐乳或白腐乳，把要赋予某种风味的辅料拌到腐乳的表面，再装入坛中经短期的成熟，即制成某种风味的花色腐乳。由于同步发酵法在长期的发酵过程中大量地损失了挥发性风味物质，所以花色腐乳生产以采用再制法的为多。

①辣味腐乳。这是花色腐乳的一个基本类型。该产品在生产过程中加入了辣椒作为辅料，辣味突出。在红腐乳、白腐乳、青腐乳中均可以添加辣椒以增加其调味性能，如南京的红辣腐乳、广州的辣味霉香腐乳、北京的甜辣腐乳和辣臭腐乳等。

腐乳的辣味可使用辣椒或辣椒油调制。辣椒油一般多添加在瓶装腐乳的汤液表面，既可达到防腐的目的，又可增加辣味。

②甜香型腐乳。这也是花色腐乳的一个类型。该类型的腐乳因在生产过程中添加了甜味料和花果香料，使产品具有较明显的花香味和甜味。本类产品使用的甜味料大多为食糖和面酱曲，必要时可添加少量糖精和香精，以增强甜香效果，但用量不宜太多，更不能全部代替。使用的花果香料一般为糖桂花或糖玫瑰。糖桂花、糖玫瑰是采摘刚刚要开花的花蕾用糖腌制而成，含有较多的香味成分，作为食品香料有较高的使用价值。

③香辛型腐乳。花色腐乳中的一类产品。该产品在生产过程中添加了植物香辛原料作为腐乳的主要辅料，使其具有明显的植物香料的香辛味。经常使用的香辛原料是花椒、八角、茴香、桂皮、丁香、肉桂等。本类产品不仅具有强烈的香辛味，有的还具有一定的辛辣味，只是在刺激程度上较辣味型腐乳清淡而已。五香腐乳是本类产品中的一个典型品种，带有较浓郁的五香气味和味道，特点极为突出。

④鲜咸型腐乳。花色腐乳中的一大类。在生产过程中，添加肉、禽、水产品、食用菌等辅料，除具有腐乳的特点外，还有明显的辅料香气和味道。这类产品品种较多，比较著名的有火腿腐乳、虾子腐乳等。由于辅料大多为动物性食品，因此添加到腐乳之前，要配以其他调味料蒸熟，才能作为辅料来配制汤料。

8）太方腐乳。太方腐乳是以规格区别的一种块型最大的腐乳。一般大小为7.2 cm×7.2 cm×2.4 cm，每四块质量为500 g左右。采用这种规格制作的腐乳以红腐乳为最多，但随着消费特点的变化，现在很少生产这种规格的腐乳，因其块型太大，吃剩下的部分不易保存，且包装和销售都有不便之处。

9）中方腐乳。中方腐乳是以规格区分的一种块型中等的腐乳，大小适中，是目前产量最多的一种规格，其一般大小在4.2 cm×4.2 cm×1.6 cm左右。所有类型的腐乳都有这种规格，是消费者最常见的规格。

10）丁方腐乳。丁方腐乳是以规格区分的一种块型较大的腐乳，块型大小约为5.5 cm×5.5 cm×2.2 cm，比太方小而比中方大，因其大小与古城门钉大小相似而得名，所以也称门钉腐乳。这种规格的腐乳多属于红腐乳类型。

11）棋方腐乳。棋方腐乳是以规格区分的一种块型最小的腐乳，大小一般为2.2 cm×2.2 cm×1.2 cm，因为块型大小类似棋子，故名棋方。目前出口较多的霉香腐乳大多采用这种规格，但这种规格因块型小，生产过程中的效率低，在其他品种中很少见。

（2）豆酱

豆酱又称黄豆酱、大豆酱或大酱，是将大豆蒸熟、搅碎、接种发酵而制成的调味品。其色泽为红褐色或棕褐色，鲜艳，有光泽；有明显的酱香和酯香，咸淡适口，呈黏稠适度的半流动状态。豆酱不仅可以调味，而且营养丰富，极易被人体吸收。豆酱含水量为 60%左右，其他为固形物。

(3) 豆豉

豆豉是整粒大豆（或豆瓣）经蒸煮发酵而成的调味品。它味道鲜美可口，既能调味，又能入药，长期食用可开胃增食、消积化滞、驱风散寒。豆豉在我国生产历史悠久，各地工艺各异。豆豉的种类很多，分类方法也很多。

1）根据发酵微生物种类分类

①霉菌型豆豉

a. 毛霉型豆豉。利用天然的毛霉菌进行豆豉的制曲，一般在气温较低的冬季（5～10℃）生产。以四川的三台、潼川、永川豆豉为代表。

b. 曲霉型豆豉。利用天然的或纯种接种的曲霉菌进行制曲，曲霉菌的培养温度可以比毛霉菌高，一般制曲温度在 26～35℃，因此生产时间长。如广东的阳江豆豉是利用空气中的黄曲霉进行天然制曲，上海、武汉和江苏等地采用接种米曲霉进行通风制曲。

c. 根霉型豆豉。又名天培、丹贝（tempeh），是一种起源于印度尼西亚的大豆发酵食品。利用天然的或纯种的根霉菌在脱皮大豆上进行制曲，30℃左右生产。以印度尼西亚的田北豆豉为代表。

②脉孢菌型豆豉。利用花生或榨油后的花生饼，也有用大豆为原料的，接种好食脉孢菌培养而成。以印度尼西亚的昂巧豆豉为代表。

③细菌型豆豉。利用天然的或纯种细菌在煮熟的大豆或黑豆表面繁殖，制曲时温度较低。以山东临沂豆豉及日本拉丝豆豉（纳豆）为代表。我国云、贵、川一带民间制作的家常豆豉也属于这种类型的豆豉。

2）根据产品形态分类

①干豆豉。发酵好的豆豉再进行晾晒，成品含水量为 25%～30%。豆粒松散完整，油润光亮。由毛霉型或曲霉型豆豉制成干豆豉。

②水豆豉。产品为湿态，含水量较大。豆豉柔软粘连，由细菌型豆豉制成。

3）根据原料分类

①大豆豆豉。采用大豆为原料生产的豆豉。如广东的阳江豆豉，上海和江苏一带的豆豉等。

②黑豆豆豉。采用黑豆为原料生产的豆豉。如江西豆豉、浏阳豆豉、临沂豆

豉、潼川豆豉等。

③花生豆豉。采用花生或榨油后的花生饼为原料生产的豆豉。如印度尼西亚的昂巧豆豉。

4）根据产品的口味分类

①淡豆豉。淡豆豉又称家常豆豉，它是将煮熟的黄豆或黑豆，盖上稻草或南瓜叶，自然发酵而成的。发酵后的豆豉不加盐腌制，口味较淡。如浏阳豆豉。

②咸豆豉。咸豆豉是将煮熟的大豆，先经制曲，再添加食盐及其他辅料，入缸发酵而成的，成品口味以咸为主。大部分豆豉属于这类产品。

5）根据辅料分类。根据添加的主要辅料的不同分为酒豉、姜豉、椒豉、茄豉、瓜豉、香豉、酱豉、葱豉、香油豉等。

(4) 其他发酵豆制品

1）纳豆。大豆经蒸煮后，接种纳豆芽孢杆菌（纳豆菌）发酵而成的淡黄色到茶色的产品。纳豆被覆一层纳豆菌，黏性强，拉丝状态好，具有特殊香气。

纳豆的保健功能主要与其中的纳豆激酶、纳豆异黄酮、皂青素、维生素 K2 等多种功能因子有关。

2）天培。天培是东南亚的传统豆制品，是用熟的大豆经去皮，再经过天然菌种根霉发酵而成的产品。新鲜的天培呈块状，组织坚实，香气浓郁，颇受东南亚及西方人士的喜爱。

2. 发酵豆制品的营养成分

发酵豆制品的营养成分见表 2—8。

表 2—8　　发酵豆制品的营养成分（按 100 g 发酵豆制品计）

营养成分	白腐乳	青豆腐	红腐乳	酱腐乳
蛋白质（g）	10.9	11.6	12.0	12.0
脂肪（g）	8.2	7.9	8.1	8.1
膳食纤维（g）	0.9	0.8	0.6	0.6
碳水化合物（g）	3.9	3.1	7.6	7.6
灰分（g）	7.8	10.2	10.5	12.2
能量（kJ）	556	544	632	661
胡萝卜素（μg）	130	120	90	90
视黄醇当量（μg）	22	20	15	15
硫胺素（mg）	0.03	0.02	0.02	0.02

续表

营养成分	白腐乳	青豆腐	红腐乳	酱腐乳
核黄素（mg）	0.04	0.09	0.21	0.21
尼克酸（mg）	1.0	0.6	0.5	0.4
维生素 E（mg）	8.40	9.18	7.24	7.2
维生素 B_{12}（mg）	—	—	—	—
钾（mg）	84	96	81	80
钠（mg）	2 460.0	2 012.3	3 091.3	3 000.0
钙（mg）	61	75	87	90
镁（mg）	75	90	78	81
铁（mg）	3.8	6.9	11.5	10.2
锰（mg）	0.69	0.99	1.16	0.9
锌（mg）	0.69	0.96	1.67	1.7
铜（mg）	0.16	0.16	0.20	0.32
磷（mg）	74	126	171	180
硒（μg）	1.51	0.48	6.73	6.7

数字来源：中国预防医学研究院营养与食品卫生研究所．食物成分表（全国代表值）[M]．北京：人民卫生出版社，1991．

三、其他豆制品

1. 其他豆制品的分类

（1）酸豆乳

广义来说，酸豆乳应包括所有 pH 值低于 7 的豆乳饮料。但事实上，人们只把用乳酸菌发酵生产的酸性豆乳饮料称为酸豆乳。乳酸发酵豆乳清除了豆腥味，减少了胀气成分——寡糖的含量，具有清新的乳酸发酵风味，并含有乳酸菌体及其代谢物质，它们对人的肠胃功能有良好的调节作用，可以增加消化机能，促进食欲，加强胃肠蠕动和机体物质代谢。此外，某些乳酸菌还能形成 B 族维生素，由此可见酸豆乳可以称为一种营养保健饮料。

（2）大豆炼乳

豆浆经过滤、灭菌、均质后加糖浓缩得到的黏稠液体即为大豆炼乳。

（3）大豆粉

大豆粉又称豆粉、黄豆粉，是以大豆为原料，经去皮、粉碎制得的粉状物。色淡黄，含水率低于 8%，蛋白质含量大于 30%。按照豆粉内含油量的比例分为全脂豆粉、脱脂豆粉。供冲饮或制作豆浆和豆腐用。

（4）豆芽

豆芽是把大豆放在容器中，在一定温度、湿度及避光的环境下使之发芽而得到的产品。质量优良的豆芽色白光亮，粗壮脆嫩，主根短，无须根，味道清纯，富含维生素 C 及游离氨基酸。

（5）膨化豆制品

膨化豆制品又称组织化豆制品、人造肉，是指大豆、豆粕、脱脂豆粉、浓缩大豆蛋白、分离大豆蛋白等经调粉、挤压膨化，加工而成的具有类似瘦肉一样纤维状组织结构的产品。膨化豆制品可以加入配料或调味料，经过熏、烤、卤、炸、炒等加工而制成即食产品，也可以作为原料烹调菜肴或作为肉制品加工中的辅料。

（6）青豆

青豆是鲜大豆，也称毛豆，一般冷冻后作为商品销售。青豆含丰富的蛋白质和人体必需的多种氨基酸，赖氨酸含量较高。

2. 其他豆制品的营养成分

其他豆制品的营养成分见表 2—9。

表 2—9　　其他豆制品的营养成分（按 100 g 其他豆制品计）

营养成分	酸豆乳	大豆炼乳	大豆粉	豆芽	膨化豆制品	青豆
蛋白质（g）	2.2	16.2	36.0	1.6	36.0	5.0
脂肪（g）	1.2	3.6	8.1	1.5	6.0	4.0
膳食纤维（g）	—	0.8	0.6	3.0	17.2	6.5
碳水化合物（g）	11.8	10.7	7.6	0.6	20.6	1.8
灰分（g）	0.3	3.5	10.5	184	8.0	515
能量（kJ）	280	586	632	30	1 502	130
胡萝卜素（μg）	—	—	90	5	220	22
视黄醇当量（μg）	—	—	15	0.04	37	0.15
硫胺素（mg）	0.06	0.03	0.02	0.07	0.41	0.07
核黄素（mg）	—	0.07	0.21	0.6	0.20	1.4
尼克酸（mg）	0.7	0.3	0.5	0.80	2.1	2.44
维生素 E（mg）	1.11	140	7.24	160	7.0	478
维生素 C（mg）	—	—	—	8	—	27
钾（mg）	70	76.5	81	7.2	2.2	3.9
钠（mg）	18.6	308	3 091.3	21	4 000	135
钙（mg）	32	102	87	21	199	70

续表

营养成分	酸豆乳	大豆炼乳	大豆粉	豆芽	膨化豆制品	青豆
镁（mg）	16	4.9	78	0.9	8.2	3.5
铁（mg）	0.4	1.31	11.5	0.34	2.26	1.20
锰（mg）	0.12	1.76	1.16	0.54	3.34	1.73
锌（mg）	0.21	0.77	1.67	0.14	1.35	0.54
铜（mg）	0.08	273	0.20	74	465	188
磷（mg）	22	0.02	171	0.96	6.16	2.48
硒（μg）	0.20	0.48	6.73	—	—	—

数字来源：中国预防医学研究院营养与食品卫生研究所．食物成分表（全国代表值）[M]．北京：人民卫生出版社，1991.

第 3 章
豆制品原辅料基础知识

第 1 节　大　　豆

生产豆制品的主要原料是大豆，本节从豆制品生产的角度，对原料大豆的形态、组织结构、品种及储存过程中的变化等进行讲述。

一、大豆的结构

大豆属于豆科，碟形亚科，大豆属，是一年生草本植物。

大豆的外观如图 3—1 所示。每百粒大豆的质量为 20～50 g。

大豆表皮的颜色有黄色、茶色、绿色、黑色和带有斑纹的花色等。表皮上有明显的豆脐，豆脐的颜色有白色、茶色、褐色、黑色等。脐下端有个集合点称为合点，脐上端可明显地透视出胚芽和胚根的部位，两者之间有一个小孔，称为珠孔。当种子发芽时，胚根就从珠孔中伸出，所以珠孔也称发芽孔。大豆子叶的颜色在成熟后一般呈黄色，少数呈浅绿色。大豆的形状多数为球形和椭圆形，少数为扁平形。做豆制品时选用中粒、黄色种皮、白色豆脐、珠孔未闭合的大豆品种较好。

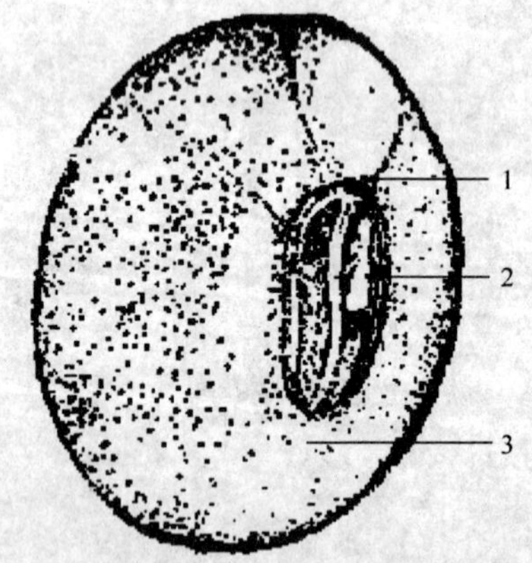

图 3—1　大豆的外形与种皮

1—珠孔　2—豆脐　3—合点

把整粒大豆剖开，大豆内部结构如图 3—2 所示。

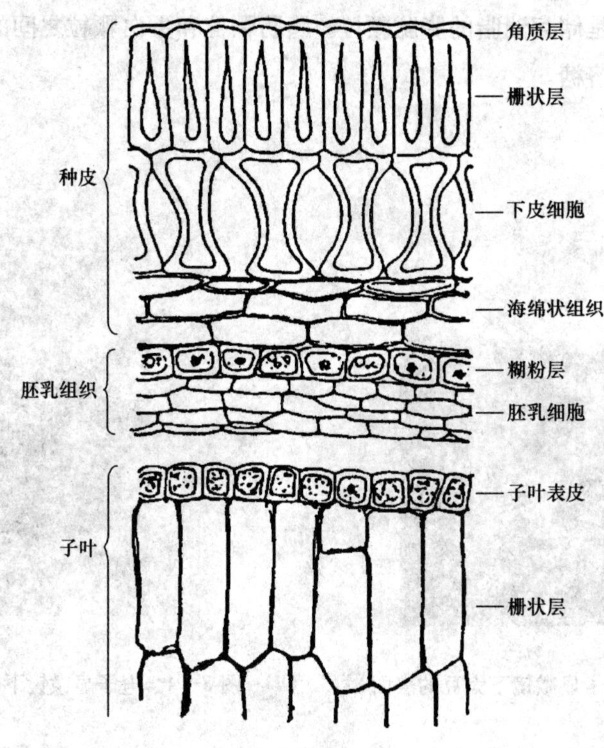

图 3—2　大豆内部结构图

1. 种皮

大豆种皮是由表面的角质层到海绵状组织的多层细胞重叠而成，种皮细胞都已纤维化，因此非常强韧，可以防止大豆在储存和运输过程中的水分蒸发，也可以防止外部细菌的侵害。正常成熟的大豆，种皮上的珠孔是未闭合的，但是如果遇到自然灾害，例如骤然降温等，珠孔就会关闭，这种大豆就是俗称的石豆。石豆由于珠孔关闭，所以浸泡时很难泡开，在豆制品生产过程中应尽量减少石豆的比例。

从显微镜下观察大豆的表面可以发现，大豆的表面实际上是坑坑洼洼的，如图 3—3 所示。这些坑坑洼洼虽然没有到达子叶，但是会隐藏很多土壤中的耐热芽孢菌等细菌，而且很难清洗掉，这些细菌会随着加工过程最后进入产品中，这也是影响豆制品产品保质期的主要因素之一。

2. 子叶

大豆的子叶是豆制品加工过程中的有效部分，约占整粒大豆质量的 90%。从图 3—2 中可以看出，大豆的子叶是由很多子叶细胞组成的。用电子显微镜观察子叶细胞内部如图 3—4 所示，子叶细胞内黑色球状部分是储存蛋白质的蛋白颗粒，细小的白色颗粒是储存油脂的脂肪颗粒。脂肪颗粒和蛋白颗粒之间的细胞质中是碳水化合物中的可溶糖。

图 3—3　电子显微镜下大豆的表面

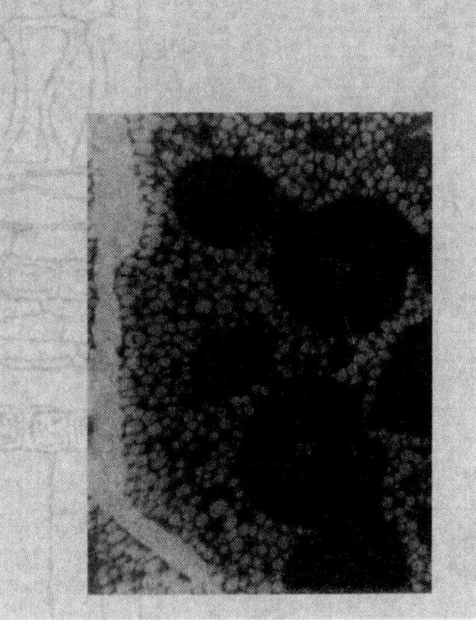

图 3—4　电子显微镜下的子叶细胞内部

大豆若在青豆时被食用，其淀粉含量最高，可溶性糖和可溶性氨基酸含量很高，所以毛豆吃起来味道鲜美，但随着大豆成熟，可溶性氨基酸和淀粉含量急剧减少，直至消失，所以成熟的大豆中几乎不含淀粉。这也是检验豆制品加工过程中是否掺入淀粉作假的依据。

3. 胚根、胚轴和胚芽

胚根、胚轴和胚芽（见图 3—5）三部分约占整个大豆子粒质量的 2%。

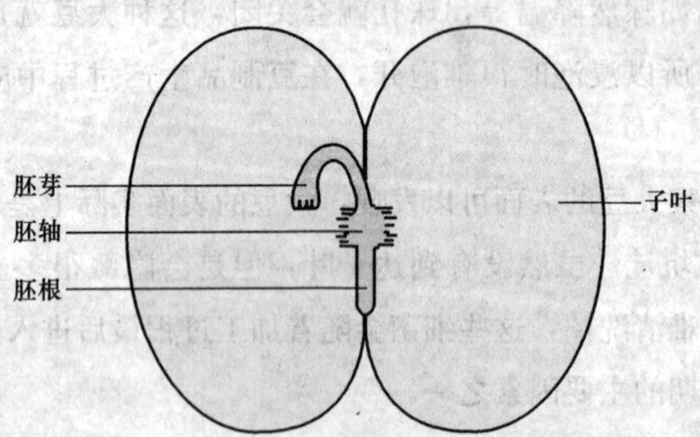

图 3—5　分成两半的大豆种子

二、大豆的种类

根据不同的研究和使用目的有不同的分类方法。针对豆制品加工需要介绍下面几种常见的分类方法。

1. 按大豆的组成分类

大豆中的主要成分是蛋白质和脂肪。近年来，根据加工目的的不同，把大豆分为高油大豆和高蛋白大豆。高油大豆脂肪含量一般在 22%以上，主要用于榨油；高蛋白大豆的蛋白质含量在 45%以上，主要用于制作各种豆制品。

2. 按是否转基因分类

由于世界大豆的主产国美国、阿根廷、巴西等国家生产的大豆大部分为转基因大豆（美国的转基因大豆占 80%，阿根廷的转基因大豆几乎占 100%，巴西的转基因大豆占 64%），而目前的研究还没有完全排除转基因食品对人体的安全性隐患，所以国际上很多国家包括中国的消费者，对转基因食品存在一定的防范心理，基于此，以大豆为原料的食品在标签上要求标示是否使用转基因大豆。按照这种情况，大豆分为转基因大豆和非转基因大豆。我国豆制品企业使用的大豆原料基本上是非转基因大豆。

3. 按大豆种皮的色泽分类

按大豆种皮的色泽可分为黄、青、黑、褐、双色 5 种。

（1）黄大豆

黄大豆又可细分为白、黄、淡黄、深黄、暗黄 5 种。我国生产的大豆绝大部分为黄色。

（2）青大豆

青大豆包括青皮青仁大豆和青皮黄仁大豆。

（3）黑大豆

黑大豆包括黑皮青仁大豆、黑皮黄仁大豆。黑大豆还可细分为黑、乌黑两种。

（4）褐大豆

褐大豆可细分为茶豆、淡褐色、褐色、深褐色、紫红色 5 种。

（5）双色豆

常见的双色豆有鞍垫和虎斑 2 种。

豆制品加工中使用的原料大豆主要是黄大豆。近几年经科学研究，发现黑大豆中含有对人体有益的成分——花青素，现在有些企业开始使用黑大豆开发一些新产品。

4. 根据产地分类

由于我国大豆的进口量很大，2007 年达到 3 000 多万 t，因此在大豆加工业内，习惯上按照大豆的产地分类，可分为国产大豆、美国大豆、巴西大豆、阿根廷大豆等。我国豆制品加工业目前普遍采用的是国产大豆。

5. 根据我国的产区分类

大豆在我国是重要的农产品，由于我国地域宽广，各地区的气候条件差异大，再加上大豆品种复杂，因此种植、收购、纯化非常困难。豆制品加工从业者在长期实践过程中摸索和总结出了大豆的一些区域性规律。苏浙大豆的优点是平均蛋白质含量高，粒大、色亮，生产豆腐较理想，可是由于近年来苏浙地区的工业发展很快，耕地面积变小，大豆的种植变得越来越散，大豆的质量和货源不稳定。东北大豆的优点是质量和货源稳定，但是平均蛋白质含量较低，因此很多豆制品企业都用东北大豆作为原料。

三、大豆的化学成分

大豆因受品种、产地、栽培方法等因素的影响，化学成分含量也不完全相同。一般约含蛋白质 40%、脂肪 19%、碳水化合物 25%、水分 11%、灰分 5%，除此之外还有维生素和一些特殊成分如皂苷、异黄酮、有机酸、色素等。

1. 蛋白质

(1) 蛋白质的基本结构

大豆蛋白质是由若干个到几十万个氨基酸由肽键相连而成的高分子有机物。

1) 分子式。大豆蛋白可用以下分子式表示：

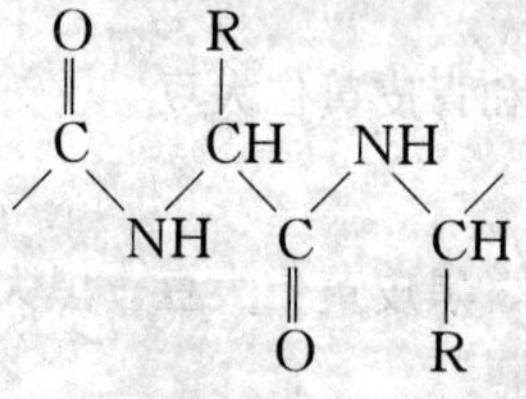

```
     O        R
     ‖        |
     C        CH       NH
   /   \    /    \    /    \
          NH        C         CH
                    ‖         |
                    O         R
```

式中的 R 代表各种基团，（ $\overset{\displaystyle O}{\overset{\|}{C}}—NH$ ）是肽键。

2) 组成蛋白质的化学元素。见表 3—1。

其中氮是组成蛋白质的关键元素，大豆蛋白质中氮的平均含量约为 17.5%。因此，检测大豆及其制品中的蛋白质含量可以简单地以间接检测产品中的含氮量来推算。

表 3—1　　组成蛋白质的化学元素

化学元素组成	平均含量
碳（C）	50%～55%
氢（H）	6.8%～7.7%
氧（O）	19%～24%
氮（N）	15%～19%
硫（S）	0.3%～0.5%
磷（P）	0.1%～1.0%

(2) 大豆蛋白的组成及分类

根据蛋白质的溶解特性，大豆蛋白可分为两类，即清蛋白和球蛋白（可溶性蛋白），两者的比例因品种及栽培条件不同而略有差异。清蛋白一般占大豆蛋白质的5%（以粗蛋白计）左右，球蛋白约占 90%。大豆球蛋白溶于水或碱溶液，加酸调 pH 值至等电点 4.5 或加硫酸铵（55%）至饱和，则沉淀析出，故又称为酸沉蛋白。而清蛋白因无此特性，故又称为非酸沉蛋白。

大豆蛋白质基本上都属于结合蛋白，即水解后所得产物不只是氨基酸，还含有一些配体，如糖等。可以说，大豆蛋白质绝大部分都是糖蛋白，只是含糖多少不同。

根据生理功能分类法，大豆蛋白质可分为储存蛋白和生物活性蛋白两类。储存蛋白是主体，约占总蛋白的 70%（如 11S 球蛋白、7S 球蛋白等），它与大豆的加工性质关系密切；生物活性蛋白类型较多，如胰蛋白酶抑制剂、β-淀粉酶、血球凝集素、脂肪氧化酶等，它们在总蛋白中所占比例虽不多，但对豆制品的质量却非常重要。

大豆蛋白质的相对分子质量从 8 000 到 600 000。由 2S、7S、11S 和 15S（S 为沉降系数，$1S=10^{-13}$ s）4 个组分构成。每一组分是一些重量接近的分子混合物，如果将每个组分的蛋白质进一步分离，可以获得蛋白质单体或相类似的蛋白质。大豆蛋白质的分级组成见表 3—2。

大豆蛋白质的分级组分中，7S 和 11S 是主要的，约占大豆球蛋白总量的 70%，其中约有 80%的蛋白质相对分子量在 10 万以上。

现已查明，7S 组分至少由 4 种不同种类的蛋白质组成，即血球凝集素、脂肪氧化酶、β-淀粉酶及 7S 球蛋白。其中 7S 球蛋白所占比例最大，约占 7S 组分的 1/3，占大豆蛋白质总量的 1/4。7S 组分与大豆蛋白的加工性能密切相关，如 7S 组分含量高的大豆制得的豆腐组织就比较细腻。

表 3—2　　大豆蛋白的分级组成

组分	所占比例	成分	相对分子质量	
			A	B
2S	22%	胰蛋白酶抑制剂	8 000～21 500	15 000～30 000
		细胞色素 C	12 000	
7S	37%	血球凝集素	110 000	100 000～200 000
		脂肪氧化酶	102 000	
		β-淀粉酶	61 700	
		7S 球蛋白	180 000～210 000	
11S	31%	11S 球蛋白	350 000	350 000
15S	10%		600 000	600 000

资料来源：赴日油料植物蛋白资源利用考察报告．Soybcans of a food source. functional propertyes of Soy protein JAOCS．1979，No. 3，22.

目前为止仅发现一种 11S 球蛋白，它可谓种子中的巨形球蛋白。11S 组分制造的由热和钙引起的凝胶（豆腐凝胶）比 7S 组分制造的要硬一些。在豆制品加工中，7S 和 11S 组分加热后（≥80℃）均能形成冻胶或钙质诱导冻胶，但由 11S 组分形成的冻胶呈乳酪状，有较高的拉应力和剪切力以及较高的保水性，而由 7S 组分形成的均较低。所以，用 11S 组分相对较高的大豆制得的豆腐，结构坚实，有韧性。

组成大豆蛋白质的氨基酸有 18 种之多，含有人体自身不能合成的、必须从食物中摄取的 8 种必需氨基酸，且比例比较合理。只是赖氨酸相对稍高，而蛋氨酸、胱氨酸含量略低。

（3）大豆蛋白的特性

1）溶解性。将大豆或低温脱脂大豆粉碎后，用足量的溶剂溶出可溶性物质，并将不溶物滤掉，定量滤液中的含氮量就能知道它的溶出程度。根据上述方法所得数据，以横轴为溶出液的 pH 值，纵轴为氮的溶出率可绘出一条大豆蛋白质溶解度与 pH 值的关系曲线（见图 3—6），这条曲线即为大豆蛋白质的溶解特性曲线。

特性曲线表明，当溶液 pH 值为 0.5 时，50%左右的蛋白质被溶解，pH 值为 2.0 时，约有 85%的蛋白质溶解，其后随 pH 值的增高，蛋白质的溶解度降低，当 pH 值达 4.2～4.3 时，蛋白质的溶解度趋于最小，约为 10%，这时大豆球蛋白基本不溶解，是制取分离蛋白的依据。随着溶液 pH 值的继续增加，蛋白质的溶解度再度回升。在 pH 值为 6.5（水）时，蛋白质的溶解度可回升到 85%左右，当 pH 值达到 12 时，蛋白质的溶解度趋于最大，约为 90%。上述情况是以盐酸和氢氧化

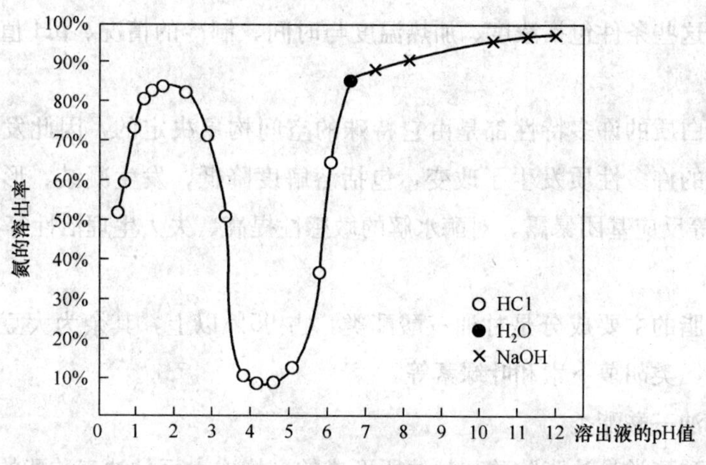

图 3—6　大豆蛋白质溶解度随 pH 值的变化

钠为酸碱剂调节溶液的 pH 值而得到的，不过若以其他酸、碱来调节溶液的 pH 值，所得曲线也是极为相似的。但若以三氯乙酸代替盐酸，当 pH 值小于 4.3 时，大豆蛋白质的溶解度则要低得多。在测定非蛋白态氮时，可利用这一特性先除去蛋白态氮。而以硫酸、磷酸或草酸代替盐酸，则蛋白质的溶解差异性不大。

2）变性。当大豆蛋白质所处的微环境发生变化，其分子原有的特殊构象发生变化，并导致蛋白质的物理特性、化学特性、功能特性及生物学特性发生变化的现象，称为大豆蛋白质的变性，变化所得蛋白质称为变性蛋白质。

3）乳化性稳定。大豆蛋白质分子中同时含有亲水基团和亲油基团，在油水混合液中使其表面张力降低，促进其形成油水乳化液。

4）两性电解质的性质。由于蛋白质分子中既含有呈酸性的羧基（—COOH），又含有呈碱性的氨基（$—NH_3$），所以它在水溶液中呈两性电离性质，即在 pH 值低于等电点（4.5）时呈 R^+，pH 值高于等电点时呈 R^-。

5）水解性。蛋白质在酸、碱、酶的作用下，使氨基酸之间的肽键被破坏，经过一系列的中间产物，最后水解成氨基酸。

6）蛋白质的吸水性和保水性。由于蛋白质含有许多极性基团，这些极性基团同水分子接触时，很容易被水分子层层包围起来，这就是蛋白质的水膜化作用，也就是蛋白质的吸水性。保水性是指经过离心分离后蛋白质中残留的水分含量。

7）起泡性。由于大豆蛋白质分子具有两亲结构，因而在分散液中表现出较强的表面活性，具有一定程度的降低表面张力的作用。在受到搅拌时，会有大量的泡沫产生。

8）凝胶性。大豆蛋白质分散在水中形成溶液，这种溶液在一定条件下可以转变为凝胶。这些条件包括浓度、加热温度与时间、制冷的情况、pH 值、有无盐类及巯基等。

大豆蛋白质的许多特性都是由它特殊的空间构象决定的，因此发生变性作用后，蛋白质的许多性质发生了改变，包括溶解度降低、发生凝结、形成不可逆凝胶、—SH 等反应基团暴露、对酶水解的敏感性提高、失去生理活性等。

2. 脂肪

大豆油脂的主要成分是甘油三酸酯类，占 95%以上，其余为大豆磷脂、甾醇类、生育酚、类胡萝卜素和叶绿素等。

（1）甘油三酸酯类

甘油三酸酯类是油脂肪酸与甘油所形成的，构成大豆甘油三酸酯的脂肪酸种类很多，达 10 种以上，见表 3—3。

表 3—3　　大豆油脂中构成甘油三酸酯的脂肪酸种类

脂肪酸的种类		比例范围	平均值
饱和脂肪酸	月桂酸（C_{12}）	—	0.1%
	豆蔻酸（C_{14}）	<0.5%	0.2%
	棕榈酸（即软脂酸 C_{16}）	7%～12%	10.7%
	硬脂酸（C_{18}）	2%～5.5%	3.9%
	花生酸（C_{20}）	<1.0%	0.2%
	山芋酸（C_{22}）	<0.5%	—
	总计	10%～19%	15.0%
不饱和脂肪酸	棕榈油酸（C_{16}）	<0.5%	0.3%
	油酸（C_{18}）	20%～50%	22.8%
	亚油酸（C_{18}）	35%～60%	50.8%
	亚麻油酸（C_{18}）	2%～13%	6.8%
	二十碳烯酸（即花生四烯酸 C_{20}）	<1.0%	—
	总计	—	80.7%

资料来源：Hand book of Soy oil processing and utilization，17

从表 3—3 中数据不难看出，大豆油脂中的不饱和脂肪酸的含量很高，达 80%以上，而饱和脂肪酸的含量则较低。这种特定的脂肪酸组成，决定了大豆油脂在常温下是液态。大豆油中含有大量的亚油酸与亚麻酸，它们是人体的必需脂肪酸，在人体内起着重要的生理作用。幼儿缺乏亚油酸皮肤会变得干燥，鳞屑增厚，生长发育迟缓；老年人缺乏亚油酸会得白内障。必需脂肪酸还有阻止胆固醇在血管中沉积、防止动脉粥样硬化的作用。大豆油在人体内的消化率高达 97.5%，是一种优质的植物油。大豆油脂不但有较高的营养价值，而且对大豆食品的风味、口感等方面也有很大的影响。在豆腐和冻豆腐中约含油脂 30%（以干基计）。以冷榨豆饼制作的豆腐风味和口感较差，很重要的一个原因就是脂肪含量低。豆浆中含有一定量的油脂同样会赋予其一种滑润感，否则就会让人感到粗糙、涩口。

（2）大豆磷脂

除脂肪酸甘油酯外，大豆油脂中还含有 1.1%～3.2%的磷脂。大豆磷脂主要由磷脂酰胆碱（卵磷脂）、磷脂酰乙醇胺（脑磷脂）、磷脂酰肌醇（肌醇磷脂）、磷脂酰丝氨酸、N－酰基磷脂酰乙醇胺（N－酰基脑磷脂）、磷脂酸、磷脂酰甘油、二磷脂酰甘油（心磷脂）、缩醛磷脂、溶血磷脂等。大豆磷脂的种类和占有率见表 3—4。

表 3—4　　大豆磷脂的种类和占有率

磷脂的种类	占有率
磷脂酰胆碱（卵磷脂，PC）	27.3%
磷脂酰乙醇胺（脑磷脂，PE）	27.3%
磷脂酰肌醇（肌醇磷脂，PI）	22.9%
磷脂酸（PA）	9.9%
磷脂酰甘油（PG）与二磷脂酰甘油（心磷脂，DPG）	3.5%
其他磷脂	9.2%

从表 3—4 中可以看出，卵磷脂、脑磷脂及肌醇磷脂是其主要成分。

卵磷脂可溶于乙醚、乙醇，但不溶于丙酮。纯净的卵磷脂为吸水性很强的无色蜡状物，遇空气即迅速变成黄褐色。脑磷脂与血液凝固的机制有关，有加速血液凝固的作用。肌醇磷脂在溶解性上与脑磷脂相近。磷脂的磷酸和有机胺残基端具有亲水性，脂肪酸残基端具有疏水性，吸水后体积膨大，形成磷脂水合物，分散形成乳化液。因此，它是两性表面活性剂，具有良好的乳化性，可使水和油溶性物质形成乳化液，是天然的乳化剂。磷脂具有凝聚作用，可与蛋白质、碳水化合物、有机碱等形成凝聚体。利用这一作用，可将水溶性物质（如水溶性色素等）通过磷脂的凝聚作用加到油脂中去。磷脂还因其同时具有亲水亲油基团而呈现吸湿性、浸润性等多种表面活性功能。大豆磷脂作为乳化剂、扩散剂、润湿剂等，在食品、医药及化工等领域得到了广泛应用。

大量研究表明，大豆磷脂在保护细胞膜、延缓衰老、降血脂、增强免疫功能、保护胃黏膜和防治脂肪肝、心血管疾病、神经系统疾病、糖尿病等方面有良好的效果。

大豆磷脂在大豆制油过程中的水化脱胶工序中，作为副产物被分离出来，可通过不同的工艺将其制成不同纯度、不同形态的磷脂制品。

（3）甾醇类

脂质与碱同时加热时，中性脂肪（甘油三酯）皂化，未皂化的残留成分称为不皂化物。大豆油脂中的不皂化物主要为甾醇类、类胡萝卜素、植物色素及生育酚类物质，总含量为0.5%～1.6%。

甾醇是含有羟基的固体化合物，所以又称为固醇。大豆油脂中甾醇含量为0.15%～0.7%，占大豆油脂中不皂化物的25%～80%，其主要构成为豆甾醇（13%～21.7%）与谷甾醇（58.4%～72%），此外还有一定量的菜油甾醇（15%～19.9%）。在油脂碱炼过程中，大部分转移到皂角之中，因此甾醇可由皂角中提取，它是合成各种性激素的基质，也是制作维生素D的原料，它为难溶性的结晶，易以分离精制。

（4）生育酚

大豆油中生育酚类的含量为0.09%～0.28%。生育酚同时还能使维生素A或油脂具有抗氧化性。生育酚在大豆油精制过程中或是被除去或是被氧化。大豆油精制加工过程中的脱臭处理工序使生育酚被浓缩下来，这部分可回收。生育酚主要用于医药和食用油脂的抗氧化。

（5）胡萝卜素和叶绿素

大豆在未成熟的时候是绿色的，成熟后变成黄色，这是因为大豆油中含有少量的胡萝卜素与叶绿素。胡萝卜素与叶绿素是其呈色的主要因素。

3. 大豆中的碳水化合物

大豆中的碳水化合物含量约占25%，其组成比较复杂，主要成分为蔗糖、棉子糖、水苏糖、毛蕊花糖等低聚糖类和阿拉伯半乳聚糖等多糖类。成熟的大豆中淀粉含量甚微，为0.4%～0.9%，青豆（毛豆）比成熟大豆淀粉含量多。另外，在成熟的大豆中也没有发现葡萄糖等还原性糖。大豆中各部分的碳水化合物组成见表3—5。

表3—5　大豆各部分的碳水化合物组成

大豆的各部分	总碳水化合物	各部分碳水化合物				
		纤维素	多缩半乳糖	蔗糖	棉子糖	水苏糖
子叶	29.4%	—	—	6.6%	1.4%	5.3%
种皮	85.6%	64.2%	16.4%	0.6%	0.1%	0.4%
胚轴	43.4%	—	—	7.0%	1.9%	7.7%
整粒	25.7%	3.3%	1.6%	5.2%	1.0%	3.8%

大豆中的碳水化合物可分为可溶性与不溶性两大类。

（1）可溶性碳水化合物

大豆中的可溶性碳水化合物是指可溶糖，即大豆低聚糖。大豆低聚糖的主要成分为水苏糖、棉子糖（蜜三糖）和蔗糖。其低聚糖含量因品种和栽培条件的不同而异，其含量是：水苏糖 4%左右，棉子糖 1%左右，蔗糖 5%左右。大豆在未成熟期几乎不含水苏糖和棉子糖，到成熟期含量增加，且随着发芽而减少。收获后的大豆即使储存在温度低于 15℃、相对湿度小于 60%的条件下，水苏糖、棉子糖仍会减少。大豆低聚糖在酸性条件下对热稳定，pH 值为 5 的条件下加热到 120℃几乎没有分解。其甜度约为蔗糖的 70%，除掉蔗糖的水苏糖和棉子糖甜度仅为蔗糖的 22%。人体内的消化酶不能分解水苏糖、棉子糖，因此不能形成能量。但人体肠道内的双歧杆菌属中的几乎所有菌种都能利用水苏糖和棉子糖，而肠道内的有害细菌则几乎都不能利用。双歧杆菌对维持人体健康具有重要作用。据日本《食品工业》报道，成年健康人每日仅需摄入 2～3 g 的大豆低聚糖（水苏糖、棉子糖），就能使肠道内的双歧杆菌充分增长，而产气夹膜杆菌和其他梭状芽孢杆菌等有害细菌则有所减少。从这方面看，大豆低聚糖的开发意义重大，它可以作为一种新型的保健糖广泛地应用于饮料、糖果、冷饮及其他使用蔗糖的食品中，制成保健食品。

（2）不溶性碳水化合物

大豆中的不溶性碳水化合物的组成也相当复杂，种皮中主要是果胶质，子叶中主要是纤维素。这些碳水化合物的一个共性就是都不能被人体所消化吸收。根据 H. C. Trowell 1976 年对食物纤维所下的定义——“食物纤维是不能被人体消化酶消化的，以食品中的多糖类为主体的高分子成分的总称”，大豆中的不溶性碳水化合物就是食物纤维。现代医学已经证明，食物纤维确能防治成年人便秘等疾病，对人体有重要的生理作用，已被营养、医学及食品专家公认为“第七营养素”。目前，国际市场上已有多种商品化的食物纤维制品，其中就有用大豆皮和豆腐渣制成的食品。在我国，随着人民生活水平的提高，特别是城市居民的膳食日渐精细化，高血压、冠心病、肥胖症等“富贵病”日趋增加，因此开发食物纤维也是十分重要的。而在我国，豆渣——大豆中不溶性的碳水化合物确是一个既廉价又丰富的食物纤维资源。

4. 无机盐

大豆中的灰分主要是无机盐，无机盐含量因大豆的品种及种植条件有一定的差异，一般为 4.0%～4.5%，其主要元素组成见表 3—6。

表 3—6　　大豆中无机盐的元素组成　　mg/100 g

元素	中国产黄大豆[1]	中国产黑大豆[2]	美国产大豆[3]	日本产大豆[4]
钾（K）	1 503	1 377	1 800	1 900
钠（Na）	2.2	3.2	1	1
镁（Mg）	199	240		220
钙（Ca）	191	219	230	240
磷（P）	465	507	480	580
铁（Fe）	8.2	7.0	8.6	9.4
锌（Zn）	3.34	4.2		3.20
铜（Cu）	1.35	1.5		0.98
锰（Mn）	2.26	2.6		
硒（Se）	6.16			

资料来源：①中国预防医学科学院编著，食物成分表（1991）；②河南产黑大豆；③、④（日）科学技术厅资源调查汇编，食品成分表（1993）。

大豆的无机成分中，钙的含量差异最大，目前测得的最低值为每 100 g 大豆含 163 mg，最高值为每 100 g 大豆含 470 mg。有人认为，大豆的含钙量与蒸煮大豆（整粒）的硬度有关，即钙的含量越高，蒸煮大豆越硬。

在大豆的无机物中，除钾之外，磷的含量最高。但应该注意的是磷在大豆中的存在形式有 4 种，据 Earle 及 Milner 于 1938 年测定的结果，植酸钙镁中含磷量占 75%，磷脂中含磷量占 12%，无机磷占 4.5%，残留磷占 6%。植酸钙镁是由植酸（六磷酸肌醇）与钙、镁络合而成的盐，它严重影响着人体对钙、镁的吸收。实验表明，大豆在发芽过程中，使大豆中的植酸酶激活，植酸被分解成无机磷酸和肌醇，被螯合的金属游离出来，使其生物利用率明显升高。

5. 维生素

大豆中的维生素含量较少，而且种类也不全，以脂溶性维生素为主，水溶性维生素则更少，见表 3—7。

表 3—7　　大豆中维生素含量

维生素	中国产黄大豆[1]	美国产大豆[2]	日本产大豆[3]
胡萝卜素（μg/100 g）	257	8	12
维生素 E（mg/100 g）	18.9	1.8	1.8
维生素 B_1（mg/100 g）	0.41	0.88	0.83
维生素 B_2（mg/100 g）	0.20	0.30	0.30
烟酰胺（mg/100 g）	2.1	2.1	2.2

资料来源：①中国预防医学科学院编著，食物成分表（1991）；②、③（日）科学技术厅资源调查汇编，食品成分表（1993）。

大豆中的维生素 E 在大豆制油精炼过程中富集到脱臭馏出物中，其回收利用已引起广泛关注。

6. **大豆异黄酮**

中国农科院孙军明等分析了国内 50 个大豆品种，结果表明：南方大豆中异黄酮含量在 84.55～322.22 mg/100 g，平均含量为 189.90 mg/100 g。东北及北方春大豆中异黄酮的含量在 120.01～615.5 mg/100 g，平均含量为 332.91 mg/100 g。并指出大豆异黄酮含量与品种、地区、温度等因素存在一定的相关性。大豆异黄酮主要分布于大豆胚轴和子叶中，种皮中含量极少。日本津崎研究报道，大豆各部分异黄酮含量见表 3—8。

表 3—8　　大豆各部分异黄酮含量　　μg/g

	大豆苷	染料木苷	大豆苷元	染料木黄酮	合计
全粒	963	864	20	21	1 868
子叶	530	687	25	27	1 269
胚	8 327	1 883	83	15	10 308
种皮	41	44	176	65	326

注：经甲醇 5 返流淬取，应用 HPLG 法定量。

由表 3—8 中的数据不难看出，大豆胚内异黄酮含量最高，为 1%～2%，为全粒大豆平均含量的 5 倍左右，但由于胚只占大豆质量的 2%，因此胚中所含异黄酮的量也只有大豆的 10%～20%。

异黄酮的存在赋予了豆制品特殊的营养食用价值，它在预防心血管病、癌症和中老年疾病方面有一定的保健和医疗作用。但是由于大豆制品加工方法不同，制品内异黄酮含量及存在的形式也有差异。如豆腐加工过程中，异黄酮随水溶出，含量因此下降，特别是冻豆腐，因水溶性异黄酮异构物溶出较多，异黄酮含量更低。由于异黄酮糖苷具有较高的极性，在非极性的豆油以及豆油浸出剂中溶解度低，豆油中基本上没有异黄酮存在；在发酵大豆食品如豆酱、腐乳、豆豉中，总异黄酮含量不高，平均含量为 0.6～1.4 mg/g。但发酵大豆食品中的大豆异黄酮比未发酵大豆食品中的大豆异黄酮有更高的生物利用率。

7. **大豆皂苷**

皂苷又名皂素、皂草苷，是类固醇或三萜系化合物的低聚配糖体的总称，因其水溶液能形成持久泡沫，像肥皂一样而得名。大豆中皂苷的含量随大豆品种、生长期及环境因素的不同而不同。

大豆皂苷在大豆中的分布主要集中于胚轴中，子叶中较少，胚轴中皂苷含量是子叶中皂苷含量的8～15倍。大豆胚轴中皂苷含量约为6.12%，而大豆种皮中几乎不含皂苷成分。有专家对国产大豆及大豆制品中的皂苷含量进行了分析，发现国产大豆中皂苷含量最高。

大豆加工变成豆制品后皂苷含量变少，为0.2%～0.4%。

纯大豆皂苷是一种白色粉末，具有辛辣和苦味，大豆皂苷粉末对人体各部位的黏膜均有刺激性。大豆皂苷是大豆制品苦涩味的主要来源。由于大豆皂苷是一种表面活性剂，是两亲性化合物，具有亲水和亲油两种性质，这也成为大豆加工过程中产生泡沫的主要因素之一。大豆皂苷可溶于水，易溶于热水、含水稀醇、热甲醇和热乙醇中，而且在含水醇或戊醇中溶解度较好。大豆皂苷难溶于极性小的有机溶剂，如乙醚、苯等。在食品工业上，大豆皂苷常作为一种表面活性剂使用，具有极强的起泡性和乳化性。大豆皂苷具有使人口干之感，降低了大豆食品的质量。

大豆皂苷具有较强的生物学活性。在早期的研究中，大豆皂苷曾经因为在体外有溶血作用被视为抗营养因子，所以在以往的豆制品加工中要求尽可能将其除去。近些年来的研究表明，大豆皂苷有许多有益于人体健康的生理活性，主要包括以下几方面：降脂减肥作用、抗凝血、抗血栓及抗糖尿病、抗氧化、抗病毒、免疫调节作用、抗突变、抗癌。综上所述，从食品营养学的角度重新正确评价大豆皂苷的生理作用，对其在医药和食品方面的开发和应用将是非常有意义的。

8. 大豆中的酶与抗营养因子

大豆中含有的酶属于生物活性蛋白质。到目前为止，引起食品加工领域广泛关注的酶主要有脂肪氧化酶和尿素酶。胰蛋白酶抑制素和血球凝集素是引人注目的抗营养因子。

脂肪氧化酶可以催化氧分子氧化，氧化含顺—1，4—戊二烯的不饱和脂肪酸及其脂肪酸酯，生成氢过氧化物，之后经酶催化（或自动）分解成各种挥发性化合物，其中多种化合物具有异味。目前已鉴定出近百种氧化降解产物，其中许多成分与大豆的腥味有关。因此，脂肪氧化酶被公认是引起大豆和其他植物蛋白异味增强的主要原因。正己醛是最具有代表性的挥发性化合物。可利用己醛含量定量评定大豆制品的风味。

脂肪氧化酶在pH值低于4.0时活性极低，在大豆食品加工中，可将含有抑制剂的浸泡液的pH值调至3.5左右，用浸泡液浸泡大豆或大豆粉使抑制剂浸入大豆内部与酶长时间接触，导致酶失活，而在这期间没有酶促反应发生，腥味强度不会增加，此后再将pH值调到所需要值，这样操作可使腥味显著减弱。实际上，应用半胱氨酸和柠檬酸的组合是因为它们都是有机酸，加入后能使 pH 值降低到 3.5 以下，因此在浸泡过程中可使酶处于钝化状态，没有新的氢过氧化物生成，进而不会有新的挥发性致腥物质生成。半胱氨酸不仅可以抑制脂肪氧化酶的活性，而且还可以与已经生成的挥发性物质，如醛等羰基化合物或环氧化物反应，以减弱已形成物质的致腥程度。半胱氨酸也可以与生成的脂肪酸氢过氧化物相互作用，阻断其进一步分解成致腥物质。另外，半胱氨酸的加入还可以补充大豆蛋白质中含硫氨基酸的不足，提高蛋白质效价。总之，半胱氨酸一柠檬酸可以说是较为理想的大豆脂肪氧化酶抑制剂。

脂肪氧化酶的作用对食品质量的影响比较复杂，它既能损害一些质量指标，又有助于提高另一些质量指标。

在焙烤食品生产中，面粉中加入 1%（按面粉重量计）含脂肪氧化酶活力的大豆粉，能改进面粉的颜色和质量。由于脂肪氧化酶催化反应的中间产物——脂肪氢过氧化物对胡萝卜素有漂白作用，因而可使面包瓤增白。其实这种作用不仅限于面包和面粉，对许多食品加工都有作用，如通过漂白胡萝卜素使面条增白，参与冷冻和其他加工蔬菜中叶绿素的破坏等。大豆粉脂肪氧化酶漂白面粉的同时，还能氧化面筋蛋白质，从而改善面团的工艺性能和产品质量。

尿素酶属酰胺酶类，是分解酰胺和尿素产生二氧化碳和氨的酶，也是大豆抗营养因子之一，在大豆中的含量较高，以 0.1 mol/L HCl 滴定计算，其活力一般为 44.0～45.93 U/mg。由于尿素酶易受热而失活，且易准确测定，常作为确认大豆制品湿热处理程度的指标。

胰蛋白酶抑制素（STI）也是一种蛋白质，大豆中的胰蛋白酶抑制素有 7～10 种，但迄今为止，只有 2 种胰朊酶抑制素被提纯出来。实验表明，食用生大豆粉或从中分离出来的胰蛋白酶抑制素，可以造成大白鼠的生长障碍和胰腺肥大。但研究表明，胰蛋白酶抑制素的存在，并非是引起大白鼠生长障碍和胰腺肥大的唯一原因。据报道，胰蛋白酶抑制素虽能使老鼠的胰脏肿大，但对猪和小牛则无大影响。而迄今为止，尚未明确其是否有导致人体胰脏肿大的作用。相反，有报道指出，大豆中微量的胰蛋白酶抑制素对治疗急性胰腺炎、糖尿病及调节胰岛素失调有一定效果。

大豆胰蛋白酶抑制素的热稳定性是大豆加工中最受关注的问题之一。胰蛋白酶抑制素的热稳定性比较高。在 80℃时，脂肪氧化酶已基本丧失活性，而胰蛋白酶抑制素的残存活性仍在 80%以上，而且增加热处理时间并不能显著降低其活性。但若采用 100℃以上的温度处理，胰蛋白酶抑制素的活性降低很快。100℃处理 20 min，胰蛋白酶抑制素活性丧失达 90%以上；120℃处理 3 min 也可以达到同样的效果。应该说这样的热失活条件对于大豆食品的加工不算苛求，是完全可以达到的。

研究发现大豆中至少有4种蛋白质能够使小兔和小白鼠的红细胞凝集。这些蛋白质即被称为血球凝集素。大豆血球凝集素受热很快失活，甚至活性完全消失。因此，经大豆食品生产过程的加热，血球凝集素不会对人体造成不良影响。

9. 有机酸

大豆中含有多种有机酸，其中柠檬酸含量最高，约占1.4%，其次是焦性麸氨酸（在分析试样调制中生成的）、苹果酸和乙酸等。

第2节　豆制品用水

大部分豆制品中的水分含量都很高，比如豆浆的水分含量将近90%，豆腐的水分含量达80%以上，豆腐干的水分含量也在50%以上。由此可以看出水对豆制品的质量是多么重要。正因为如此，大多数豆制品企业在考虑建厂时对工厂周边的水质调查十分重视，成为工厂选址的重要因素之一。

一、豆制品企业用水的种类和水源

食品加工业用水有很多种类，如锅炉用水、原料用水、产品处理水、洗净用水、冷却用水等。这些水当中，原料用水、产品处理用水和洗净用水统称制造用水。食品工业属于用水量大的行业，豆制品生产是食品工业中用水量最大的行业之一，其原料用水和洗涤用水占用水量比例最大，达到85%以上，其次是锅炉用水和产品处理用水。

用水的来源主要有雨水、江河水、地下水（井水）、泉水、湖泊水、自来水。这其中可以用于豆制品生产的是地下水（井水）、泉水和自来水。现在日本有企业使用深海水来做豆腐，这是目前为了适应那些过度崇尚自然、追求健康的人们而进行的企业宣传行为，是概念性的做法。我国规模较大的豆制品企业的生产用水主要是自来水，或者是经过处理的地下水或泉水。

1. 地下水（井水）

井水是地下水通过渗透出来而形成的，在20世纪60—70年代，地下水曾是我国居民主要的生活饮用水，水质清澈，口感甜美。但是近20年来，由于工业化发展迅速，加上人们的环保意识较差，很多工业污水被随意排放，造成大部分地下水被严重污染而不再成为人们的生活饮用水。因此，使用地下水作为产品处理用水的豆制品生产企业应慎重，必须先要经有关部门对即将使用的地下水进行卫生检验，并进行水质处理，使水的卫生程度达到我国饮用水标准。

2. 泉水

泉水是从岩石裂缝或地下涌出地面的地下水。泉水在山区较为常见，因为山区的地形多经山体运动的强烈切割，有利于地下水的流出。许多江河湖泊都是由众多泉水汇成溪流聚集而成的。按泉水的温度可分为温泉、冷泉和普通泉。我国泉水总数可以达到十万多处，分布十分广泛，种类也非常丰富，各地名泉不胜枚举，但一般以水质清醇甘甜的冷泉水作为提供饮用或豆制品等食品加工用水的水源。

3. 自来水

我国所有的自来水都是由自来水公司统一供给的。自来水有严格的卫生要求，必须符合国家生活饮用水卫生标准的要求，因此从卫生和方便的角度看，自来水应为首选。但是在激烈的市场竞争中，豆制品企业对生产的产品除了卫生要求外，同时还要迎合消费者追求口感的市场需求，而自来水在口感上很难与泉水和地下水媲美，特别是自来水中为了灭菌而添加的氯有一股异常的味道，因此一些追求高品质、高质量的豆制品企业开始对自来水进行相应的调整或再精制，从而生产出既卫生、安全又不失美味的产品。

总之，豆制品生产需要各种用途的水。水作为生产过程中的原料将成为产品的重要部分，所以水质的好坏至关重要。水质好的地方生产出的豆制品比较好吃，如四川的南溪县、吉林的榆树县、云南的石屏县等，都是由于当地的水质好而能产出好吃的豆制品。但是从安全角度来考虑，还是自来水最安全。这是一对矛盾，最好的解决办法是找到一处水质条件好的水源，然后进行处理使其达到卫生要求。

二、豆制品用水理想的水质条件

豆制品用水的理想水质应该是在同等条件下能够生产出口感好的豆制品的水质。归根结底就是喝起来甜美的水。而水的味道取决于水中的成分。

1. 矿物质

水的口味首先取决于矿物质。矿物质是以硬度成分的钙、镁为首，钠、钾、铁、锰等溶解在水里的矿物质的总和。矿物质含量的多少是决定水质软硬等级的依据，也是影响水的口味的重要因素。以1 L水中矿物质含量为例，矿物质含量在30～200 mg时口感好，尤其是矿物质含量在100 mg时的微软水，口感温和柔顺，有点甜美，使用这样的水制作出的豆制品同样也是口感甜美。相反，矿物质含量小于 30 mg，水的味道无力；矿物质含量大于 200 mg，水的味道会变得发涩、发苦，用这样的水制作的豆制品口感发苦。

2. **硬度**

钙、镁的合计量就是硬度。这些成分也是矿物质的主要成分，在口味方面起着重要作用。一般来说，硬度高的水（硬水）喝起来有硬梆梆的感觉，而硬度低的水（软水）则轻淡无味。表 3—9 是水中的硬度等级。在硬度的成分中，钙很重要，钙比镁多的水味道好，反之，镁过多会增加苦味。多数人认为，1 L 水中含 50 mg 左右钙、镁矿物质的水是好喝的。

表 3—9　　水的硬度等级

硬度	1 L 水中 Ca^{2+}，Mg^{2+} 数（mg）
极软水	0～40
软水	40～80
微软水	80～120
微硬水	120～180
硬水	180～300
极硬水	300 以上

3. **游离二氧化碳、游离碳酸**

游离二氧化碳一般在泉水、地下水和浅井水中存在。如果有很多游离二氧化碳溶于水中，喝起来就觉得清爽。这是水中的游离碳酸对舌头和胃的刺激造成的，同时还有促进消化液分泌的效果。反之，如果游离二氧化碳含量低，喝起来有一种冷开水的感觉，用这样的水生产的豆制品口感也较差。1 L 水含游离二氧化碳 3～30 mg 比较合适。

4. **氧**

氧是造成水的清凉感的成分之一。没有氧的水是死水，喝起来没有新鲜感。而且常伴有硫化氢、铁等不好的成分，使人觉得更加不好喝。1 L 水里至少要有氧 5 mg 以上。

三、影响水质的原因

1. **苯酚**

这是与工业用水等一起混入的物质。即使是微量的，和消毒的氯结合起来也会产生石炭酸那样的强烈味道。

2. 环己胺

这是制造糖精（环己氨基磺酸钠）的主要原料。主要存在于工厂排水中，与氯反应会产生强烈的不良味道。

3. 地奥明（二甲基异冰片）

发臭物质，是造成霉味的物质。

4. 硫化氢

夏季在湖水底部、深井等氧气缺乏的地方产生的物质，是由微生物产生的一种强烈的臭鸡蛋气味的气体。

5. 残留氯

水管中残留的氯。自来水管中常有漂白粉味，就是残留氯造成的。从味道角度看是不好的物质，但是氯起到了消毒作用，它的使用也是法律所允许的。

6. 油

汽油、航空燃料等石油类物质即使是一点点，也会给水带来强烈的油味，把产品完全毁掉。

其他造成不良气味的物质还有氯离子（盐分）、铁、铜、锌（都会给水带来涩味）、锰、镁（苦味）等。另外，在水温和味道的关系上采取措施也会使水的口味有所改善。例如水温低就感觉不到氯的味道，感觉好喝，比体温低 20～25℃，即 10～15℃的水比较适合，如 15℃左右的泉水和井水就很好喝。按照这个温度来管理，水也会变得好喝。因此温度管理绝对不可忽视。

目前有两种方法检测水的口感：一种是高锰酸钾消耗量法，另一种是气味检测法。高锰酸钾消耗量法是通过消耗高锰酸钾的量值来测定水中的有机物含量，例如被城市排水污染的泥炭地的水和一部分地下水中，这个值就很高。

气味检测法是用气味检测仪对水中散发的气味进行分析。

综合上述可见，掌握了豆制品生产理想水质的条件后，只要进行适当的水质处理，做出美味的豆制品就不是一件困难的事情。

第 3 节　豆制品加工常用的辅料

豆制品加工过程中常用的辅料有凝固剂、消泡剂、防腐剂、色素、调味料以及生产腐乳用的面曲、红曲等。

一、豆制品加工常用的凝固剂

凝固剂是中国传统豆制品生产中不可缺少的辅料，可分为盐类、酸类和复合类3种。盐类包括硫酸钙（石膏，$CaSO_4 \cdot 2H_2O$）、氯化镁（盐卤，$MgCl_2 \cdot 6H_2O$）氯化钙（$CaCl_2 \cdot 2H_2O$）、硫酸镁（$MgSO_4 \cdot 7H_2O$）。酸类包括 δ-葡萄糖酸内酯（$C_6H_{10}O_6$）。复合类包括盐类复合、盐类和酸类的复合。

1. 石膏

石膏是一种矿产品，主要成分是硫酸钙，由于结晶水含量不同，又分为生石膏（$CaSO_4 \cdot 2H_2O$）、半熟石膏（$CaSO_4 \cdot H_2O$）、熟石膏（$CaSO_4 \cdot \frac{1}{2}H_2O$）及过熟石膏（$CaSO_4$）。对豆浆的凝固作用以生石膏最好，熟石膏一般，而过熟石膏则几乎不起作用。生石膏作为凝固剂制得的豆腐弹性好，但由于凝固速度太快，生产中不易掌握，因此实际生产中基本都采用熟石膏。

硫酸钙的溶解度低（见表3—10），与豆浆的凝固反应速度进展较慢，故能制成保水性能好、光滑细嫩的豆腐。用石膏点脑，多采用冲浆法：将需要加入的石膏和少量的熟浆放在同一容器中，然后将其余的熟浆同时冲入容器中，即可凝固成脑。使用石膏作为凝固剂，添加量的变化对豆腐硬度的影响较小，但豆浆的温度不能过高，否则豆腐发硬，一般豆浆温度控制在85℃较为适宜；使用石膏作为凝固剂一般不改变大豆原有的口感。

表3—10　　100 g水中硫酸钙的溶解度

温度（℃）	0	18	24	32	38	41	58	72	90
硫酸钙溶解的量（g）	0.214	0.259	0.265	0.269	0.272	0.269	0.266	0.255	0.222

由实验得出，用纯硫酸钙对大豆蛋白质作用，使全部大豆蛋白质凝固，硫酸钙的使用量约为大豆蛋白质的0.04%，在实际生产中的使用量往往超过此数值，有的超过很多。在实际生产时，将石膏冲入豆浆中，即使迅速搅拌，也难迅速混均。硫酸钙不能与大豆蛋白质迅速均匀接触，也就不能完全反应。而实际生产中搅拌又是有限度的，所以只有采取增加石膏用量的办法，来增加它与大豆蛋白质的接触机会，加快反应速度。凝固剂的加入量还与豆浆的温度有关，豆浆温度低，凝固剂与蛋白质的作用速度慢，只能增加凝固剂用量来加快反应速度。另外，石膏是固体且难溶，即使是石膏粉末其颗粒也达不到分子级，因此能迅速溶解并与大豆蛋白质起作用的只有石膏粉表面的硫酸钙分子，由此得出结论：石膏粉的颗粒度越大，凝固

剂的用量也就越多。一般情况下，每 100 kg 大豆需凝固剂石膏粉 2.2～2.8 kg，溶于 10～20 L 水中使用。市售的粉状石膏是经过焙烧和研磨加工的熟石膏，可直接使用。

有资料介绍，用乙酸钙或氯化钙可以代替石膏点浆，用法与石膏完全一样，用量约为石膏的一半。用乙酸钙或氯化钙作为凝固剂，蛋白质的凝固率高，制得的豆腐洁白细嫩，无酸涩味，光泽好，出品率可比传统石膏提高 1/4～1/3。

2. 卤水

卤水又称为盐卤，化学成分是 $MgCl_2 \cdot 6H_2O$，即 46%是氯化镁，54%是水。100 g 的盐卤凝固剂中用于凝固作用的镁离子只有 11.8 g。

盐卤的特点是易吸潮，特别是环境湿度达到 70%以上时，非常容易溶解，所以要特别注意保管。盐卤的成分比较复杂，除主要成分氯化镁之外，还含有一定量的氯化钙、氯化钠、氯化钾以及硫酸镁、硫酸钙等。且随产地、批次的不同，成分差异很大，特别是由于海洋污染，海水中的有害物质浓缩在海水副产品中，会对人体构成危害，所以禁止使用液态盐卤，提倡用精制固体氯化镁作为凝固剂。使用时需调成浓度为 13%～15%的溶液。使用量为每 100 kg 大豆需卤水（以固体计）2～5 kg。

用盐卤作为凝固剂，蛋白质凝固速度快，蛋白质的网状结构容易收缩，制品持水性差，一般适合于制豆腐干、干豆腐等含水量比较低的产品。

为了解决卤水点豆腐时，凝固速度快、不易操作的问题，日本学者提出了加缓凝剂的办法，如在用卤水点脑的之前或同时，在豆浆中添加 0.02%～0.03%（以豆浆计）的出芽短梗孢糖（它是由淀粉糖浆生产的无色、无味、无毒的可溶性多糖，其结构是麦芽三糖通过 α-1，6 键聚合而成的直链）。豆浆凝固速度减慢，加工出的豆腐光滑细腻，风味良好，成品率高，而且操作方法容易掌握。另外，事先将盐卤、水、食用油、乳化剂混合均匀制成稳定的盐卤分散液，然后点脑，同样会减缓凝固速度。使用的油脂可以是植物油，也可以是动物油，乳化剂以大豆磷脂与甘油酯为好。

3. δ-葡萄糖酸内酯

δ-葡萄糖酸内酯（简称 GDL）是一种白色结晶物，易溶于水，20℃时溶解度为 59 g/100 mL，溶在水中后会渐渐地水解为葡萄糖酸，在加热的条件下水解速度加快，pH 值高时转变也快。加入 GDL 的熟豆浆，当豆浆温度达 60℃时，大豆蛋白质开始凝固，在 80～90℃时，凝固成的蛋白质凝胶持水性最佳，制成的豆腐弹性大、有劲，质地滑润爽口。

δ-葡萄糖酸内酯是一种新型的酸类凝固剂，适合于做原浆豆腐。在凉豆浆中加入葡萄糖酸内酯，加热以后内酯水解转化，蛋白质凝固即成豆腐。内酯的使用量一般为0.25%～0.35%（以豆浆计）。

用GDL作为凝固剂制得的豆腐：加热不易碎，口味清淡，口感细腻，且略带酸味，有利于延长保质期。若同时添加一定量的保护剂，不但可以改善风味，而且还能进一步提高凝固质量。常用的保护剂有磷酸氢二钠、磷酸二氢钠、酒石酸钠以及复合磷酸盐（焦磷酸钠41%，偏磷酸钠29%，碳酸钠1%，聚磷酸钠29%）等，使用量都在0.2%（以豆浆计）左右。

4. 复合凝固剂

复合凝固剂是指用两种或两种以上的成分加工制成的凝固剂。这些凝固剂都是随着豆制品生产的工业化、机械化、自动化的进程而产生的，它们与传统的凝固剂相比都有其独特之处。

据资料报道，英国发明了一种带有涂覆膜的有机酸颗粒凝固剂，在常温下该颗粒状凝固剂不会溶解于豆浆。但一经加热，涂覆剂就溶化了，包裹在内部的有机酸也就发挥了凝固作用。能够采用的有机酸有柠檬酸、异柠檬酸、山梨酸、富马酸、乳酸、琥珀酸、葡萄糖酸及它们的内酯及酐。采用柠檬酸时，添加量为豆浆（固形物10%）的0.05%～0.50%。涂覆剂要满足在常温下完全呈固态，而一经加热就会完全熔化的条件。其熔点最好为40～70℃。符合这些条件的可应用的涂覆剂有动物脂肪、植物油脂、各种甘油酯、山梨糖醇酐脂肪酸、丙二醇脂肪酸酯、动物胶、纤维素衍生物、脂肪酸及其盐类等。为了使被涂覆的有机酸颗粒均匀地分散于豆浆中，也可以添加一些可食性的表面活性剂，如卵磷脂等。

日本生产的一种凝固剂与此相似，不过它是把固态脂肪涂覆于硫酸钙颗粒的表面。这种凝固剂特别适合于工业化生产及生产包装豆腐。

美国一家公司生产的一种复合凝固剂成分较为复杂，除主要成分葡萄糖酸内酯（约40%）外，还含有磷酸氢钙、酒石酸钾、磷酸氢钠、富马酸、玉米淀粉等。

国内研制的BYL型凝固剂也是一种复合型凝固剂。还有前文提到的盐卤、水、食用油及乳化剂的分散体也可以看成是复合凝固剂。

二、豆制品加工常用的消泡剂

由于大豆蛋白的起泡性和大豆中含有的大豆皂苷，在加热煮浆工序中会产生大量泡沫，泡沫的存在对后续的生产操作极为不利，煮浆时易出现假沸现象，点脑时影响凝固剂分散，气泡留在豆腐中影响豆腐的感官质量。为了维持正常的生产，保证产品质量，必须使用消泡剂消泡。

目前允许使用的消泡剂按成分分有以下几类。

1. 油脂系列消泡剂

油脂系列消泡剂是由油脂、油脂硬化油加上卵磷脂和高级脂肪酸、碳酸钙、碳酸镁，然后进行混合、均质化生产出来的。油脂原料主要有棕榈油、菜子油和大豆油等，全部使用植物油或以植物油为主。产品形态有粉末状和糊状。

2. 甘油脂肪酸酯系列消泡剂

甘油脂肪酸酯系列消泡剂包括聚氧乙烯山梨醇酐单月桂酸酯（又名吐温 20）、聚氧乙烯山梨醇酐单棕榈酸酯（又名吐温 40）、聚氧乙烯山梨醇酐单硬脂酸酯（又名吐温 60，为淡黄色膏状物）、聚氧乙烯山梨醇酐单油酸酯（又名吐温 80，为淡黄色油状液体），最大使用量均为 0.05 g（以每千克大豆的使用量计）。使用时均匀地加在豆糊中，一起加热即可。吐温均有特殊臭味，微苦，易溶于水和乙醇等多种有机溶剂，不溶于矿物油。

3. 硅树脂系列消泡剂

硅树脂系列消泡剂包括：聚二甲基硅氧烷，最大使用量为 0.3 g（以每千克大豆的使用量计）；聚二甲基硅氧烷，通常用单酸甘油酯或糖脂、多糖类制成水分散体来使用。聚二甲基硅氧烷对于消除豆浆中残留的细小气泡非常有效。此外还可以与甘油脂肪酸酯并用做成制剂来提高消泡能力。

三、防腐剂

1. 豆制品中允许使用的防腐剂

根据我国最新公布，并于 2011 年 6 月 20 日开始实施的 GB 2760—2011《食品添加剂使用标准》中规定，在豆制品中允许使用的防腐剂见表 3—11。

表 3—11　　豆制品中允许使用的防腐剂

防腐剂名称	允许使用范围	最大使用量（g/kg）	备注
丙酸、丙酸钠、丙酸钙	豆类制品	2.5	最大使用量以丙酸计
双乙酸钠	豆干类及其再制品	1.0	
山梨酸及其钾盐	豆干再制品	1.0	最大使用量以山梨酸计
二氧化硫，焦亚硫酸钠，焦亚硫酸钾，亚硫酸钠，亚硫酸氢钠，低亚硫酸钠	腐竹类	0.2	最大使用量以二氧化硫残留量计
脱氢乙酸、脱氢乙酸钠	发酵豆制品	0.3	

2. 允许使用的防腐剂的特性

（1）丙酸

无色透明液体，相对密度为0.9880，能与水互溶，溶于乙醇、氯仿和乙醚。具有特殊的刺激性气味，能刺激眼睛和呼吸系统，其液体能灼伤皮肤和眼睛，误食会对消化系统造成伤害。沸点为140.7℃，熔点为−24～23℃，闪点为52.8℃。对酵母无作用，对细菌作用有限，对霉菌作用明显。

（2）丙酸钙

白色磷片状结晶或颗粒，无臭或略带丙酸味，易潮解，易溶于水，溶于乙醇，不溶于乙醚。对光、热敏感，330～340℃分解为碳酸钙。在酸性条件下分解为丙酸。

（3）丙酸钠

无色透明结晶或颗粒状结晶粉末，无臭或略带丙酸味，易潮解，易溶于水，溶于乙醇，微溶于丙酮。对石蕊试纸呈中性或微碱性。

（4）双乙酸钠

又名二乙酸一钠、维他可波罗，白色结晶，易吸湿，易溶于水，150℃时分解。

（5）山梨酸

山梨酸又称清凉茶酸、2，4-已二烯酸、2-丙烯基丙烯酸，无色针状结晶或白色结晶粉末，无味或略有特殊气味，熔点为132～135℃，空气中长时间放置易氧化着色，耐光、耐热性好，难溶于水，溶于乙醇、乙醚、丙二醇、花生油、甘油和乙酸。

山梨酸属酸性防腐剂，其防腐效果随pH值的升高而降低。对霉菌、酵母菌和好氧性菌有抑制作用，对厌氧性芽孢形成菌与嗜酸乳杆菌几乎无效。

（6）山梨酸钾

白色或淡黄色磷片状结晶或结晶性粉末，无味或略有特殊气味，熔点为270℃，温度超过熔点即分解，易溶于水、5%的食盐水和25%的蔗糖水，溶于丙二醇，微溶于乙醇。属酸性防腐剂，其防腐效果随pH值的升高而降低，中性条件下效力很低。

（7）脱氢乙酸

又名脱氢醋酸，白色针状或片状结晶，无味、无臭，难溶于水，微溶于乙醇，可随水蒸气挥发，有吸湿性，熔点为109～112℃，对热稳定，但在强碱中加热易破坏，遇光逐渐变黄。具有较强的抑制细菌、霉菌及酵母发育的作用，对霉菌作用最强，其抑菌作用不受pH值和温度影响。

（8）脱氢乙酸钠

白色结晶性粉末，几乎无臭，易溶于水，难溶于乙醇等有机溶剂，对光、热稳定。

（9）焦亚硫酸钠

又名偏重亚硫酸钠、二硫五氧酸钠、重硫氧，白色或微黄色结晶颗粒或粉末，有强烈的二氧化硫气味，溶于水和甘油，微溶于乙醇。焦亚硫酸钠溶于水后，生成亚硫酸钠，水溶液显酸性。暴露于空气中易氧化变质，并放出二氧化硫，最后变成硫酸钠。加热至 150℃即分解放出二氧化硫。

（10）焦亚硫酸钾

又名重亚硫酸钾、二硫五氧酸钾，白色结晶或结晶性粉末，有二氧化硫气味，易溶于水，水溶液呈酸性，不溶于乙醇。在干燥空气中会慢慢氧化成硫酸钾，在潮湿空气中易释放出二氧化硫。加热至 190℃即分解放出二氧化硫。

（11）无水亚硫酸钠

又名硫氧，白色颗粒或粉末，几乎无臭，易溶于水，水溶液显碱性，微溶于乙醇。受潮后易被氧所氧化，遇高温分解。

（12）亚硫酸氢钠

又名酸式亚硫酸钠。白色块状结晶或粉末，有强烈的二氧化硫气味。暴露于空气中极易氧化成硫酸氢钠。易溶于水，微溶于乙醇。水溶液显酸性。与强酸接触放出二氧化硫。温度高于 65℃时，分解放出二氧化硫。

四、甜味剂

腐乳、卤制品、炒制品和炸卤、炸炒制品等豆制品在生产过程中需要加入甜味物质来调味，除了使用蔗糖、葡萄糖、果糖、天然甘草和甜叶菊外，我国 GB 2760—2011《食品添加剂使用标准》中规定豆制品中可以使用的甜味剂见表 3—12。

表 3—12　　豆制品中可以使用的甜味剂

甜味剂名称	允许使用范围	最大使用量（g/kg）	备注
环己基氨基磺酸钠，环己基氨基磺酸钙（又称甜蜜素）	腐乳类	0.65	以环己基氨基磺酸计
N-［N-（3，3-二甲丁基）］L-α-天门冬氨-L-苯丙氨酸 1-甲酯（又名纽甜）	所有豆制品	按生产需要适量使用	
罗汉果甜苷	所有豆制品	按生产需要适量使用	
木糖醇	所有豆制品	按生产需要适量使用	
天门冬酰苯丙氨酸甲酯（又称阿斯巴甜）	所有豆制品	按生产需要适量使用	

五、香辛料

豆制品在生产过程中使用的香辛料种类很多，用得最广泛的有胡椒、花椒、八角、肉桂、小茴香、五香粉、咖喱料等。使用香辛料的主要作用是利用香辛料中所含有的芳香油和刺激性辛辣成分，抑制和矫正产品的不良气味，提高产品的风味，并能增进食欲，促进消化，同时还可防腐杀菌和起到抗氧化的作用。

1. 胡椒

胡椒有辛辣味，分为黑胡椒和白胡椒两种。黑胡椒是果皮、果肉和种子混在一起，经充分晒干的产品。白胡椒是去除果皮、果肉后剩下的种子。白胡椒比黑胡椒质量好，辛辣味淡。

2. 花椒

花椒属芸香科，主要成分为柠檬烯、枯茗醇及形成花椒麻辣味的花椒油素等。

3. 八角

八角又称大茴香、大料，木兰科，含有较多的芳香油和糖分而具有浓香和甜味。其芳香油的主要成分为茴香脑，另外还有左旋水芹烯、黄樟油素、柠檬烯等。

4. 桂皮

桂皮含有较多的芳香油，其主要成分为桂皮醛、硅酸甲酯、丁香酚。其中，桂皮醛是调味的重要成分，使桂皮具有特异的香气和收敛性的辛辣味，并有微甜味。

5. 小茴香

小茴香是一种长椭圆形的小双悬果实，含有丰富的芳香油，主要成分为茴香酮、茴香脑、甲基黑椒酚、茴香醛等，具有特异的芳香味，微甜。

6. 肉豆蔻

肉豆蔻属肉豆蔻科，有浓烈的特殊香气，略带甜苦味，有一定的抗氧化作用。含精油 5%～15%，主要成分为蒎烯和莰烯（约 80%）、二戊烯、番叶醇和肉豆蔻醚。

7. 丁香

丁香有浓郁的香气，并有烧灼感、辛辣味，兼有抗氧化和防腐作用。丁香含有20%左右的丁香油。

8. 小豆蔻

小豆蔻的种子有浓郁的柔和香气，略有辣味，浓时有苦味，含有精油 2%～8%，主要成分有乙酸松油酯、芳樟醇、柠檬烯、桉叶油素等。

9. **肉桂**

肉桂有强烈的香气，味甜中带苦，含精油 1%～2.5%，主要成分有肉桂醛 90%、甲基丁香酚、肉桂醇、乙酸肉桂酯、肉桂酸、2-甲氧基肉桂酸、2-甲氧基乙酸肉桂酯等。

10. **姜黄**

姜黄为多年生草本植物，地下有圆柱状根状茎和纺锤状块根，黄色有香气。可从根茎中提取精油。

11. **五加**

五加的根皮和茎皮称为五加皮。春季可采其嫩叶作为蔬菜食用，有特殊的香味。

12. **辣椒**

成熟的果中富含维生素 C，胡萝卜素的含量也较高。其辣味是含有辣椒素的挥发油，含量约为 0.1%。辣椒素在子房的隔膜中含量最多，种子其次，皮最少。

13. **姜**

也称生姜，富含胡萝卜素，味辛，有刺激食欲、帮助消化、健胃、祛寒、发汗、止咳化痰、解毒、除腥、解膻等作用。

六、腐乳后期发酵用的辅助原料

腐乳后期发酵所用的辅助原料主要有食盐、酒类、红曲、面曲和香辛料等。

1. **食盐**

食盐是腐乳生产不可缺少的辅料之一。食盐既能使产品含有适当的咸味，又能在发酵过程及成品储存过程中起防腐作用。食盐的主要成分是氯化钠，用于腐乳生产的食盐主要是闵盐（福建）和贡盐（四川）。

2. **酒类**

在腐乳后期发酵过程中，需添加一些含酒精的原料，如白酒、黄酒以及酒酿和米酒等。酒精可以抑制杂菌的生长，又是腐乳香气的重要组分——酯类的前驱物质，能促进腐乳香气的形成。

白酒宜采用纯粮或淀粉酿制的纯质白酒，无异味，酒度最好在 50°以上。

黄酒的特点是酒精含量低，性醇和、香气浓，使用黄酒生产可增加腐乳的甜味和风味。使用的黄酒酒精度一般在 16%左右，酸度在 0.45%以下。

酒酿是以糯米为主要原料经过根霉、酵母菌、细菌等发酵酿制而成的。根据发酵时间和酒精度不同分为甜酒酿和酒酿卤，一般由腐乳加工厂自制。甜酒酿主要用来制作糟方腐乳；酒酿卤要求酒精含量为12%左右，酸度在0.6%以下，糖度在26Brix以上。用酒酿卤制作的腐乳糖分高、香气浓。

米酒要求采用酒质澄清，酒精度为12%～14%，总酸为0.45%以下，还原糖含量在10%以上。

3. 曲类

在腐乳发酵后期添加曲类有助于增加腐乳的色香味。

（1）红曲

红曲也称为红米、红曲米、丹曲。它是通过红曲霉菌在蒸熟的米饭上繁殖生长而制成的富含红曲霉红素（$C_{22}H_{24}O_5$）和红曲霉黄素（$C_{17}H_{22}O_4$）的紫红色大米。红曲霉红素和红曲霉黄素微溶于水，易溶于酒精、乙酸、丙酮等有机溶剂，芳香无异味，稀溶液呈鲜红色，浓度增大后呈红褐色，经光照会褪色。红曲是红腐乳生产必备的着色剂。

（2）米曲

米曲是用糯米制成的。将糯米用冷水浸泡2～4 h，沥干蒸煮，熟透后用25～30℃温水冲淋，保持温度在30℃时接种发酵，发酵时控制温度不要超过35℃。两天后即可出曲，晒干后备用。

（3）面曲

面曲又名面糕、面糕曲，也是制面酱的半成品。豆腐乳酿造使用面曲的目的是给后期发酵提供酶源，增加成品糖分含量，促进腐乳的成熟和风味的形成。

面曲是由面粉加入36%的冷水搅拌均匀，蒸熟后趁热将块掰碎，摊凉至40℃后接种，接种量为面粉的0.4%，培养2～4天即可出曲，晒干后磨碎备用。

第4章 豆制品生产工艺基础知识

第1节 豆制品生产前处理

近几年来，豆制品生产正在经历着从落后的手工作坊生产到先进的规模化生产的巨大转变过程，规模化的生产需要工艺技术人员对生产工艺的改进、设备的改造和创新。作为豆制品工艺技术人员首先要掌握豆制品生产的工艺原理。

一、原料前处理

1. 选料

豆制品的质量很大程度上取决于原料大豆的品质。一般凡无霉变或未受热变性的大豆，无论新陈都可用来制作豆制品，同时以色泽光亮、子粒饱满、无虫蛀和鼠咬的新大豆为佳。与陈豆相比，新大豆制得的产品的生产率高，质地细嫩，弹性强，口味好。储存时间过长的大豆，加工出的豆腐质地粗糙，弹性差，持水性差，色泽发暗。但刚刚收获的大豆不宜使用，应存放2～3个月再用，比较理想的是在良好条件下储存3～9个月的大豆。

另外，生产豆制品用的大豆应是蛋白质含量高的，尤其是7S和11S球蛋白含量高的品种。

2. 除杂

大豆在收获、储存以及运输的过程中难免混入一些杂质，如草屑、泥土、沙子、石块和金属碎屑等。这些杂质不仅影响产品的质量和卫生，而且还会影响机械设备的使用寿命，所以必须清理除去。

大豆除杂的方法可分为湿选法和干选法两种。豆腐、豆腐干、干豆腐、腐竹、素制品及腐乳生产中，大豆除杂用的主要是湿选法。湿选法的原理就是根据大豆与杂物相对密度的差异，先用水漂洗出相对密度较小的草屑、霉豆等，再用淌槽或旋水分离器、振动式水洗机等除去泥土和相对密度较大的沙石等。豆浆与豆浆粉生产除杂的目的，除与其他豆制品生产一样要除去大豆原料中的杂质及霉烂豆、虫蛀豆之外，特别强调要除去破损豆，否则会影响豆浆的口感，因此一般以干选为主，通常要经过筛选、风选、比重去石、磁选以及人工拣选等几种精选手段的组合才能达到良好的效果。

（1）筛选

筛选主要是利用筛孔的不同，将与大豆大小不同的杂质除去。

（2）比重去石

利用物料密度的不同，在空气介质中分离杂质。生产中常采用吹式比重去石机。

（3）磁选

用磁铁清除大豆中的磁性杂质。

3. 脱皮

脱皮是豆浆制造过程中的关键工序之一。通过脱皮，第一可以减少从土壤中带来的耐热菌，提高产品的耐储性；第二可以降低皂角苷、异黄酮等苦涩味物质的含量，改善豆浆风味和口感，限制起泡性；第三可以缩短脂肪氧化酶钝化所需要的加热时间，降低储存蛋白的热变性，防止非酶褐变，赋予豆浆以良好的色泽。

对于脱皮工序总的要求就是脱皮率要高，脱皮损失要小，蛋白质变性要低。衡量脱皮效果的主要是三个指标：脱皮率、仁中含皮率和皮中含仁率。脱皮率是豆浆生产中最关键的指标，为达到脱皮的目的，大豆的脱皮率应控制在95%以上。实践表明，大豆的脱皮效果主要与其含水量有关（见表4—1），大豆的水分含量最好控制在9.5%～10%，过高或过低脱皮的效果都不理想。大豆破碎的程度也与脱皮效果有关。大豆在破碎后最好分成两瓣，不能超过四瓣。因为吸风脱皮时，相对密度差大才易分开。

表4—1　　水分与脱皮率的关系

大豆含水量	12.0%	10.5%	9.5%	8.5%
破碎后皮仁结合率	4.2%	2.9%	0.6%	1.6%

（1）大豆简易脱皮法

此法又称冷脱皮法，适合于小规模生产，尤其是当大豆水分低于 12%时，可以直接破碎脱皮。若原料大豆水分含量较高，可以考虑先在仓房中进行通风干燥或晒干，使水分达到 12%以下，然后再破碎脱皮。

（2）传统烘干脱皮法

这是一种沿用多年且比较成熟的工艺。这种传统工艺也属于冷脱皮，不过它是经过烘干及较长时间的缓苏后再破碎脱皮的。图 4—1 所示是缓苏时间与脱皮效果之间的关系。实际生产中，缓苏时间一般为 24～72 h。

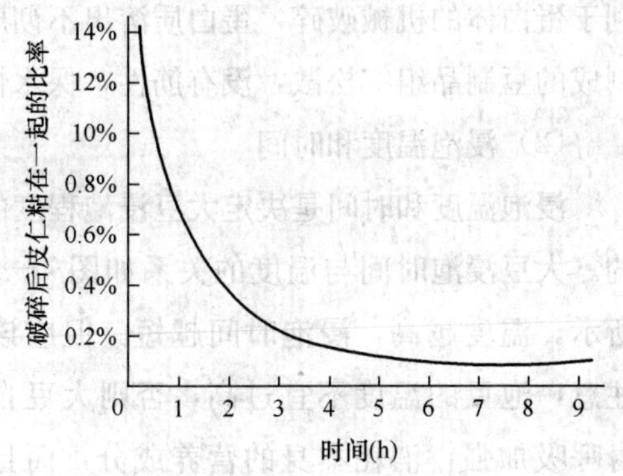

图 4—1　缓苏时间与脱皮效果的关系

此工艺的特点是脱皮效果好，能适应大规模生产。但是设备容量大，利用率低，生产周期长，费用高。

（3）热脱皮法

该工艺与传统脱皮法相比，特点是采用先进的流化床烘干器，取消了脱皮前的大料仓，大大缩短了生产周期，缓苏时间由原来的 24～72 h 缩短到 10～20 min，而且还利用了余热。缺点是流化床操作要求高，风运系统动力消耗和噪声较大。

应该注意的是，豆浆的生产中脱腥极为重要，而致腥的脂肪氧化酶多存在于靠近大豆表皮的子叶处，豆皮一经破碎，油脂即可在脂肪氧化酶的作用下发生氧化，产生腥味物质。所以豆浆生产的脱皮工序一定要与后序的灭酶工序紧密地衔接起来，切不可储存脱皮豆。

生产腐竹用的大豆在浸泡前最好破瓣脱皮，这样所得的产品色泽光亮明快，有利于提高产品质量。

4. 浸泡

经过精选的大豆通过输送系统送入泡料槽（或池）中加水浸泡。大豆蛋白质存在于大豆子叶的蛋白体之中，蛋白体具有一层皮膜组织，其主要成分是纤维素、半纤维素及果胶质等。在成熟的大豆种子中，这层膜是比较坚硬的，当大豆浸于水中时，蛋白体膜同其他组织一样，开始吸水溶胀，质地由硬变脆最后变软。处于脆性状态下的蛋白体膜，受到机械破坏时很容易破碎。蛋白体膜破碎以后，蛋白质才可分散于水中，形成蛋白质溶胶，即生豆浆。

浸泡的目的就是使豆粒吸水膨胀，有利于大豆粉碎后充分提取其中的蛋白质。对于豆浆和豆浆粉的生产，还可以通过浸泡达到灭酶脱腥的目的。

（1）浸泡程度

大豆的浸泡程度不但影响产品的生产率，而且影响产品的质量。浸泡适度的大豆蛋白体膜呈脆性状态，在研磨时蛋白体可得到充分破碎，使蛋白质能最大限度地溶离出来。浸泡不足，蛋白体膜较硬；浸泡过度，蛋白体膜过软。这两种情形都不利于蛋白体的机械破碎，蛋白质溶出不彻底，产品的生产率低。用浸泡过度的大豆制成的豆制品组织松散，没有筋性，保水性差。

（2）浸泡温度和时间

浸泡温度和时间是决定大豆浸泡程度的两个关键因素，两者相互影响，相互制约。大豆浸泡时间与温度的关系如图 4—2 所示。温度越高，浸泡时间越短。但应该注意，泡豆的温度不宜过高，否则大豆自身呼吸加强，消耗本身的营养成分，而且易引起微生物繁殖，导致腐败。

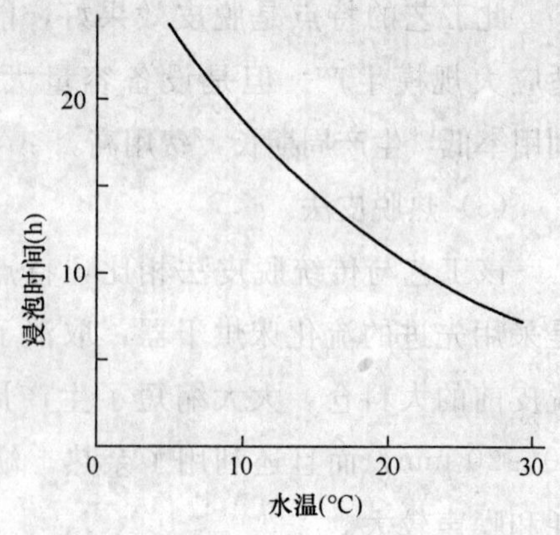

图 4—2　大豆浸泡时间与温度关系曲线

在豆浆和豆浆粉的生产中，豆瓣的浸泡不同于传统豆制品生产，一般采用高温快速浸泡法（如 85℃浸泡 30 min），同时还要添加一定量的碱（$NaHCO_3$），使浸泡液的 pH 值调至碱性（7.5～8.0），这样可以有效地钝化脂肪氧化酶。在半干法豆浆生产工艺中，脱皮后的豆瓣不经浸泡，直接与碱水（1%$NaHCO_3$溶液）一同进入灭酶失活机，在 95℃以上的温度下进行约 1 min 的灭酶后进入磨浆机。

二、制浆

1. 磨浆

大豆经过浸泡后，蛋白体膜变得松脆，但要使蛋白质溶出，还必须进行适当的机械破碎。单从蛋白质溶出的角度来看，大豆破碎得越彻底，蛋白质越易溶出。但在实际生产中，大豆的磨碎程度要适度，磨得过细，大豆中的纤维会随着蛋白质一起滤到豆浆里，结果使得产品粗糙，色泽灰暗，死板发硬。而且往往还会因纤维对筛孔的堵塞，影响滤浆效果，反而使产品的生产率降低。

从理论上讲，大豆蛋白质体的直径为 2～20 μm，磨碎大豆颗粒的直径就应在 2 μm 以下。而在实际生产当中，综合溶出与分离效果看，粉碎细度在 100～120 目，颗粒直径为 10～12 μm 时比较适宜，这种实际颗粒比理论颗粒直径大的原因可能有两点：一是磨碎过程是一种挤压破碎，蛋白质膜被压成了薄片；二是破碎的蛋白质膜吸水溶胀，结果粒径增大。

豆浆和豆浆粉生产的磨浆工序与传统豆制品生产中的磨浆工序有相同之处，也有不同之处。相同之处是将大豆磨碎，最大限度地提取大豆中的有效成分，除去不溶性的多糖及纤维，而且磨碎分离设备也是通用的；不同之处主要是豆浆和豆浆粉生产磨浆必须与灭酶工序相结合，一方面要最大限度地溶出大豆中的有效成分，另一方面又要尽可能地抑制浆体中异味物质的产生。根据生产中所采用的灭酶手段不同，磨浆方法也略有差异。如有的大豆磨浆前经过浸泡，也有的大豆磨浆前未经浸泡，这在磨浆、分离工序的安排与操作上就要有所区别。

2. 滤浆

滤浆又称为过滤或分离，其主要目的就是把豆糊中的豆渣分离除去，制得以蛋白质为主要分散质的溶胶体——豆浆。另外，滤浆过程也是豆浆浓度的调节过程，根据豆糊浓度及所生产产品的不同，滤浆时的加水量也不同。

滤浆的工艺有两种：一种是把经研磨的豆糊先加热煮沸，然后过滤，称为熟浆法；另一种是把经过研磨的豆糊先除去豆渣，然后再把豆浆煮沸，称为生浆法。熟浆法的特点是豆糊灭菌及时不易变质，产品韧性足，有拉劲，耐咀嚼，但熟豆糊黏度大，过滤困难，豆渣中残留蛋白质较多（一般均在 3.0%以上），大豆蛋白质提取率相应减少，能耗高，且产品保水性差，易离析，适合于生产含水量较少的豆腐干、北豆腐等。生浆法与此相反，工艺上卫生条件要求较高，豆糊、豆浆易受微生物污染酸败变质，但操作方便，易过滤，只要豆糊磨得粗细适当，滤浆工艺控制得好，豆渣中的蛋白质残留量可控制在 2.0%以下，且产品保水性好，口感滑润。生产嫩豆腐、豆浆及豆浆粉大都采用生浆法过滤。

3. 煮浆

煮浆就是通过加热，使豆浆中的蛋白质发生热变性。一方面是为点浆工序创造必要的条件；另一方面还可以减轻异味，消除大豆的抗营养因子，提高大豆蛋白的营养价值，杀灭细菌，延长产品的保鲜期。

从宏观上看，生豆浆与熟豆浆似乎没有什么区别，但物化分析表明，在这两个体系中，蛋白质分子的存在状态是绝然不同的，如图 4—3 所示。生豆浆中测得的蛋白质相对分子质量最多不过 50 万，而熟豆浆中蛋白质相对分子质量则可达 800 万以上；生豆浆中的蛋白质属未变性蛋白质，而熟豆浆中的蛋白质则属变性蛋白质。大豆蛋白质在形成前凝胶的同时，还能与少量脂肪结合形成脂蛋白，如图4—4所示。脂蛋白的形成可以使豆浆产生香气，豆浆煮沸过程中脂蛋白的形成随着煮沸时间的延长而增加。

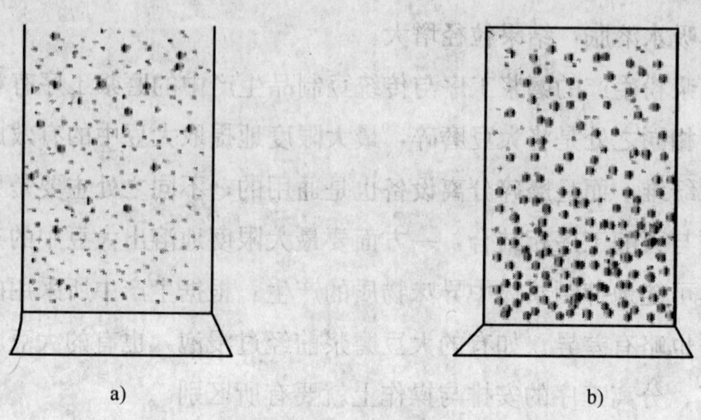

图 4—3　生豆浆和熟豆浆中蛋白质分子的状态比较
a）生豆浆　b）熟豆浆

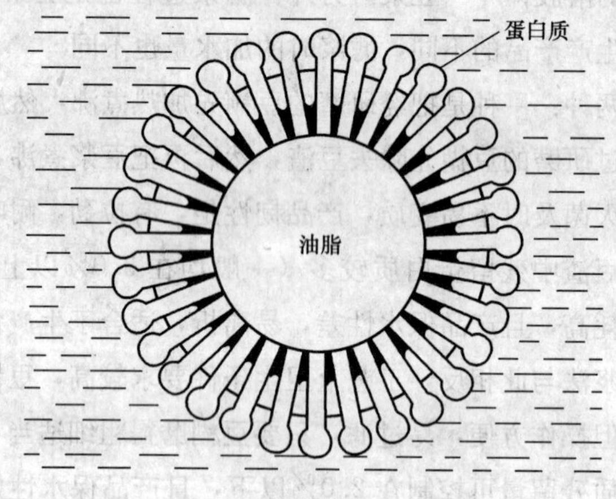

图 4—4　蛋白质与脂肪形成脂蛋白的过程

第 2 节　豆腐、豆腐干生产工艺原理

一、豆腐、豆腐干及干豆腐的生产工艺流程

豆腐、豆腐干及干豆腐的生产工艺流程如图 4—5 所示。

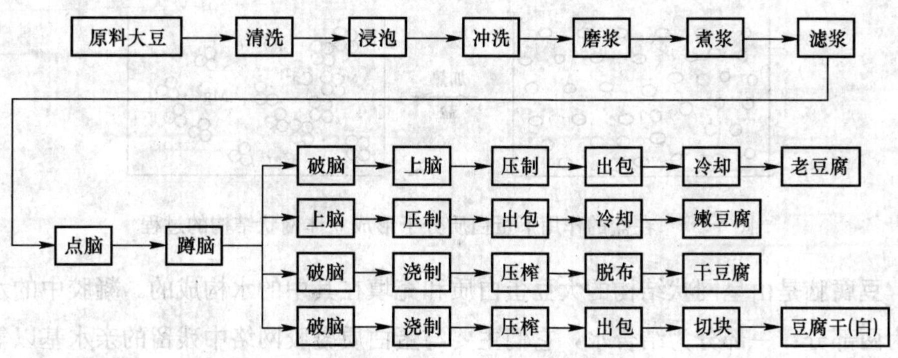

图 4—5　豆腐、豆腐干及干豆腐的生产工艺流程

内酯豆腐的生产工艺流程如图 4—6 所示。

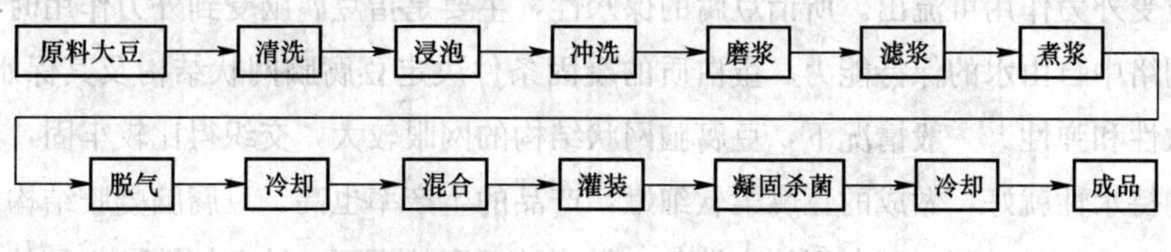

图 4—6　内酯豆腐的生产工艺流程

二、凝固

凝固就是大豆蛋白质在热变性的基础上，在凝固剂的作用下，由溶胶状态变成凝胶状态的过程。在豆腐、豆腐干及干豆腐的生产过程中，它是通过点脑与蹲脑两道工序来完成的。

1. 点脑

豆浆的煮沸，即前凝胶的形成，并不是生产的最终目的，如何使前凝胶进一步形成凝胶才是关键。点脑又称点浆，就是把凝固剂按一定的比例和方法加入到煮熟的豆浆中，使大豆蛋白质溶胶转变成凝胶，即使豆浆变为豆腐脑（又称豆腐花）的过程，是豆腐、豆腐干及干豆腐生产中的关键工序。

无机盐、电解质可以增加蛋白质的变性。向煮沸过的豆浆中加入电解质，由于静电作用破坏了蛋白质胶粒表面的双电层，使蛋白质胶粒进一步聚集。在豆制品生产中，常用的电解质有硫酸钙（石膏）、氯化镁（卤水）、氯化钙等盐类或者酸类。它们在豆浆中解离出镁离子和钙离子，Mg^{2+} 和 Ca^{2+} 不但可以破坏蛋白质的水化膜和双电层，而且具有“搭桥”作用。蛋白质分子之间通过—Mg—或—Ca—桥相互连接起来，形成立体网状结构，并将水分子包含在网络中，形成豆腐脑，如图 4—7 所示。

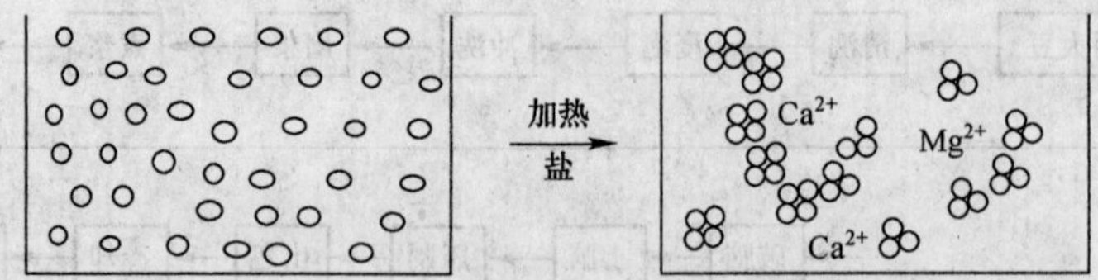

图 4—7　在盐的作用下蛋白质分子形成立体网状结构的过程

豆腐脑是由呈网状结构的大豆蛋白质和充填在其中的水构成的。凝胶中的水可分为两部分：一部分为结合水，它们主要与蛋白质凝胶网络中残留的亲水基以氢键相结合，一般 1 g 蛋白质能结合 0.3～0.4 g 水，这部分水比较稳定，不会因外力作用从凝胶中排出。另一部分是依毛细管表面能的作用而存在的，属于自由水，在成形时受外力作用可流出。所谓豆腐的保水性，主要是指豆腐脑受到外力作用时，凝胶网络中自由水的保持能力。蛋白质的凝固条件决定豆腐脑网状结构及其保水性、柔软性和弹性。一般情况下，豆腐脑网状结构的网眼较大，交织得比较牢固，豆腐脑的持水性就好，做成的豆腐柔软细嫩，产品的生产率也高。豆腐脑凝胶结构的网眼小，交织得又不牢固，则持水性差，做成的豆腐就僵硬、缺乏韧性，产品的生产率也低。

生产实践表明，影响豆腐脑质量的因素有很多，如大豆的品种和质量、生产用水质，凝固剂的种类和添加量，豆浆的熟化程度，点浆温度、熟浆的浓度与 pH 值以及搅拌方法等。以下主要讨论温度、浓度、pH 值及搅拌方法对豆腐脑质量的影响。

（1）温度

点脑时豆浆的温度与蛋白质的凝固速度密切相关。豆浆的温度高，豆浆中蛋白质胶粒的内能大，凝聚速度快，凝胶组织易收缩，结构网眼小，保水性差，产品弹性小，发死发硬；豆浆温度低，蛋白质胶粒的内能小，凝聚速度慢，形成凝胶网眼大，产品保水性好，弹性好。但当温度过低时，豆腐脑含水量过高，反而缺乏弹性，易碎不成形。图 4—8 所示为以石膏作为凝固剂时（豆浆蛋白质浓度为 5.3%，凝固剂用量为 0.6%），点脑温度与豆腐硬度之间的关系。

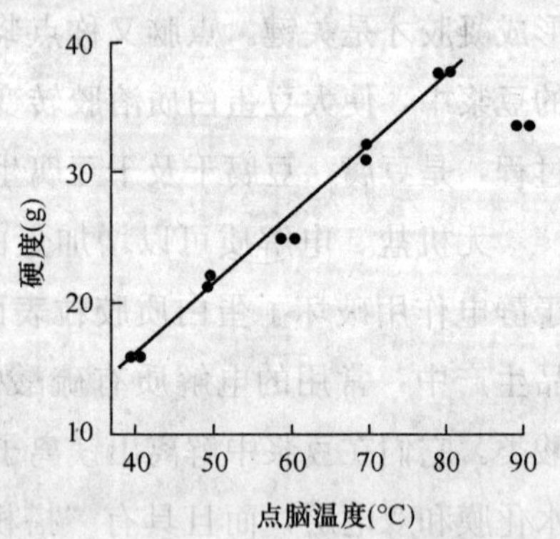

图 4—8　点脑温度与豆腐硬度的关系
（以石膏作为凝固剂）

从图 4—8 中可以看出，豆腐的硬度与点脑温度几乎呈线性正相关。豆腐、豆腐干及干豆腐生产中，点脑温度应根据产品的特点以及所使用的凝固剂和点脑方法的不同而灵活掌握。

（2）浓度

俗话说："浆稀点不嫩，浆稠点不老。"这是豆制品工艺师在长期生产实践中得出的智慧结晶。它形象地反映了豆浆浓度与豆腐脑质量的关系。豆浆的浓度低，点脑后形成的脑花太小，保不住水，产品发死发硬，出品率低；豆浆浓度高，生成的脑花块大，持水性好，有弹性。但浓度过高时，凝固剂与豆浆一接触就迅速形成大块脑花，易造成上下翻动不均，出现白浆等后果。

（3）pH 值

豆浆的 pH 值与蛋白质的凝固有直接关系。豆浆的 pH 值越低，即偏于酸性，加凝固剂后蛋白质凝固快，豆腐脑组织收缩多，质地粗糙；豆浆的 pH 值过高，偏于碱性，蛋白质凝固缓慢，形成的豆腐花就会过分柔软，包不住水，不易成形，有时没有完全凝固，还会出现白浆。所以点脑时，豆浆的 pH 值最好控制在 7 左右。pH 值偏高时（高于 7.5）可用酸浆水调节，pH 值偏低时（低于 6.5）可用 1.0%的氢氧化钠溶液调节。

（4）搅拌方法

在点脑时，豆浆的搅拌速度和时间直接关系着凝固效果。搅拌速度越快，凝固剂的使用量越少，凝固的速度越快。搅拌速度越慢，凝固剂的使用量就越多，凝固的速度就越慢。搅拌的速度要视品种的要求而定，搅拌时间的长短要视豆腐花凝固的情况而定。豆腐花已经达到凝固要求，就应立即停止搅拌。这样，豆腐花的组织状况就好，产品细腻柔嫩、有劲，出品率也高。如果搅拌时间超过凝固要求，豆腐花的组织被破坏，凝胶的持水性差，品质粗糙，出品率就低，口味也不好。如果搅拌时间没有达到凝固的要求，豆腐花的组织结构不好，柔而无劲，产品不易成形，有时还会出白浆，也影响出品率。另外，在搅拌方法上，一定要使缸面的豆浆和缸底的豆浆循环翻转，在这种条件下，凝固剂能充分起到凝固作用，使大豆蛋白质全部凝固。如果搅拌不当，只是局部的豆浆在流转，那么往往会使一部分大豆蛋白质接受了过量的凝固剂而使组织粗糙，另一部分大豆蛋白质接受的凝固剂量不足而不能凝固，给产量和质量都会带来影响。

2. 蹲脑

点脑操作结束后，蛋白质与凝固剂的凝固过程仍在继续进行，蛋白质网络结构尚不牢固，只有经过一段时间的静止，凝固才能完成，组织结构才能稳固，这就是蛋白质凝胶网络形成的第二阶段，工艺上称为蹲脑，如图 4—9 所示。

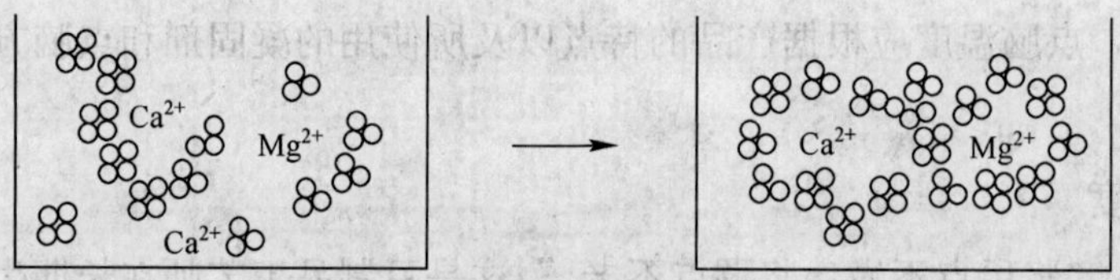

图 4—9　豆腐蹲脑示意图

蹲脑又称涨浆或养花，是大豆蛋白质凝固过程的继续。蹲脑过程宜静不宜动，否则，已经形成的凝胶网络结构会因振动而破坏，使制品内在组织产生裂隙，凝固无力，外形不整，特别是在加工嫩豆腐时表现得更为明显。

三、破脑成形

成形就是把凝固好的豆腐脑放入特定的型箱内，通过一定的压力榨出多余的浆水，使豆腐脑密集地结合在一起，成为具有一定含水量和弹性、韧性的豆制品。除加工嫩豆腐外，加工其他豆腐制品一般都需要在上箱压榨前从豆腐脑中排出一部分豆腐水，即所谓的破脑，如图 4—10 所示。在豆腐脑的网络结构中，水分充实，不易排出。只有把已形成的豆腐脑适当破碎，不同程度地打散豆腐脑中的网络结构，才能达到各种豆制品的不同要求。

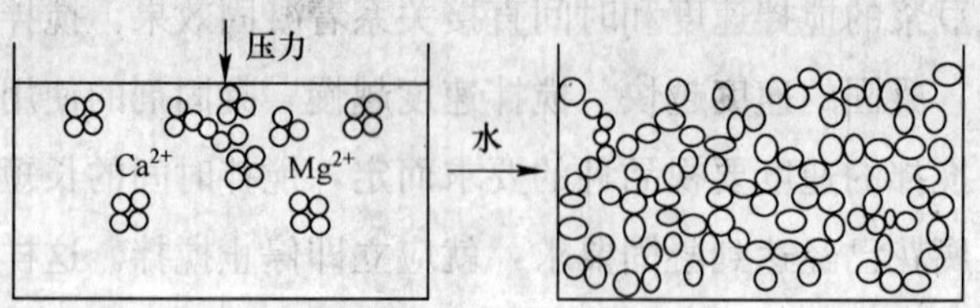

图 4—10　豆腐破脑示意图

第 3 节　腐竹生产工艺原理

一、腐竹生产工艺流程

腐竹生产工艺流程如图 4—11 所示。

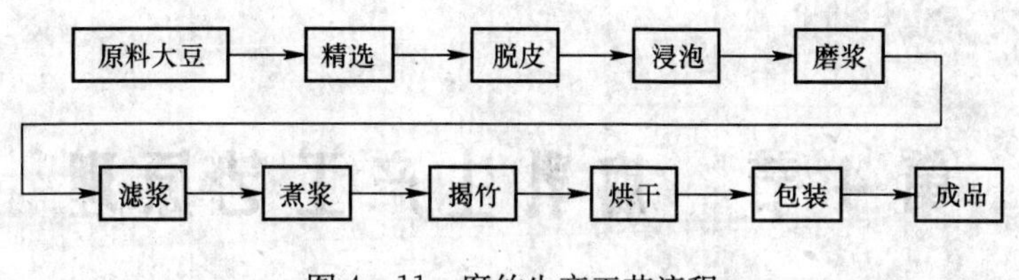

图 4—11　腐竹生产工艺流程

二、腐竹的成膜、干燥

腐竹是由热变性蛋白质分子依活性反应基团依次级键聚结成的蛋白质膜，其他成分在薄膜形成过程中被包埋在蛋白质网状结构之中，不是构成薄膜的必要成分，用电子显微镜可以观察到小于 0.5 μm 的脂肪球。

豆浆是一种以大豆蛋白质为主体的溶胶体，大豆蛋白质以蛋白质分子集合体——胶粒的形式分散于豆浆之中。大豆脂肪以脂肪球的形式悬浮在豆浆里。豆浆煮沸后，蛋白质受热变性，蛋白质胶粒进一步聚集，并且疏水性相对升高，因此熟豆浆中的蛋白质胶粒有向浆表面运动的趋势。

豆浆煮沸后进入带有加热保温设施的腐竹成形槽成形，由于腐竹成形槽是敞开的，这时进入成形槽的豆浆内部保持较高的温度（88℃左右），而豆浆表面由于直接接触外界的凉空气，水分不断蒸发，这时豆浆表面蛋白质浓度会相对增高；蛋白质胶粒获得较高的内能，运动加剧，这样使得蛋白质胶粒间的接触、碰撞机会增加，次级键形成容易，聚合度加大，直至形成薄膜，随着时间的推移，薄膜越结越厚，到一定程度揭起即为腐竹。腐竹的成膜过程如图 4—12 所示。

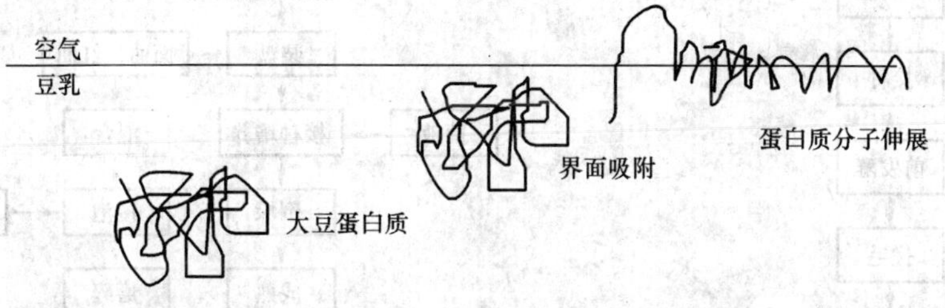

图 4—12　腐竹的成膜过程

国外有人发现，腐竹的断面显微结构不是连续均一的，它包含高组织层和低组织层两部分。靠近空气的一层质地细腻而致密，为高组织层；靠近浆液的一层质地粗糙而杂乱，为低组织层。高组织层和低组织层的厚度随薄膜形成时间的延长而增加。但高组织层经 15～20 min 后厚度达 20 μm 左右即停止，而低组织层则可继续增加。高质量的腐竹生产应以高组织层最厚、低组织层最薄为原则。

第 4 节　腐乳生产工艺原理

一、腐乳生产工艺流程

根据发酵的微生物种类不同，腐乳分为腌制型和发霉型两大类，目前普遍采用发霉型微生物生产。发霉型腐乳又依据培菌的菌种不同分为毛霉型、根霉型和细菌型。毛霉型腐乳和根霉型腐乳的生产工艺基本一致，如图 4—13 所示。细菌型腐乳的生产工艺流程如图 4—14 所示。

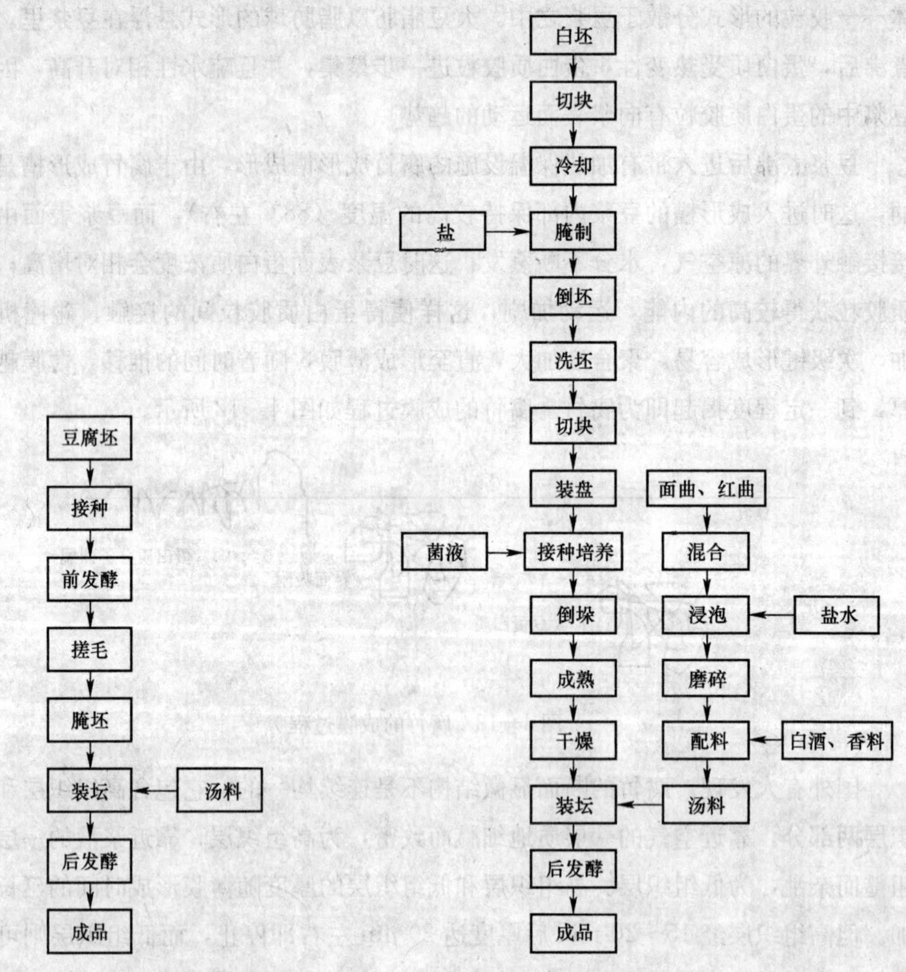

图 4—13　毛霉型腐乳的生产工艺流程　　图 4—14　细菌型腐乳的生产工艺流程

腐乳的生产发酵分为两个阶段，即前发酵和后发酵。

二、前发酵

前发酵又称前期培菌，即白坯接种后，进入保温室进行培养的过程。腐乳前发酵的主要目的是在豆腐坯上培养毛霉菌，使豆腐坯上长满菌丝，形成柔软、细密而坚韧的皮膜，并产生足量的酶，为腐乳的后期发酵创造条件。只有在前发酵中形成坚韧的皮膜，并产生足量的酶，才能使腐乳在后发酵过程中不散不烂，并形成良好的色、香、味、形。

1. 前发酵毛霉生长变化过程

在酿造腐乳过程中，毛霉培养分为三个步骤：首先是以麦芽糖或葡萄糖为培养基，在无菌室中进行毛霉试管移植，置于（30±1）℃恒温培养箱中培养 72 h。其次是以麦麸或大米为培养基进行克氏瓶接种培养，一般在 28～30℃培养箱中培养 3 天，也称扩大培养。克氏瓶内菌种的质量要求是菌丝饱满、粗壮有力、有浓厚的曲香气，瓶底板无花斑点（杂菌）。最后是前期培菌（发酵），以豆腐坯为培养基，将克氏瓶中的菌种接种于豆腐坯表面。接种方式有液体和固体两种，液体配成菌种悬浮液，固体配成粉状菌种。无论使用何种接种方式，要求接种均匀。在培养过程中，由于毛霉菌属于好湿的菌种，因此在培养室内应保持一定的湿度，要求相对湿度控制在 95%±1%，以满足毛霉菌生长的需要。这样既有利于毛霉菌生长繁殖又能保持菌丝白嫩，还能延长产霉期，更有利于毛霉菌在豆腐坯的蛋白质培养基上充分繁殖生长，使豆腐坯表面生成一层白色细柔的菌膜和分泌大量的蛋白酶。

前发酵阶段，毛霉生长的变化大致分为孢子发芽生长阶段、菌丝生长旺盛阶段和菌丝产酶阶段。这三个阶段的生长变化过程见表 4—2。

表 4—2　　毛霉生长变化过程

名称	培养最适品温（℃）	培养时间（h）	生长变化过程
孢子发芽生长阶段	18～22	8～20	孢子开始发芽，品温自然上升，14 h 能见白坯表面长出白茫茫的一片短细菌丝
菌丝生长旺盛阶段	28～30	24～32	此时进入生长繁殖旺盛期，菌丝大量丛生，白色菌丝已长满白坯表面，品温上升，产生大量的发酵热
菌丝产酶阶段	26～28	40～48	毛霉进入成熟阶段，是酶系分泌的高峰期阶段

2. 发酵的机理

在前期菌丝生长阶段，豆腐坯中的蛋白质已开始被蛋白酶水解为水溶性蛋白（肽和胨）。经过前期发酵后，豆腐坯中的水溶性蛋白质由原来的 3.61％达到 55.54％。前发酵的作用归纳起来有两点：一是使豆腐坯表面由一层菌膜包住，成为腐乳形状；二是在毛霉菌培养过程中分泌大量蛋白酶，以利于蛋白质水解为各种氨基酸。在蛋白质水解过程中，需要多种酶系，主要有内肽酶和外肽酶的协同作用。

经过前发酵后，使豆腐坯的含水量由原来的 73％下降到 64％，毛坯块形变小、坯身变硬，蛋白质的水解作用已开始，毛坯中的氨基酸含量已达 0.08％～0.14％。

蛋白质水解大致分为以下四个过程：

(1) 多肽链

这是蛋白质水解过程的初级产物，从分子量来说，比蛋白质分子略小。

(2) 胨

多肽链继续水解的产物，也称蛋白胨。

(3) 肽

胨继续水解得到的分子量更小的产物，如二肽、三肽等。

(4) 氨基酸

蛋白质水解的最终产物。

三、后发酵

各种腐乳独有的色、香、味主要是后发酵期间形成的。后发酵期间在毛霉、红曲霉、米曲霉及酵母菌等所分泌的酶类作用下，发生一系列复杂的生化反应，生成一系列呈色、呈味物质，再加上辅料中酒类及各种香辛料等的复合作用，即构成了腐乳的色、香、味及丰富的营养。

1. 腐乳色泽的形成机理

腐乳的鲜明色泽主要来源于微生物及原料、辅料。如红腐乳表面鲜艳的紫红色，就来自红曲霉产生的红曲霉色素。其内部的淡黄色，是由于霉菌产生的儿茶酚氧化酶的催化下，在后发酵期间，使腐乳坯中的黄酮类色素缓慢氧化而呈现出来的。

2. 腐乳香气的形成机理

后发酵期间发生的一系列复杂生化反应，生成的醇、醛、有机酸、酯类等构成腐乳香气的主体。后发酵汤中的辅料赋予不同产品特有的香气。

3. 腐乳味道的形成机理

腐乳的鲜味主要来自于氨基酸和核酸类物质的钠盐。氨基酸主要由豆腐坯内的蛋白质在蛋白酶的作用下水解而成，其中谷氨酸钠是鲜味的主要成分。另外，霉菌、酵母菌和细菌中的核酸，经有关核酸酶水解后，生成 4 种少量的核苷酸，其中鸟苷酸、肌苷酸的钠盐与谷氨酸钠盐起协调作用，增加鲜味。

腐乳的甜味来自于淀粉水解成的葡萄糖、麦芽糖。

腐乳的酸味来自于发酵过程中生成的乳酸、琥珀酸等。

第 5 节　豆浆生产工艺原理

一、豆浆生产工艺流程

豆浆生产工艺流程如图 4—15 所示。

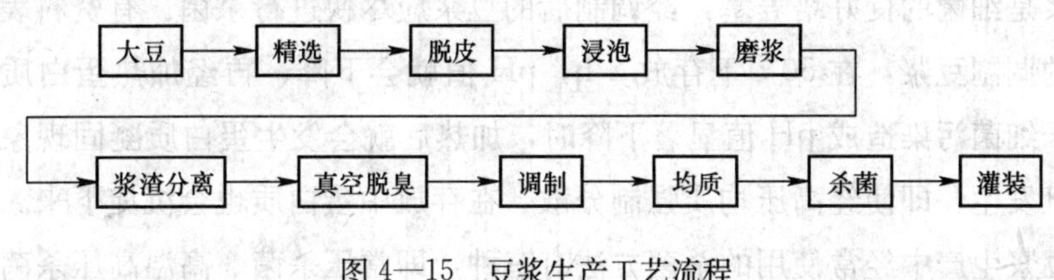

图 4—15　豆浆生产工艺流程

二、豆浆生产的基本原理

生产豆浆就是利用大豆蛋白质的功能特性和磷脂的强乳化性。

磷脂是两性物质。其分子一端是极性基团，即亲水基；另一端是非极性基团，即疏水基。中性油脂是一种非极性的疏水性物质。变性后的大豆蛋白质分子疏水基团也大量暴露于分子表面，分子表面的亲水性基团相对减少，水溶性降低。这种变性的大豆蛋白质、磷脂及油脂的混合体系，经均质或超声波处理，互相之间发生作用，形成二元及三元缔合体，这种蛋白、磷脂及油脂的缔合体，具有极高的稳定性，在水中形成均匀的乳状分散体系，即豆浆。

三、均质

品质优良的豆浆应是组织细腻、口感柔和，经一定时间存放无分层、无沉淀的均匀乳状液态食品。均质处理是提高豆浆口感与稳定性的关键工序。在均质时，豆浆经过均质机均质阀的狭缝突然放出（均质阀的结构如图 4—16 所示），豆浆中的油滴颗粒在剪切力、冲击力及空穴效应的共同作用下，发生微细化，形成均一的分散液，促进了液—液乳化及固—液分散，也就提高了豆浆的稳定性。

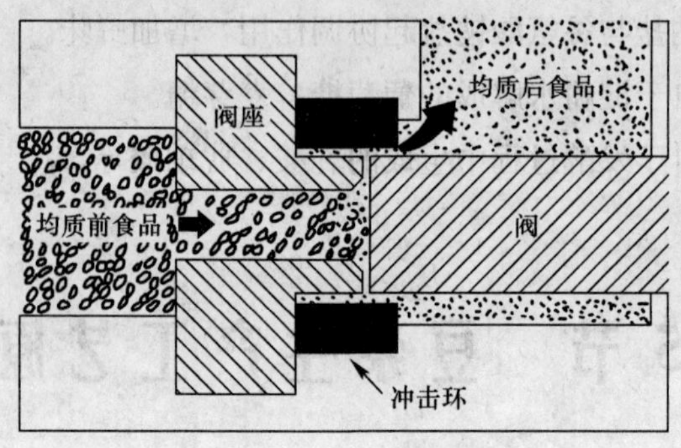

图 4—16　均质阀

四、杀菌

豆浆是细菌的良好培养基，经调制后的豆浆应尽快进行杀菌。有资料表明，没经杀菌的调制豆浆，在 50℃下存放 2 h，pH 值就会下降，再经加热蛋白质就会凝沉。由于细菌污染造成 pH 值显著下降时，加热后就会发生蛋白质凝固现象。这种现象一旦发生，即使经高压均质强制分散，在存放中蛋白质也会沉淀下来。

在豆浆生产中经常使用的杀菌方法有三种，即常压杀菌、高温高压杀菌和超高温瞬时连续杀菌。

生产当日销售的豆浆可采用常压杀菌。经过常压杀菌只能杀灭致病菌和腐败菌的营养体，经常压杀菌的豆浆在常温下存放，由于残存耐热菌的芽孢发芽成营养体，并不断繁殖，制品一般不超过 24 h 即可败坏。

欲于室温下长期储存的豆浆，必须采用加压杀菌或超高温杀菌。

加压杀菌即是将豆浆灌装于玻璃瓶中或复合蒸煮袋中，装入杀菌釜内分批杀菌。这样即可杀死全部耐热型芽孢。杀菌后的成品可在常温下存放 6 个月以上。加压高温杀菌费力费时，产品质量不够理想，易引起脂肪析出及蛋白质沉淀。

超高温瞬时连续杀菌（UHT）是近年来在豆浆生产中日渐广为采用的方法。它是将未包装的豆浆在 130℃以上的高温下，经数十秒的时间，然后迅速冷却、灌装。该法可以有效地杀灭豆浆中的所有微生物，既可以提高产品的储存性，又可以改善产品的风味和色泽。采用超高温瞬时连续杀菌（UHT）技术与无菌灌装技术相配合，可使豆浆的保存期在常温下达到 6 个月以上。

第 6 节　速溶豆粉生产工艺原理

速溶豆粉即豆浆粉，下面从速溶豆粉生产的两个重要工艺过程阐述其工艺原理。

一、速溶豆粉生产工艺流程

速溶豆粉生产工艺流程如图 4—17 所示。

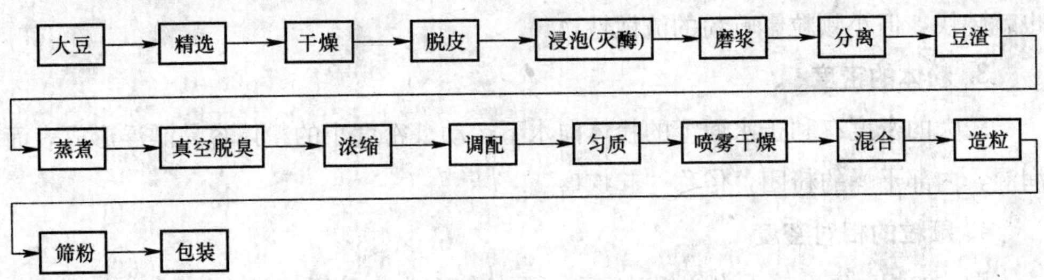

图 4—17　速溶豆粉生产工艺流程

二、浓缩

浓缩是豆浆粉生产的重要工序。经过浓缩这道工序，可以大大提高豆浆粉的生产效率，节约能源。豆浆的浓缩一般都是采用真空浓缩技术，即在减压的条件下，通过蒸汽间接加热物料使水分蒸发。据测算，即使采用单效盘管式真空灭菌锅，蒸发 1 kg 水，也需要 1.1 kg 蒸汽；若采用带热泵的双效降膜蒸发器，蒸发 1 kg 水，仅需要 0.4 kg 蒸汽；若采用效数更多的蒸发器，蒸汽的需要量就更少了。

三、喷雾干燥

喷雾干燥是由液态豆浆制取固态豆浆粉十分普遍的方法。喷雾干燥法分为压力喷雾和离心喷雾两种。采用不同的喷雾干燥方法制取豆粉所用的喷雾干燥条件也不同。

同样是蒸发 1 kg 水，喷雾干燥的蒸汽的消耗量为 2.5～3.0 kg 或更高。另外，喷雾干燥的工作效率要比浓缩（真空浓缩）低许多，而设备投资和土建投资则要高出十几倍。浓缩后再喷雾对保证产品质量也是非常重要的，经浓缩后喷雾干燥的豆粉颗粒比较粗大，流散性和冲调性较好，且粉体密度较大，有利于包装与运输。

制取固态豆浆粉的目的是为了销售、储藏及运输的方便，而真正食用时，又必须将固态豆浆粉与水混合制成浆体。这时人们首先遇到的就是豆浆粉的溶解性或者称为分散性问题。

真空浓缩后进行喷雾干燥，可以解决影响豆浆粉溶解性的 5 个内在因素。

1. 豆浆粉的存在状态

具有凸凹粗糙的表面及多孔的结构，可以大大增加水和颗粒的接触面积，加快水由颗粒表面向内部渗透的速度，因而可以提高豆浆粉的溶解性。

2. 粉体的颗粒

溶解过程是在固液两种界面进行的，粉的颗粒越小，总表面积越大，溶解速度也就越快，但小颗粒影响粉的流散性。

3. 粉体的密度

较大的密度有利于水面上的粉体向水下运动。密度小的粉体容易漂浮形成表面润湿、内部干燥的粉团，俗称“起疙瘩”。

4. 颗粒的相对密度

颗粒的相对密度接近水的相对密度，颗粒能在水中悬浮，保持与水的充分接触，顺利溶解。相对密度大于水的颗粒迅速下沉，颗粒与水的接触面减小，并停止与水的相对运动，溶解速度减慢，颗粒相对密度小于水时，颗粒上浮，产生同样效果。

5. 粉体的流散性

粉体自然堆积时，静止角小，表示粉的流散性好，这样的粉容易分散，不结团。颗粒之间的摩擦力是决定粉体流散性的主要因素。为减少摩擦力，应要求粒度均匀，颗粒大且外形为球形或接近球形，表面干燥。

以上五个因素，第一个因素是基本的，它决定了溶解的最终效果，其余四项影响溶解速度。

第 7 节　豆制品生产过程中的常用的物化机理

一、大豆蛋白质热变性

大豆蛋白质溶胶具有相对的稳定性，这种相对的稳定性是由天然大豆蛋白质分子的特定结构所决定的。前面讲过，天然大豆蛋白质的疏水基团处于分子内部，而亲水基团处于分子的表面，在亲水基团中含有大量的氧原子和氮原子，由于它们有未共用的电子对，能吸引水分子中的氢原子并形成氢键，正是在这种氢键的作用下，大量的水分子将蛋白质胶粒包围起来，形成一层水化膜。换句话说，就是蛋白质胶粒发生了水化作用。大豆蛋白质分子表面的亲水基团还能电离，并能用静电吸附水化离子，形成稳定的静电吸附层，构成蛋白质胶粒表面的双电层。分散于水中的大豆蛋白质胶粒正是由于水化膜和双电层的保护作用，防止了它们之间的相互聚集，保持了相对的稳定性。也就是说，这个体系处于一个亚稳定状态，一旦有外加因素的干扰，这种相对稳定就有可能受到破坏。

生豆浆加热后，体系内能增加，蛋白质分子热运动加剧，分子内某些基团的振动频率及幅度加大，很多维系蛋白质分子二级、三级、四级结构的次级键断裂，蛋白质的空间结构开始改变，多肽链由卷曲变为伸展。展开后的多肽链表面的静电荷变稀，胶粒间的吸引力增大，互相靠近，并通过分子间的疏水基团和巯基形成分子间的疏水键和二硫键，使胶粒之间发生一定程度的聚结。随着聚结的进行，蛋白质胶粒表面的静电荷密度及亲水基团再度增加，胶粒间的吸引力相对减少，再加上胶粒热运动的阻力增大（由于胶体的体积在增大），速度减慢，而豆浆中的蛋白质浓度又较低，胶粒之间的继续聚结受到限制，形成一种新的相对稳定体系——前凝胶体系，即熟豆浆。

二、豆浆乳化

大豆中的油脂以直径 0.2～0.5 μm 的微滴形式分布在蛋白体（直径为 5～8 μm)之间。然而，大豆油脂的微滴并不是均匀地分布在大豆的各个组织部分中，研究表明，大豆中油脂含量与蛋白质含量存在一定的比例关系。

大豆经过浸泡、加水经研磨制成的豆糊是由蛋白质、水、纤维素、油脂和碳水化合物等成分组成的，这些成分充分混合形成乳胶体系，主要是蛋白质和油脂在起作用。蛋白质分子中含有较多的亲水基团，与水的亲和力较强，所以蛋白质和水能形成较稳定的胶体状态。而油和水是不能相溶的，当油脂被外力强行分散到水相时，外力作用的功能就能转变为油滴的内能。内能的增加使油滴处于热力与不稳定状态。油滴为了降低内能，就必须减少其表面积。这样，油脂就会很快地与水分离而聚集成较大的油滴。

若欲使油脂均匀地分散在水中并形成稳定的油水型乳浊液，就必须借助于水溶性乳化剂。在豆糊或豆浆中，除了存在少量乳化性比较强的磷脂外，数量较多的蛋白质也是一种水溶性乳化剂。在乳胶体系中，蛋白质分子有扩散到乳浊液界面和胶体表面的趋势。扩散到乳浊液界面的蛋白质分子，由于受到油滴与水相之间不均衡作用力的影响，蛋白质空间结构会发生微细的修整，使亲水基团和疏水基团各自稍有集中，疏水基团转向油滴方面，亲水基团转向水相方面。于是，在油滴表面就吸附了一层蛋白质分子，并带有相同的电荷。这样就能防止油滴之间相互聚集，可以使乳浊液处于稳定状态，如图 4—18 所示。

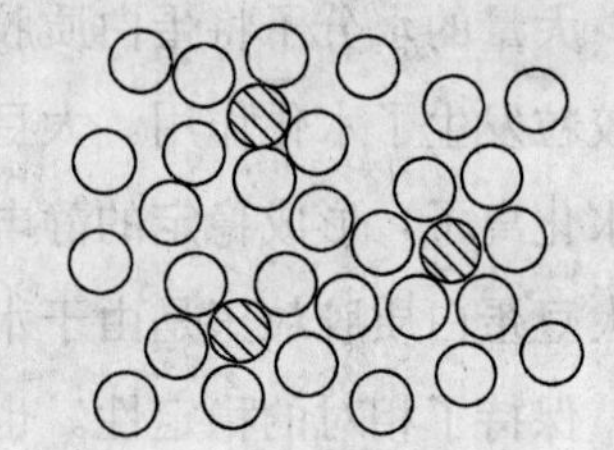

图 4—18　油滴在蛋白质溶液中呈稳定的乳浊液状态

在含有蛋白质和油脂的乳胶体系中，若蛋白质起乳化作用，蛋白质的含量应与油脂含量相适应，即油脂含量增加，蛋白质含量也相应增加，这样才能保证乳浊液体系的稳定性。

豆糊经过多次过滤、洗涤、浆渣分离，绝大部分的蛋白质都进入豆浆中，只有少量的蛋白质残留在豆渣中。同样，豆糊中的油脂也随着蛋白质一起转移到豆浆中。据测定，残留在豆渣中的油脂仅有 0.79%～1.30%，豆渣中的油脂含量除了与过滤、洗涤、浆渣分离等工艺有关外，还与原料大豆、磨碎程度、洗涤水的温度等因素相关。

豆浆加热煮沸后，大豆蛋白质发生热变性，蛋白质的疏水基团暴露在分子表面后，一部分与油脂相结合，把油滴包裹起来，这部分包裹在油滴表面的蛋白质即为脂蛋白。在其他条件相同的情况下，蛋白质包裹油滴的能力和脂蛋白形成的概率很大程度上取决于蛋白质热变性的程度。蛋白质热变性程度越充分，蛋白质包裹油滴的能力也越强，形成脂蛋白的数量也就会越多。

在豆浆加热过程中，蛋白质包裹油滴的能力可以从两方面说明：

第一，蛋白质受热变性，分子伸展呈线状，而油脂呈油滴状，这样蛋白质的表面积总是大于油滴的表面积，致使油滴被蛋白质分子所包裹。

第二，制浆过程中，一般豆浆中的蛋白质含量为 4%左右，而油脂含量为 1.5%左右，蛋白质的含量比油脂含量高许多，因此当蛋白质变性后，有足够的能力把分散的油滴包裹起来，并在油滴表面形成一层较厚的蛋白质保护层。

在熟豆浆中加入凝固剂后，豆浆逐渐变成豆腐脑。在豆腐脑的形成过程中，油脂存在的状态并不发生变化，仍然被蛋白质分子包裹着，并随着蛋白质进入网状结构内部，即使破脑加压，这种网状结构也不会被破坏，油脂也不会随着黄浆水而流失。

三、豆腐油炸机理

1. 油炸过程中豆腐内部蜂窝结构的形成机理

豆腐坯进入约为 150℃的热油中进行油炸时，坯子表面受热迅速脱水，凝胶网络组织迅速收缩成皮膜，这时由于热传导的作用，坯子内部也开始受热，坯子内部的水分由于受热开始升温，当温度达到 100℃时，水分开始汽化。这时包裹在蛋白质网状结构间的水分不断汽化而产生的膨胀力，一方面使坯子内部的蛋白质网状结构间的空隙增大，开始形成蜂窝状结构；另一方面将整个坯子的体积慢慢撑大。同时随着表面的凝胶收缩脱水的进行，表面的皮膜变硬变密，阻止了外面食用油进入坯子。当油温继续升高至 180℃左右，坯子内部的水分进一步汽化，水分汽化而产生的膨胀力进一步使坯子内部形成均匀的蜂窝结构，同时坯子的体积也会进一步增大。随着油温的升高和时间的推移，坯子表面的皮膜会进一步紧缩变硬，延伸能力逐渐消失，这时坯子内部全部由水汽充实，膨胀力的作用达到极限，豆腐泡的油炸结束。

2. 油炸豆腐泡表面颜色的形成机理

油炸过程中使豆腐泡的表面褐变增色呈金黄色泽，主要有两条途径：一是豆腐坯子油炸的过程中发生了美拉德反应；二是豆腐坯子表面受高温而发生的焦糖化反应。

（1）美拉德反应

美拉德反应是指食品中的氨基与羰基经缩合、聚合生成黑色素的反应，又称羰氨反应。这一反应的最初发现者是法国化学家美拉德（L. C. Maillard），并因 1912 年第一次获得报道而得名。几乎所有的食物中都含有羰基化合物和氨基化合物，所以美拉德反应在食品加热过程中很普遍，该反应能使食品生色增香。

不同种类的蛋白质、氨基酸褐变反应的程度也不同。赖氨酸的褐变反应最强烈，脯氨酸和谷氨酸的褐变反应最弱。

（2）焦糖化反应

焦糖化反应是指糖类受高温（150～200℃）影响发生降解作用，降解后的物质经聚合、缩合生成黏筒状的黑色物质的过程。美拉德反应是引起褐变的主体，焦糖化反应是使油炸食品着色的一个原因。

3. 油炸过程中油脂变质机理

在油炸过程中，由于油温控制不好，常常超过 200℃，油脂长时间在高温下，会发生如下有害的化学变化。

（1）受热氧化

油脂在高温下会发生分解，分解为脂肪酸和甘油，温度越高，分解越快，时间越长，分解越多。脂肪酸再进一步氧化生成低分子的醛、酮、羧酸及二氧化碳等产物，这种过程与油脂酸败相同。另外，甘油在高温下会脱水生成丙烯醛（CH_2—CH—CHO），丙烯醛具有强烈的刺激和催泪作用，食用后还会刺激消化道黏膜，有害身体健康。

（2）热聚合

在高温和氧化的作用下，含有不饱和脂肪酸的油脂会发生聚合作用，形成带支链的六碳环二聚体、三聚体等产物。

热聚合是在共轭双键与非共轭中发生狄尔斯一阿德耳反应所致。它是共轭双烯加成到含有双键或三键的亲双烯的反应。亲双烯可以被与第二双键或电子接受体共轭所活化。

油脂聚合后，折光度、密度和黏度都会增大，营养价值降低。

（3）水解

豆腐坯在油炸过程中，由于坯子含水，在受热时产生大量高温蒸汽，从而促进了油的水解。温度越高，水解速度越快。但在油炸过程中，有的水解变质常被热氧化所掩盖。

第5章 生产设备基本知识

第1节 大豆前处理主要设备

一、原料的输送、筛选、计量

1. 原料的输送设备

(1) 斗式提升机

1) 主要结构。提升机的结构如图5—1所示，主要由头部、底部、中部、电动机与传动部分、传动带与料斗等部分组成。头部是提升机主动轮的安装部位，也是出料部位。一般小型提升机的电动机与变速机构也安装在头部，主动轮的直径可根据产量、传动带宽度、卸料的需要和速度进行选择。轮加工成鼓形，防止传动带跑偏。利用提升机传动带带动主轮旋转，使料斗内的物料由于主轮的旋转而产生离心力被抛出料斗，从出料口流出进行卸料。提升机的底部主要有被动轮、进料口、基础架、外套。被动轮和主动轮大小一样。但轴是弹力固定，对传动带有一定的张紧力，可以进行调节。进料口一般安装在被动轮上200 mm处，以30°进料。中部是提升机外套，一般安装两个检修孔，作为接带、换斗用。提升的动力部分由电动机与传动带组成。大型提升机一般选用齿轮变速箱调速，小型提升机一般选用带轮二级变速。传动带与提升斗要配合选用，用挂胶传动带宽度一般比斗宽30～40 mm。

提升斗用平级螺钉固定在传动带上。提升斗一般有三种形式：深斗、浅斗及尖角斗。在输送量不太大时采用浅斗比较合适。

2）工作原理。斗式提升机是利用转动的带轮带动传动带垂直上下转动，挂在传动带上的料斗，从提升机的下部装满原料提升到上部，依靠上滚筒转动的离心力，将斗内的原料抛出，达到垂直输送原料的目的。

3）设备特点。斗式提升机占地面积小，提升能力强，结构简单，维修方便，在豆制品加工中广泛应用于原料的垂直提升输送。

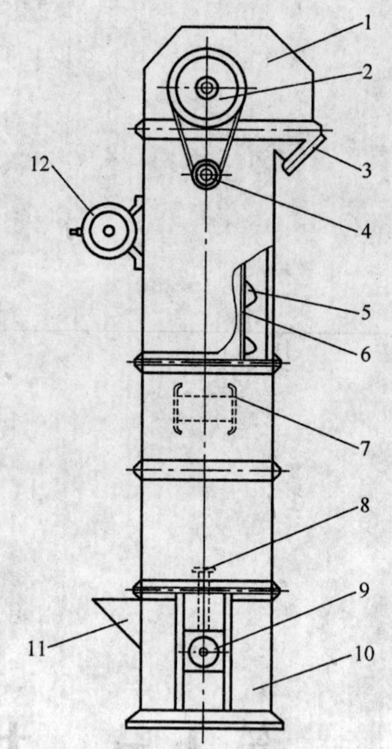

图 5—1　提升机的结构

1—头部　2—主动轮　3—出料口　4—传动轴　5—料斗　6—传动带　7—遮挡板　8—调压螺钉　9—轴承架　10—底部　11—进料口　12—电动机

（2）L 形刮板输送机

1）主要结构。刮板输送机的结构如图 5—2 所示，主要由机头、机尾、中间壳体、链条和传动部分组成。机头用来安装主轴、主动链轮、检修孔和出料口。机尾用来安装被动轴轮及弹力调节器、检修孔和进料口。链条是用单个链件组装成的专用链条。传动部分主要有电动机和减速箱。

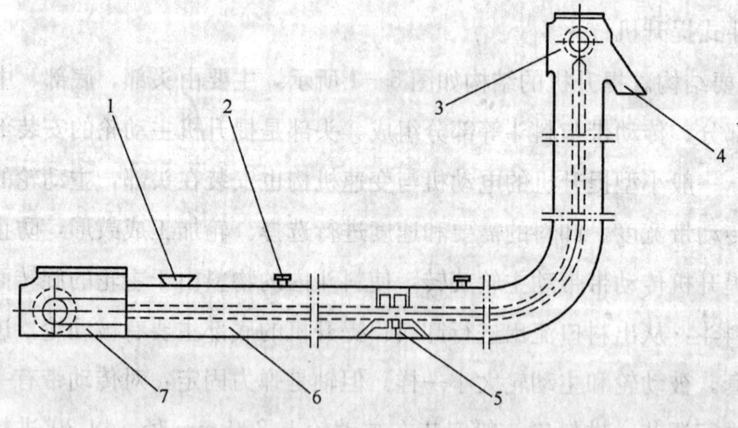

图 5—2　刮板输送机的结构

1—进料口　2—检查孔　3—机头　4—出料口　5—链条　6—输送道　7—机尾

2）工作原理。刮板输送机是采用连接链钩，在封闭或半封闭矩形壳体内运动，依靠与物料之间的摩擦力带动物料，达到输送目的的。

3）设备特点。刮板输送机可以采用往复、弯曲、垂直、水平等几种形式输送物料，灵活，输送量大，防尘性好，结构简单，维修方便，在豆制品加工中广泛应用于较长距离的输送。

（3）风力输送设备

1）主要结构。风力输送系统主要有接料器、物料管、卸料器、关风器、除尘器、风机、风管等部分。负压风力输送系统的结构如图 5—3 所示，接料器采用诱导式接料器。物料管是用 2 mm 薄钢板制成，用法兰盘连接在一起的，并装有透明观察管。卸料器是采用大弯头和喷泉式卸料相结合的设备卸料。除尘器的大小是根据风量选配的。

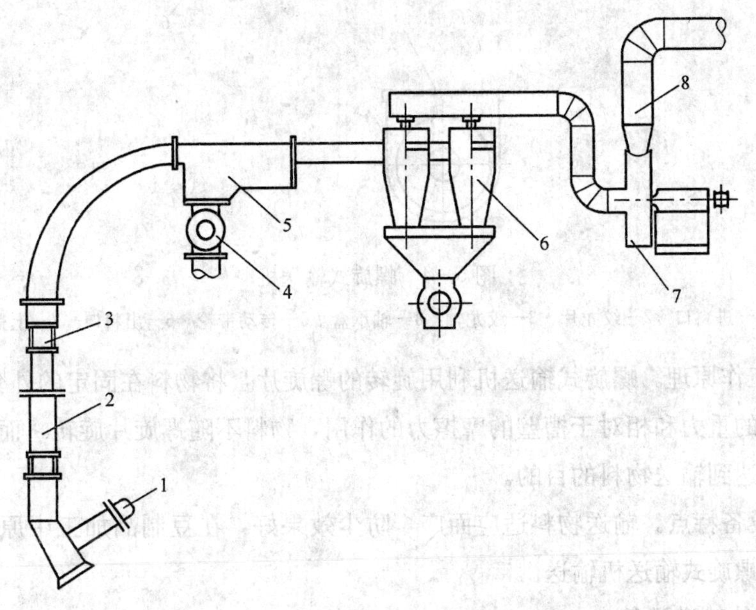

图 5—3　负压风力输送系统的结构

1—接料器　2—料管　3—观察管　4—关风器　5—卸料管　6—除尘器　7—风机　8—风管

2）工作原理。利用风机工作形成负压或正压，把一定浓度比的物料和空气输送到预定位置，然后通过卸料器把物料卸掉，风通过除尘器，除尘净化，干净的风通过风机排出。

3）设备特点。风力输送设备的输送量大，输送距离较远，特别适合输送粉类及密度比较小的物料。输送颗粒物料破碎率大、噪声大，能耗也比斗式提升机高。风力输送设备有 3 种形式，即正压风力输送、负压风力输送和混合方式风力输送。

负压输送比较适合垂直输送。

（4）螺旋式输送机

1）主要结构。螺旋式输送机的结构如图 5—4 所示，主要由外套、螺旋绞笼、传动轮、电动机和变速器等几部分组成。螺旋的方向可分为左旋、右旋两种，螺旋片有单线、双线和多线几种。外套形式有圆筒式和 U 形槽式两种。干原料的输送可用圆筒式，湿物体或需要随时清洗的可采用 U 形槽式。

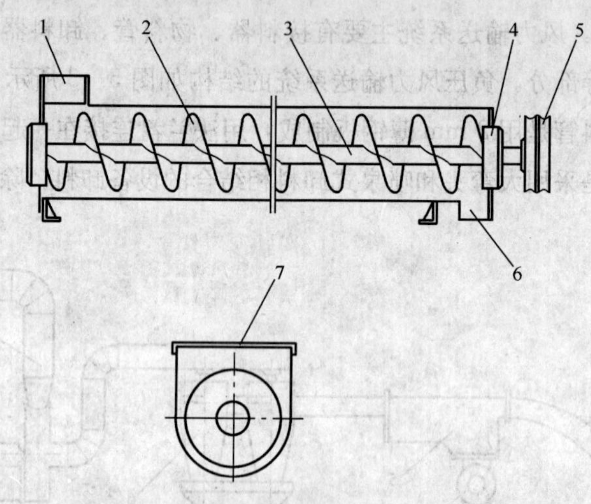

图 5—4　螺旋式输送机

1—进料口　2—绞龙片　3—绞龙轴　4—轴承盒　5—传动带轮　6—出料口　7—上盖

2）工作原理。螺旋式输送机利用旋转的螺旋片，将物料在固定的外套内推移，由于物料的重力和相对于槽壁的摩擦力的作用，物料不随螺旋片旋转，而是水平向前移动，达到输送物料的目的。

3）设备特点。输送物料适应面广，防尘效果好，在豆制品加工中原料、豆渣都可采用螺旋式输送机输送。

2. 流体输送设备

（1）输送泵（SP 型）

1）主要结构。输送泵主要由泵体、泵盖、叶轮、轴、支座组成。泵体是由钢板冲压焊接而成，有进液口和排液口。泵盖、叶轮由不锈钢制成。支座是铸铁件，用以连接电动机和泵套。

2）工作原理。输送泵是通过中心叶轮的旋转产生离心力，浆液从翼轮中心甩向泵腔从出口流出，与此同时，泵中心形成一定的真空，使浆液不断从吸管吸入，形成连续输送。

3）设备特点。SP 型食品输送泵是单级单吸式离心泵，该泵具有结构紧凑，重量轻，造型美观大方，装拆简单，使用方便灵活等优点。

（2）真空吸料设备

1）主要结构。真空吸料设备的结构如图 5—5 所示，主要由吸料管、存料罐、分离罐、真空泵等组成。系统内安装有真空分离器，用以过滤净化空气，保证真空泵正常工作，排出分离器内的污水。

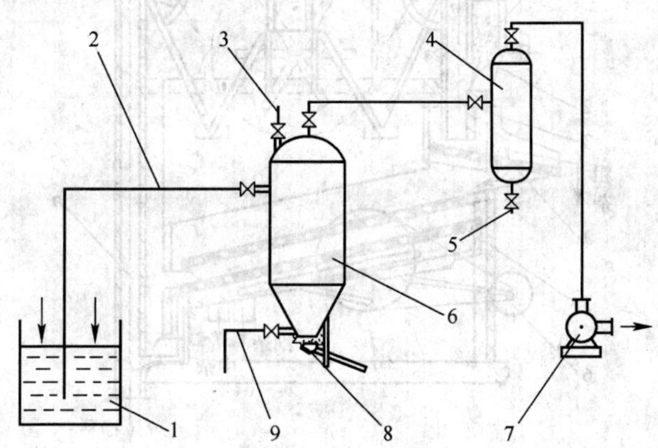

图 5—5　真空吸料设备的结构

1—浸泡池　2—吸料管　3—进气阀门　4—分离罐　5—排水阀门　6—存料罐　7—真空泵　8—放料口　9—排水口

2）工作原理。真空吸料设备是利用真空泵把系统内的容器和管道抽成真空，吸料管插入泡料槽，由于泡料槽是敞开的，与系统内的存料罐之间产生压力差，料和水在大气的压力下被送到存料罐。

3）设备特点。真空吸料是一种简易的液体输送方法，可以输送各种液体和半液体。这种输送方法比较卫生，但输送距离较短，输送高度比较低，耗电量比较大。真空吸料设备分为连续法出料和间歇法出料两种形式。

3. 原料的筛选设备

（1）机械振动筛

1）主要结构。机械振动筛的结构如图 5—6 所示。主要有进料部分、除尘部分、筛船、振动器、支架五个部分。进料部分主要有三道斜板。压力门控制进料量，并把物料均匀地分布在筛板上；除尘部分有风机和阻风门等，用来吸去原料中的谷壳、灰尘等轻浮杂物；筛船内有两层筛板，上层筛孔较大，可以通过大豆，比大豆体积大又不能被风选出的大杂质留在上层筛面被筛出。下层筛孔细小，能把比大豆体积小的杂质筛出，筛面倾斜角为 5°～12°，原料从上到下逐层筛过，最后从出料口筛出；振动器是振动筛的振源，振动器由重量不等的偏心块或一组偏心轮及连杆机构组成，转动后产生前后振动带动筛船；支架是用于吊装筛船的，保证筛船正常工作。

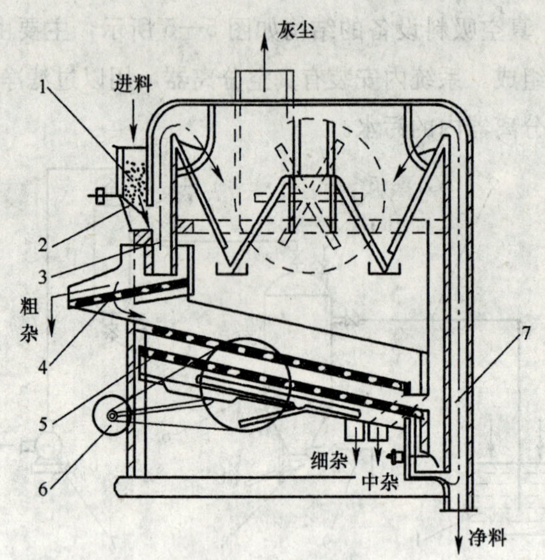

图 5—6　机械振动筛的结构

1—进料斗　2—压力门　3—进口吸风道　4—粗筛　5—双层筛筛体
6—偏心轮振动机构　7—出口吸风道

2）工作原理。振动筛一般是由电动机带动偏重铁块转动，偏重铁块产生巨大离心力带动筛船往复振动，或由电动机带动一组偏心轮及连杆机构而产生周期性的振动。筛船内配有三层筛板，被筛选的原料依次流经筛船内的三层筛板。物料在筛船内依次清理，分别除去大、中、小杂质，并通过风吸将谷壳、灰尘等轻浮杂物除去，达到原料清杂的目的。

3）主要技术参数。主要技术参数只有一项，即筛选能力，如 1 t/h。

4）设备特点。机械振动筛是吸尘和筛选相结合的清理设备，除杂效果好，但噪声较大。

（2）电磁筛选机

1）主要结构。电磁筛选机的结构如图 5—7 所示。主要由电磁铁、筛船、支架三大部分组成。电磁铁一般选用冶金行业电磁振动给料器的电磁铁部分，根据筛选机的大小，选择适当的功率。筛船是用铁板焊接的箱体，内装三层筛孔不一样的筛板，筛板向出料方向顺斜 8°～10°。支架用于吊装筛船，以保证筛船正常工作。电磁铁和筛船利用弹簧钩挂在支架上，组成整个电磁筛选机。

2）工作原理。电磁筛选机是把电磁振动器和筛船连在一起，利用电磁铁的高

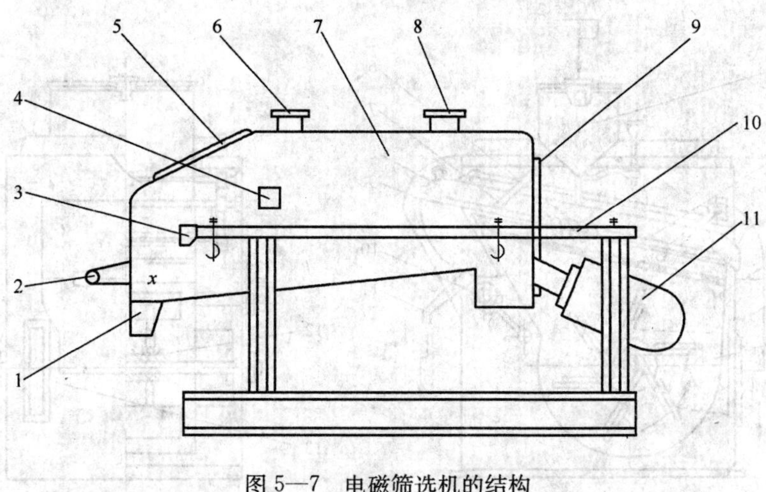

图 5—7　电磁筛选机的结构

1—细尘口　2—出料口　3—中杂质口　4—小杂质口　5—观察口　6—吸尘口
7—筛船　8—进料口　9—清筛门　10—支架　11—电磁铁

频振动功能带动筛船振动，达到筛选黄豆的目的。

3）设备特点。电磁筛选机是一种新型的筛选机，比机械筛选机的筛选效果好，且节省电力，维护方便。

（3）吹式比重去石机

1）主要结构。吹式比重去石机的结构如图 5—8 所示，主要由振动体、支撑弹簧、支撑杆、振动电动机、进料口、料箱、观察窗、出石口、出料口等组成。去石筛体悬吊在倾斜吊杆上，筛体内的去石板是从大豆中清除沙石的主要部件。筛体的下部有六叶式的风机，空气由进风道吸入或从进风门进入，经过叶轮排向去石板。导风板引导气流的方向，匀风板则使气流均匀地在整个去石筛板上穿过各鱼鳞形筛孔。整个筛体由偏心机构带动，做往复倾斜运动。大豆从进料斗均匀连续地流到去石筛板上，在筛体运动和风力的作用下，大豆自动分级浮于物料的上层并向下滑动，到出料口流出。而沙石沉至筛体的底面筛板上，逐步向上移动，上段筛面（成 60°）缩小的聚积区使物料得到浓缩而形成一定厚度，产生自动分级，混在沙石中的大豆滑回，沙石再到精选室中，继续清出混进沙石中的大豆，得到较干净的沙石，从出石装置落到出石嘴处流出。

2）工作原理。吹式比重去石机是根据物料比重的不同，对原料进行再清理。它是一种风筛结合，依靠筛板下的风力将原料上浮，把比原料重的石子等物留在筛板上与大豆成反向运动，达到分离目的的。筛板由振动电动机带动，做往复运动。筛板呈一定斜度，重物随筛板上行，大豆靠风力上浮出后下行，灰尘进入除尘设备，达到去除大豆中并肩石的目的。

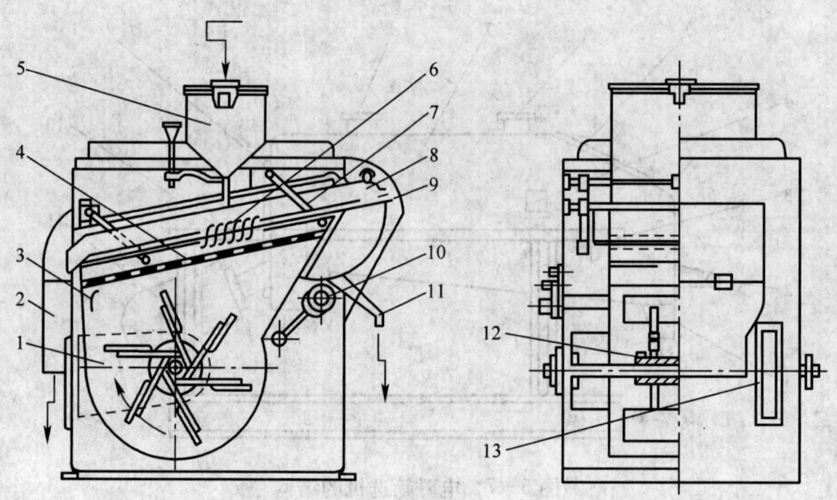

图 5—8　吹式比重去石机的结构

1—进风道　2—物料出口　3—导风板　4—匀风板　5—进料斗　6—去石筛板　7—吊杆
8—精选室　9—出石装置　10—偏心传动机构　11—出石嘴　12—风机　13—进风门

3）设备用途。吹式比重去石机的用途主要是去除大豆中的并肩石（与大豆大小一样的石头）。这种并肩石通过筛选机很难去除，因为筛选机是通过筛孔大小来选择大豆的，因此，与大豆大小一样的石头仍然混在大豆中，所以，需要吹式比重去石机根据物料比重的不同把石头筛选出来。

（4）磁选机

1）主要结构。磁选机的结构如图 5—9 所示。它主要由进料斗、旋转滚筒、磁芯和排料装置等组成。永磁滚筒的磁芯由 48 块磁钢组成，呈 170°的半圆形，固定在不转的轴上，磁芯与滚筒的间距约为 2 mm。滚筒是由电动机通过蜗轮减速器带动而旋转的。

2）工作原理。此方法是用磁铁清除大豆中的磁性杂质。大豆从进料斗进入后，经压力活门控制流量，并使其沿旋转滚筒的长度方向均匀分布，厚薄一致。大豆随滚筒转到下部位置时落入出料口排出。而磁性杂质由于磁芯的磁力作用仍被吸在滚筒表面上继续旋转。当转到后部无磁芯位置时，即自动落下，经杂质出口排出。

3）设备特点。该设备去除铁磁杂质的效率高，适合较大规模的生产。

4. 原料计量器具

（1）称量器

称量器是在一个台秤上固定一个方形料桶，料桶的进料口、放料口分别安装电

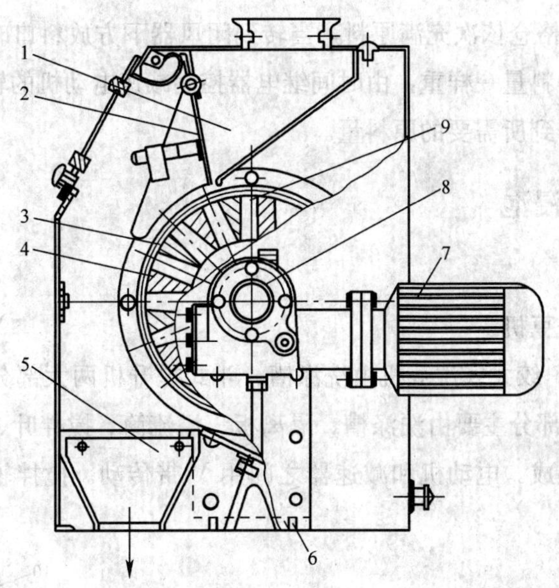

图 5—9　磁选机的结构

1—进料斗　2—压力门　3—旋转滚筒　4—磁芯　5—出料口　6—杂质出口
7—电动机　8—蜗轮减速器　9—磁钢

磁闸板。利用台秤计量标尺的光电信号控制电磁闸板。先将台秤定量，标尺落下时进料，标尺抬起时进料停止，放料口打开放料。如此循环进行，达到准确计量的目的。

（2）液位计量器

液位计量器分为玻璃板式和插入式两种。玻璃板式液位计量器是根据连通的原理，将容器内的液位反应到液位计量器的刻度上；插入式液位计量器是根据插入触点的压强以信号传感的形式反应到计量器的液晶显示屏上。

在大豆浸泡桶上装上液位计量器，利用浸泡水的水位计量器计量原料大豆的方法更为简单，即用浸泡桶的水位变化进行计量。按照每个浸泡桶的浸泡容量，先放入够浸泡需要的水并记录下水位计量器的刻度，然后再放入称好的原料，记录水上涨位置的刻度。然后根据两个刻度间的差值即可算出水、豆的比例，以达到准确计量的目的。

（3）容积式机械计量设备

容积式机械计量设备适于安装在料仓下口和进行放料计量的场合。它是由减速电动机、闭风器、带时间控制的电气系统组合成的计量设备。

该计量设备的工作原理是：减速电动机按事先调整的固定速度转动，带动闭风器。闭风器内有一个转鼓，转鼓上分有 6 个格仓，原料从闭风器进口进入格仓，随着转鼓转动，6个格仓依次充满原料，当转到闭风器下方放料口时将原料倒出。转鼓每转一周放出的料量一样重，由时间继电器控制减速电动机的转动时间，电动机每开停一次就可得到所需要的原料量。

二、原料的浸泡

1. 洗料设备

（1）绞龙式洗豆机

1）主要结构。绞龙式洗豆机由洗涤槽、斗式提升机两大部分组成。结构如图5—10所示。水洗部分主要由洗涤槽、隔离板、溢流筒、搅拌叶、主轴、齿轮、电动机及减速器等组成。电动机和减速器之间用V带传动。搅拌轴由齿轮传动，做相向转动。

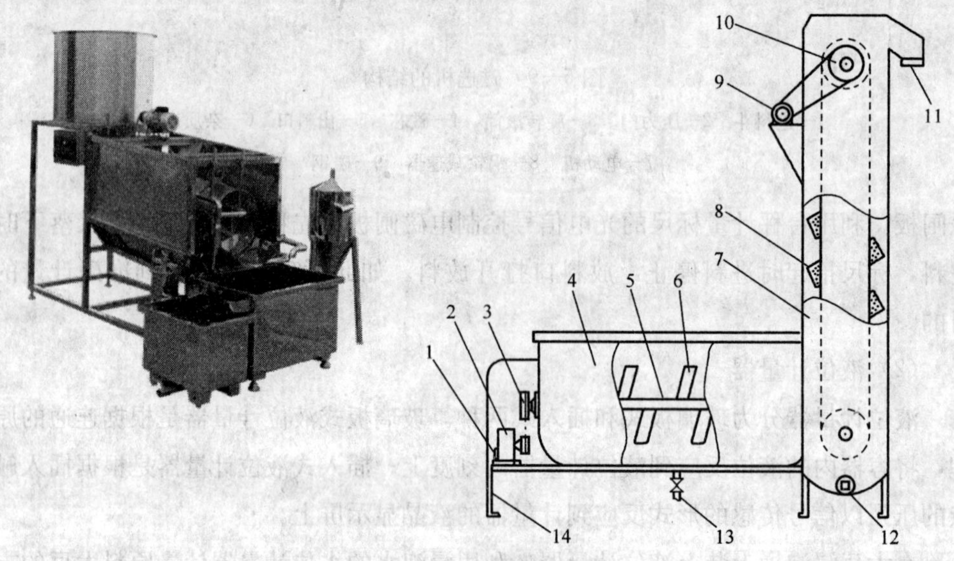

图5—10 绞龙式洗豆机的结构

1—电动机 2—变速箱 3—传动轮 4—洗豆槽 5—绞龙轴 6—搅拌叶 7—提升机 8—料斗 9—电动机 10—传动轮 11—出料口 12—放水口 13—放水取石口 14—支架

提升机部分由电动机、减速器、主轴、链轮、链条、张紧机构、料斗、提升机外壳组成。提升机带采用链条传动带，链条上挂提升料斗，提升料斗用钢板打孔折制焊接而成，提升机外套用钢板折压焊接，对口处有角铁法兰盘，加上密封条连接，螺钉紧固。提升机的调节部分放在下部与洗涤槽连接，浸泡在水中的部分不加提升机外套。

2）工作原理。绞龙式洗豆机主要由洗涤槽、斗式提升机两大部分组成。

工作时将洗涤槽内放满清水，并开动槽中一对相对旋转的绞龙。原料从槽的一头进入槽内，在绞龙旋转作用下克服了黄豆自重，使黄豆在水中翻滚，并向提升机进料口方向运动。密度小于原料的杂草、豆皮等物浮在水面，从溢流口排出，而密度大于原料的石子等物便沉积在槽底。原料随水流到出料口被提升机料斗捞起，料斗带排水小孔，将水排掉，把原料提升到存料罐，进行原料浸泡。

3）设备特点。绞龙式洗豆机的洗豆槽内要定时换水，工作完毕必须清除槽底的石头杂物等。每班后必须用水清洗提升机料斗的网眼，防止杂物、豆皮将小孔堵死使提升机提升时带水过多。

（2）振动式水洗设备

1）主要结构。振动式水洗设备的结构如图 5—11 所示。主要由电动机、传动轴、偏心轮、水槽和支架五部分组成。电动机是设备的主动力。传动轴是变速及安装偏心轮的动力轴。水槽是由铁板焊接成的 V 形水槽，槽底部位有一个排石和放水口。支架是用角铁焊接而成的，主要安装传动轴和挂装水槽。

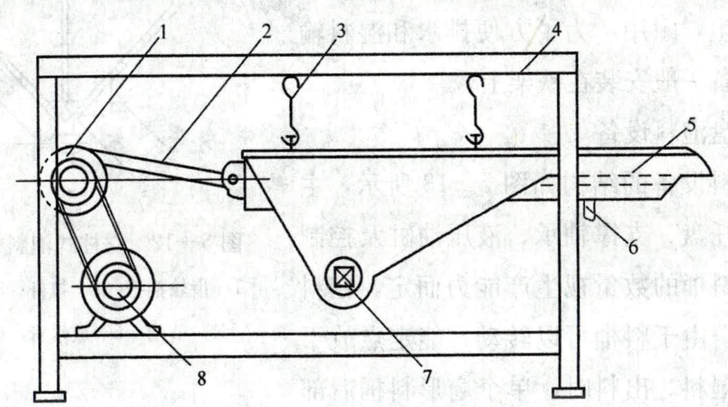

图 5—11　振动式水洗设备的结构

1—偏心轮　2—拉杆　3—吊钩　4—支架　5—水槽　6—排水口　7—放水取石口　8—电动机

2）工作原理。振动式水洗设备是利用电动机带动偏心轮，通过拉杆带动 V 形水槽往复运动，从泡豆槽流出的水和豆不断流入运动的 V 形水槽，偏心轮向后拉动水槽时，水和豆向前涌出槽外，经过排水网把水排走，豆则进入磨制料斗。经过来回的晃动，密度大的石子沉于水槽底部，最后把石子和水排掉。

3）设备特点。振动式水洗设备操作比较简单，原料水洗效果好，动力消耗小，噪声小，而且维护方便。

（3）阶梯流槽水洗设备

1）主要结构。阶梯流槽水洗设备的结构较简单。流槽长短可根据场地而定，一般为 4～14 m，流槽接在浸豆筒的出口处，每隔 1 m 在其底部设有存杂斗。流槽倾斜度为 15°左右。沥水筛长 1 m，宽 0.45 m。

2）工作原理。当浸泡后的大豆随水流淌出来时，流过带凹沟的流槽，石子、金属物沉入存杂斗内，流槽出口处配接小型沥水筛，以便把水和泥沙筛沥干净，达到洗料去杂作用。

3）设备特点。这是应用最早也最广泛的方法，设备投资少，不需动力。

2. 浸泡设备

（1）立柱式泡料桶

这是一种比较简易的泡料设备，其结构如图 5—12 所示。料桶有方形和圆形两种。容积宜为 2～3 m³。料桶设有排水口、出料口、锥形盖、捉盖拉杆。立柱式泡料桶一般采用不锈钢材质，卫生，耐用，为了方便排水和湿料输送，此种设备一般安装在铁架上。

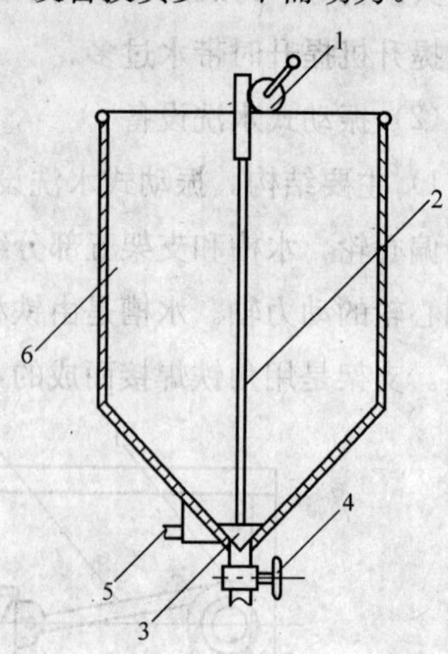

图 5—12　立柱式泡料桶的结构

1—齿轮摇把　2—拉杆　3—锥形盖　4—节门　5—放水管　6—料桶

（2）圆盘泡料设备

圆盘泡料设备的结构如图 5—13 所示，主要由料桶、托盘、支撑轴承、液压油缸及控制系统组成。料桶的数量视生产能力而定。在料桶内泡料时，由于料桶可以转动，能定点放干料，定点出湿料。出料时，单个扇形料桶后部可由油缸推起，帮助放料，减少了输送和捞料设备。

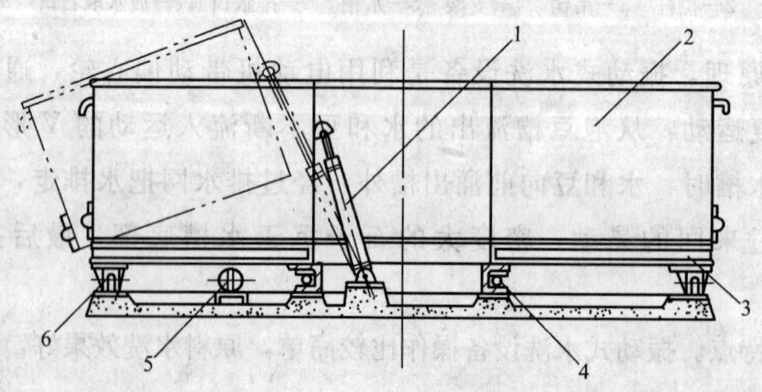

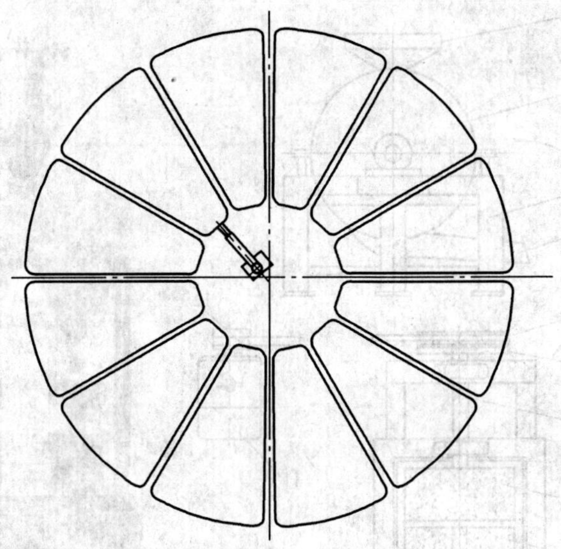

图 5—13　圆盘泡料设备的结构

1—起升油缸　2—料桶　3—托盘　4—压力轴承　5—推转油缸　6—支撑轮

第 2 节　制浆主要设备

一、磨浆设备

1. 电动立式石磨

（1）主要结构

电动立式石磨的结构如图 5—14 所示，主要由电动机、磨架、主轴、磨片、调节丝杠、传动轮、磨罩等部分组成。主轴通过轴承及轴承盒固定在磨架上，主轴一端装动片，主轴另一端装两个带轮、一个活轮、一个固定轮。磨片转动时由固定轮带动，停磨时把传动带推入活轮空转。磨架支撑定片，进料口在定片上，磨片的间隙由丝杠调节。磨罩和料斗都可以拆卸清洗。

（2）工作原理

电动立式石磨的磨片立装，分为动片和定片。原料由料斗进入磨膛，经两个磨片的摩擦，在磨口把黄豆磨碎，利用离心力甩出磨膛。

（3）设备特点

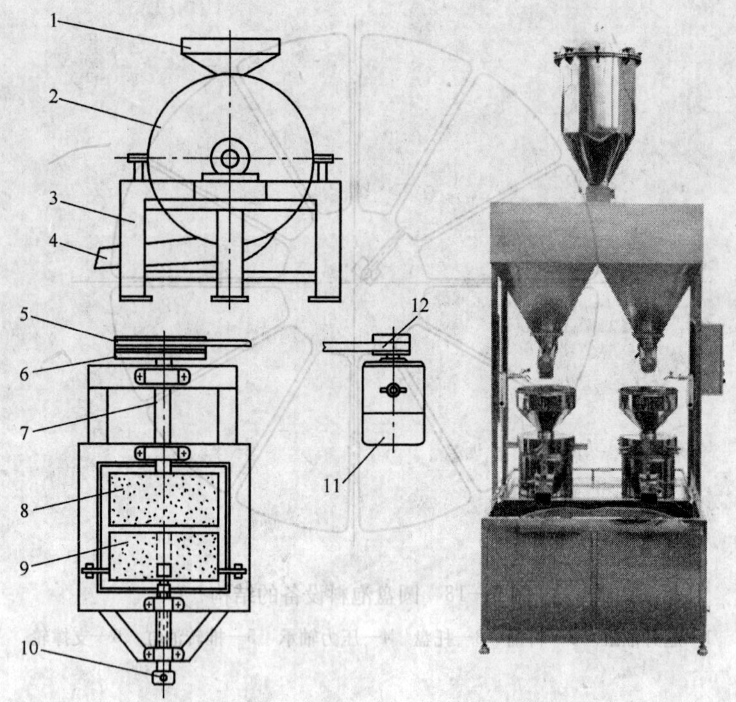

图 5—14　电动立式石磨的结构

1—料斗　2—磨罩　3—磨架　4—出料口　5—活带轮　6—死带轮　7—主轴　8—动磨片　9—定磨片　10—调节丝杠　11—电动机　12—传动平带

立式石磨磨出的豆糊质量比较好。但石磨磨片大而笨重，占地面积大，易磨损，修复困难且费用高。

2. 砂轮磨

(1) 主要结构

砂轮磨的结构如图 5—15 所示。主要由电动机、机架、主轴、砂轮片、磨套、料斗等部分组成。电动机一般采用立式。主轴部分由主轴、轴承、轴套、导向套、调节器、传动带轮等部分组成。砂轮磨片（见图 5—16）是用黑色碳化硅、陶瓷黏结剂经烧结而成，用螺母紧固在砂轮磨机上。磨套是用不锈钢焊接的，磨片外套用来存放沫糊和保护磨片。料斗用不锈钢制成。

(2) 工作原理

砂轮磨是由电动机带动可以上下调节的主轴，主轴上装砂轮下片，上磨套装砂轮上片，两磨片间隙可根据需要调节。两扇磨片的表面是用 16～24 号金刚砂黏合而成，大豆进入磨片后，先进入粗磨区，由于磨片的高速转动，产生的离心力和两个磨片之间的摩擦力把黄豆逐渐推到细磨区，将原料磨碎并甩出磨膛，成为豆糊。

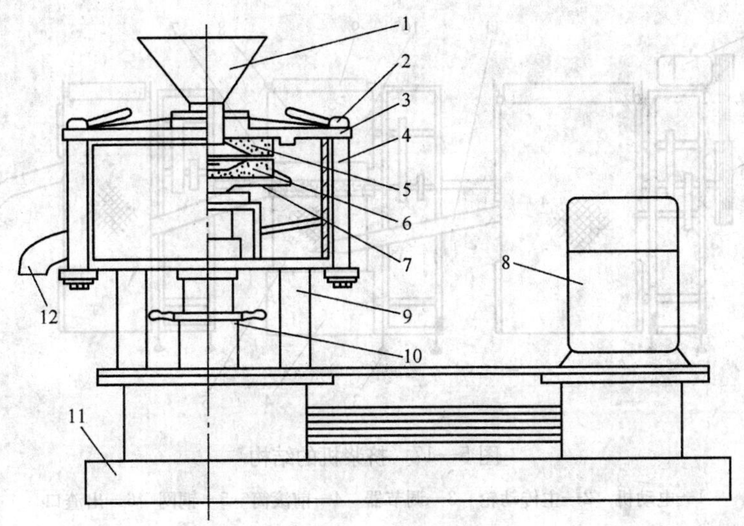

图 5—15　砂轮磨的结构

1—料斗　2—手把螺母　3—上固定盘　4—支撑柱　5—上砂轮片　6—下砂轮片
7—下固定盘　8—电动机　9—支架　10—调节器　11—机座　12—出料口

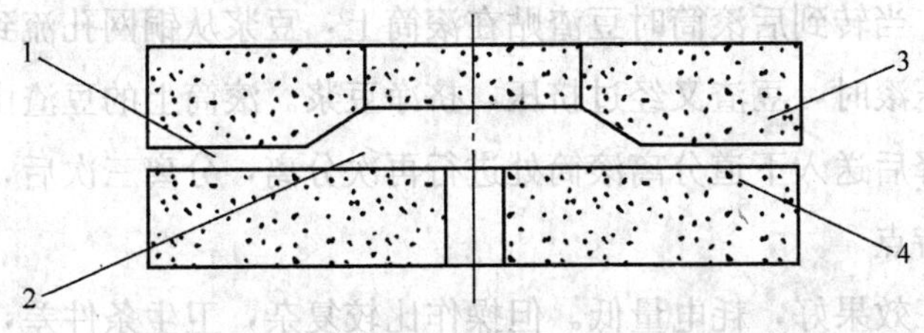

图 5—16　普通砂轮磨片的剖视图

1—精磨区　2—料室（粗磨区）　3—上磨片　4—下磨片

(3) 设备特点

砂轮磨占地面积小，生产效率高，耗电量低，操作和调节方便。大豆磨碎程度均匀，质量好，有利于浆渣分离。但使用砂轮磨磨浆时，大豆除杂要求彻底，如沙石、铁屑等坚硬杂质一旦混入，就会严重损坏砂轮磨片以致碎裂。

二、浆渣分离设备

1. 挤压分离机

(1) 主要结构

挤浆机的结构如图 5—17 所示，由三对滚筒、三个挤压滚子、三个浆盘、三个绞龙、一根主轴和传动轮、机架等主要部件组成。滚筒是用铁板焊接的，外包橡胶板或工业用毡。铜网长度根据每对滚筒的周长而定制。机架用角钢焊接。

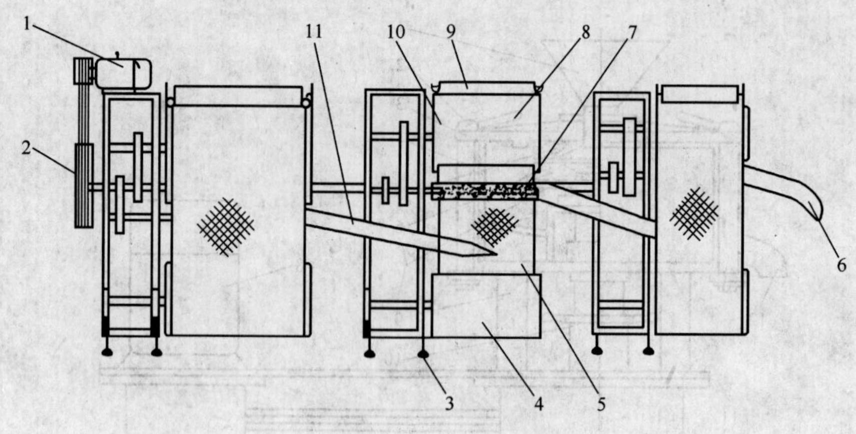

图 5—17　挤浆机的结构

1—电动机　2—主传动轮　3—调节器　4—前滚筒　5—铜网　6—出渣口

7—绞龙　8—后滚筒　9—压滚　10—刮板　11—流槽

（2）工作原理

挤浆机有三对滚筒，每对滚筒外面套 70 目的铜网，被分离物流到铜网上，铜网随滚筒转动，当转到后滚筒时豆渣贴在滚筒上，豆浆从铜网孔流到浆盘，当滚筒和铜网转到挤压滚时，豆渣又经过挤压，挤净豆浆。滚筒上的豆渣由刮板刮到绞龙槽内，加水稀释后送入下道分离滚筒处进行再次分离，分离三次后，豆渣排出。

（3）设备特点

挤浆机加工效果好，耗电量低。但操作比较复杂，卫生条件差，占地面积大。

2. 离心分离机

（1）主要结构

卧式离心机的结构如图 5—18 所示，主要由电动机、机架、主轴、转鼓和外套组成。由于离心机的转速高，离心力大，制作中静平衡和动平衡的要求比较高。如果平衡不好，运转中就会产生强大的振动力，甚至会出危险。机架可用角铁焊接，也可直接铸造。主轴的轴承盒多采用联体轴承盒，防振性比较好，另外同心度较高，且便于轴承润滑。离心转鼓用 3 mm 厚的铁板卷成，但平衡性不太好，最好是用铝合金铸造，然后由车床加工，打孔，这样平衡性较好。外套是用不锈钢板焊接的。电动机和主轴用 V 带传动。也有用联轴器直线连接的。

（2）工作原理

电动机经传动轮通过主轴带动离心转子，离心转子内有尼龙网。豆糊由进料口进来后，随装有尼龙网的锥形离心转子高速旋转，利用旋转中较大的离心力，把浆渣分离，并分别由出浆口和出渣口排出。进料管不断地把豆糊送入离心转子，形成

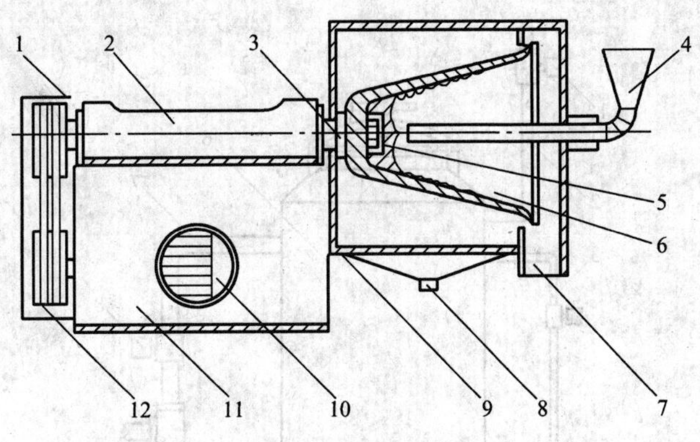

图 5—18　卧式离心机的结构

1—带罩　2—轴承盒　3—主轴　4—进料口　5—分离伞　6—离心转子　7—出渣口　8—出浆口　9—外套　10—电动机　11—机座　12—传动轮

连续分离。

（3）设备特点

离心机是一种效率比较高的浆渣分离设备，分离效果好，速度快，动力消耗少，但制作比较复杂，噪声大。卧式离心机滤浆可以单机单用，也可以多机联用。工业化大生产中三机联用的情况比较多。

三、煮浆设备

1. 间歇煮浆设备

（1）土灶煮浆铁锅

这种铁锅目前只在一些小型手工作坊延用。这种铁锅煮出的豆浆制成的豆制品有一种独特的豆香味，但若火力掌握不好，极易焦煳，给产品带来焦苦味。

（2）蒸汽敞口煮浆罐

蒸汽敞口煮浆罐的结构非常简单，实质上就是一个底部接有蒸汽管道的浆桶。煮浆时，让蒸汽直接冲进豆浆里，依靠蒸汽带入的热量将豆浆煮沸。

这种方法在中小型企业中应用比较广泛。它可根据生产规模的大小设置煮浆罐。

（3）封闭式间歇煮浆罐

1）主要结构。封闭式间歇煮浆罐的结构如图 5—19 所示，由浆罐、温度测定计、进浆管、注浆器、蒸汽管、排浆管、排气管组成。煮浆罐按压力容器的要求制作，并设有可以打开的清洗孔。设备材料选用不锈钢。温度计带有电信号，可通过监测温度变化传送信号至电气控制部分，以利于自动控制。阀门为电磁阀，可以自动控制。

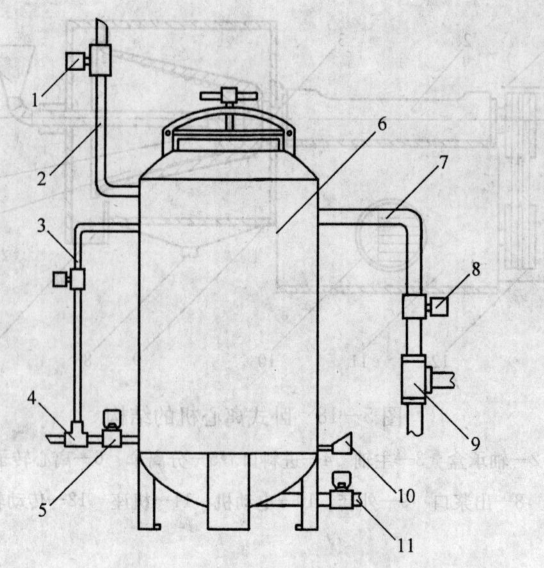

图 5—19　封闭式间歇煮浆罐的结构

1—排气阀　2—排气管　3—排浆供汽管　4—三通阀　5—煮浆供汽管　6—煮浆罐
7—进浆管　8—电磁阀门　9—注浆器　10—温度计　11—排浆阀门

2）工作原理。封闭式间歇煮浆罐是利用密封罐加热豆浆，豆浆送入密封罐时，排气孔打开，豆浆注入煮浆罐。在排气孔不关闭的条件下常压蒸煮豆浆。煮沸温度由带电信号的温度计测定，到规定的温度后，电气元件动作打开放浆阀门，关闭排气阀门，使罐内产生密封压力，把豆浆全部压送出去，然后停止充蒸汽，完成一次煮浆。再次煮浆时打开排气口继续往罐内送浆，如此循环往复，完成煮浆工艺。

3）设备特点。封闭式间歇煮浆罐的煮浆效果较好，但设备拆洗不便。

2. 连续煮浆设备——封闭式溢流煮浆罐

（1）主要结构

封闭式溢流煮浆罐的结构如图 5—20 所示，主要由封闭罐、连接管、阀门、蒸汽管、支架、保温套组成。常用的封闭式溢流煮浆罐是由五个封闭式阶梯罐组成，五个罐的阶梯高度差均在 8 cm 左右，罐与罐之间有管路连通，每一个罐都设有蒸汽管道和保温夹层，每个罐的进浆口在下面，出浆口在上面。生产时，先把第五个罐的出浆口关上，然后从第一个罐的进浆口向五个罐内注浆，注满后开始通入蒸汽加热，当第五个罐的浆温达到 98～100℃时，开始由第五个罐的出浆口放浆。以后就在第一个罐的进浆口连续进浆，通过五个罐逐渐加温，并由第五个罐的出浆口连续出浆。豆浆经第一个罐加热后，豆浆温度可达 40℃，至第二个罐加热后豆浆温度可达 60℃，至第三个罐加热后豆浆温度可达 80℃，至第四个罐加热后豆浆温度可达 90℃，至第五个罐加热后豆浆温度可达 98～100℃。

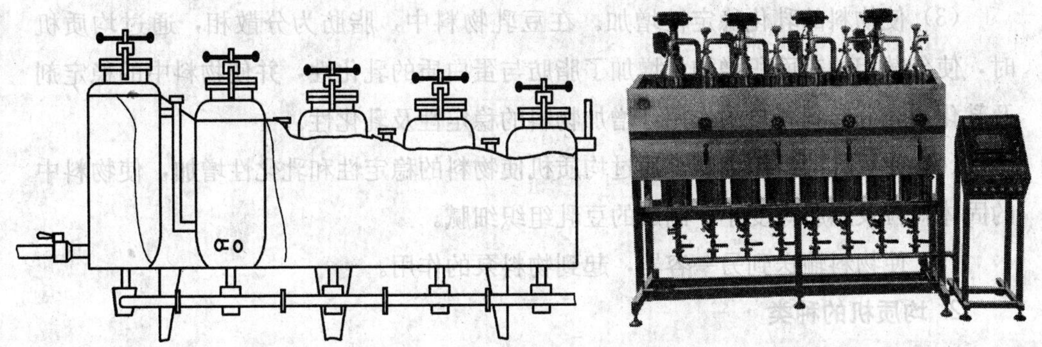

图 5—20　封闭式溢流煮浆罐的结构

（2）工作原理

封闭式溢流煮浆罐主要根据热浆随温度增高而上升的原理，把五个封闭的小罐用连接管连在一起，每个罐的进浆口在下面，出浆口在上面。每个罐都通有蒸汽管，煮浆时浆泵把豆浆打入第一个罐加温，每个罐浆满后，又从上口溢到第二个罐加温，这样逐级溢流，逐步升温，达到煮浆的目的。

（3）设备特点

用封闭式溢流煮浆罐煮浆，能源消耗量少，效率高，噪声小，生产规模可大可小，适用性强。采用此设备煮浆，从生浆进入到熟浆排出仅需 2～3 min，是一种比较理想的煮浆设备。

第 3 节　豆浆均质、灭菌设备

一、均质机

1. 均质机的作用

（1）使物料中的固体颗粒及脂肪球变小。当混合料通过均质机时，靠均质机的剪切作用将物料的颗粒破碎成多个小颗粒。均质前虽然有一部分脂肪球的直径已很小，但绝大多数的脂肪球直径在 5 μm 左右，通过均质处理后，其直径一般均匀为 1～2 μm。

（2）使物料均匀混合。通过均质机，可使原料中的浆、液及固体颗粒所形成的乳浊液、悬浮液及真溶液更加稳定，从而使不同组分均匀混合在一起。

(3) 使物料的乳化稳定性增加。在豆乳物料中，脂肪为分散相，通过均质机时，使分散相的表面积增加，增加了脂肪与蛋白质的乳化性，并使物料中的稳定剂及乳化剂充分起到各自的作用，增加物料的稳定性及乳化性。

(4) 使豆乳的组织细腻。通过均质机使物料的稳定性和乳化性增加，使物料中的固体颗粒及脂肪球变小，制成的豆乳组织细腻。

(5) 使物料输送到另一容器，起到物料泵的作用。

2. 均质机的种类

均质机按构造不同，可分为高压均质机、离心均质机、超声波均质机等。目前，生产豆浆与豆粉常用的均质机为高压均质机。

3. 高压均质机

(1) 高压均质机的工作原理

高压均质机的工作原理就是在加压后，将豆浆经过均质阀的狭缝突然放出，豆浆中的油滴颗粒在剪切力、冲击力及空穴效应的共同作用下，发生微细化，形成均一的分散液，促进了液—液乳化及固—液分散，也就是提高了豆浆的稳定性。剪切力是由于高压作用使流体迅速通过均质阀头缝隙处产生的。撞击力是高压作用下液流中的脂肪球和颗粒与均质阀发生的高速撞击现象。空穴效应是由于高压作用混合原料通过均质阀缝隙处时产生的。

(2) 高压均质机的结构

高压均质机的结构如图 5—21 所示。高压均质机一般采用箱式结构。电动机安置在底座内，由 V 带带动上部机体内的减速器，通过曲轴、连杆、滑块，带动高压泵中的柱塞做往复运动，形成压力。均质阀安在高压泵的左方。高压泵产生的高压通过均质杆传给均质阀，以对料液进行均质。

泵体为一长方形，采用不锈钢制造，其中开有三个柱塞孔，配有柱塞、阀座及阀心。如图 5—22 所示，柱塞为不锈钢制造的圆柱体，为防止液体泄漏和空气进入，采用填料函密封，其材料可用石棉绳及聚四氟乙烯。泵体是液体压力工作部分，每个泵腔配有两个阀门，在液体压力作用下自动开启或关闭。减压时在弹簧或阀体重力作用下，自动关闭或开启，共有 6 个阀门，其中吸入阀门 3 个，压出阀门 3 个。均质阀和安全阀都借螺旋弹簧对阀心的压力，得到调整流体压力的作用，均质泵上配制均质阀，主要由阀体、均质杆、均质座等组成。一般采用双级，即有两个均质阀门，如图 5—23 所示，由弹簧紧压在均质阀门座上，用手柄来调节均质压力。在第一级中流体压力为 14.7～19.6 MPa，主要使脂肪球破碎，第二级均质压

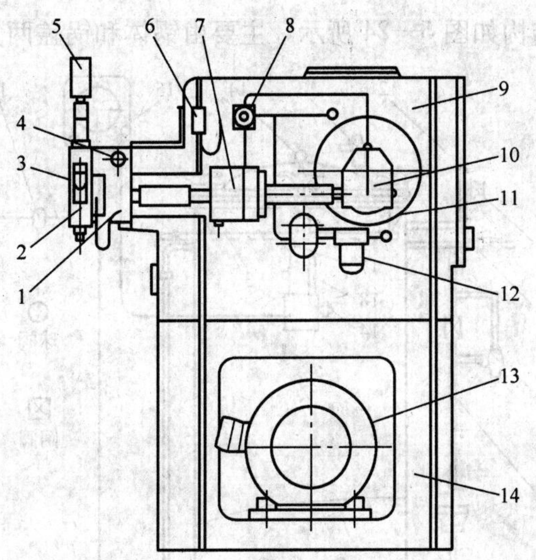

图 5—21　高压均质机的结构

1—均质阀　2—溢料口　3—出料口　4—放气塞　5—压力表　6—油压表　7—高压泵
8—调压阀　9—机体　10—减速器　11—油泵　12—滤油器　13—电动机　14—底座

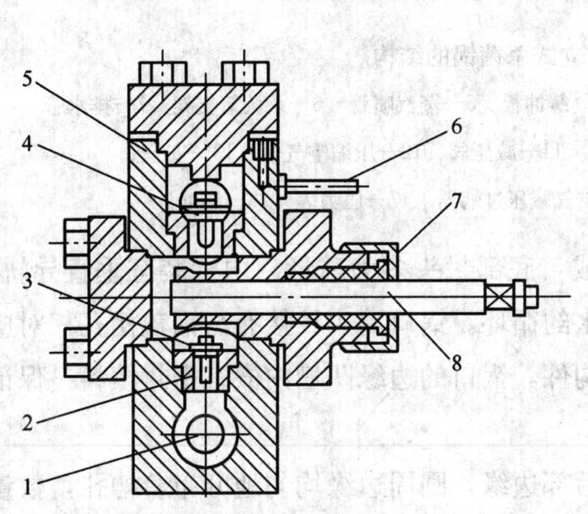

图 5—22　高压均质机泵体与柱塞

1—进料腔　2—吸入阀门　3—阀门座　4—排出阀门
5—泵体　6—冷却水管　7—轴封　8—柱塞

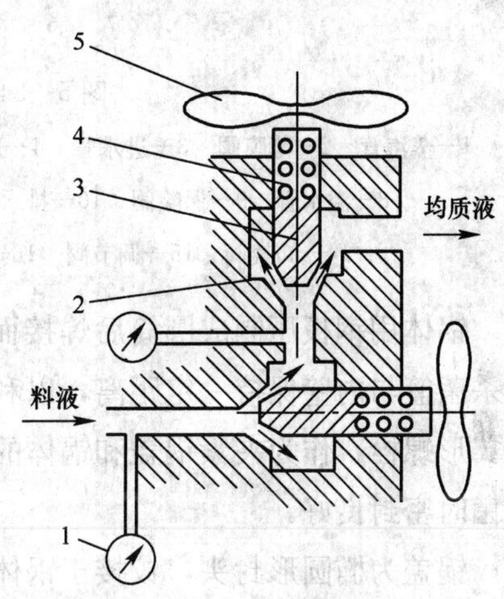

图 5—23　双级均质阀工作示意图

1—压力表　2—阀门座　3—节杆
4—弹簧　5—手柄

力减为 2.9～4.9 MPa，主要目的是使脂肪球分散。阀心及阀座采用含钨、铬、钴等元素的耐磨不锈钢制造。

二、灭菌设备

1. 立式杀菌锅

（1）立式杀菌锅的结构与工作原理

立式杀菌锅的结构如图 5—24 所示，主要由锅体和锅盖两大部分构成。

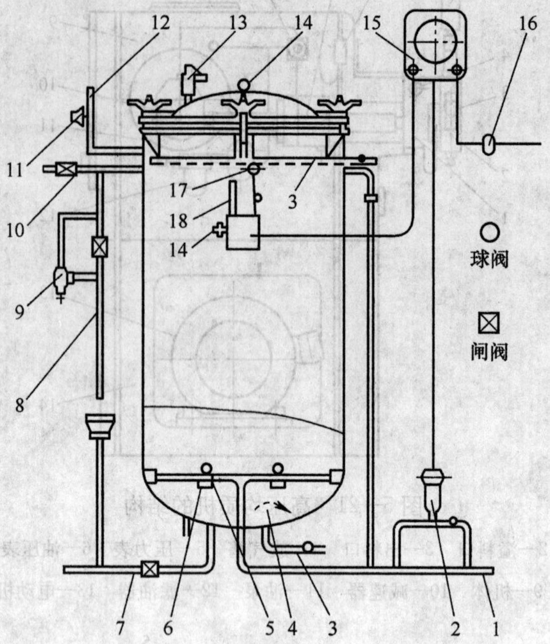

图 5—24　立式杀菌锅的结构

1—蒸汽管　2—薄膜阀　3—进水管　4—进气缓冲板　5—蒸汽喷管　6—杀菌篮支架　7—排水管　8—溢水管　9—保险阀　10—排水管　11—减压阀　12—压缩空气管　13—安全阀　14—卸气阀　15—调节阀　16—空气减压过滤器　17—压力表　18—温度计

锅体用钢板压制成圆筒后焊接而成，底部封头多为球形。内壁装有垂直导轨，使杀菌篮与内壁保持一定距离，以利水的循环。锅口周边铰接有与锅盖槽孔相对应的翼形螺栓，作为夹紧锅盖和锅体的构件。锅口的边缘凹槽内嵌有密封填料，保证杀菌时密封良好。

锅盖为椭圆形封头，铰接于锅体后部边缘，圆周边缘均匀地分布着槽孔，数量与锅体上的翼形螺栓对应，以紧闭锅盖和锅体。拧开翼形螺栓，锅盖可借助平衡锤开启。

另需配备起吊工具、杀菌篮、仪器仪表、空气压缩机等附属设备。空气压缩机是在反压杀菌和反压冷却时，从压缩空气管通入压缩空气用的。

（2）立式杀菌锅的特点

立式杀菌锅属于加压间歇式杀菌设备，不盖锅盖也可用于常压间歇杀菌。目前，是国内中小型生产厂普遍采用的杀菌设备之一。

2. 卧式杀菌锅

（1）卧式杀菌锅的结构与工作原理

卧式杀菌锅的结构如图 5—25 所示，主要由锅体和锅门两大部分构成。

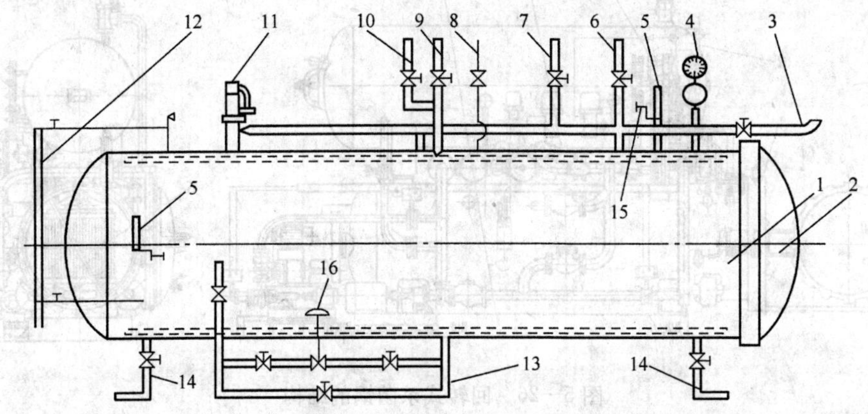

图 5—25　卧式杀菌锅的结构

1—锅体蒸汽管　2—锅门　3—溢水管　4—压力表　5—温度计　6—回水管　7—排气管　8—压缩空气管　9—冷水管　10—热水管　11—安全阀　12—水位表　13—蒸汽管　14—排水管　15—卸气阀　16—薄膜阀

锅体为钢板制成的卧式圆柱形筒体，一端为椭圆封头，另一端铰接一锅盖。杀菌锅内下部装有小车进出轨道，此轨道与车间地面同高，方便小车推进卸出。蒸汽管装在轨道之间，比轨道低。锅体一般置于地坑内，以利排水。

锅门为椭圆形封头，铰接于锅体上，向一侧转动开闭。门外径较锅体口稍大，锅体口端面有一圆圈凹槽，槽内嵌有有弹性且耐高温的密封圈，门和锅体的铰接采用自锁楔形块锁紧装置，即在转环及门盖边缘有若干组楔形块，转环上配有几组活动滚轮，使转环可沿锅体转动自如。门关闭后，转动转环，楔合块就能互相咬紧而压紧密封圈，实现锁紧和密封。转环反向转动时，楔合块分开，门即开启。

卧式杀菌锅也需配备进出锅设备、吊篮、仪器仪表、空气压缩机等附属设备。

(2) 卧式杀菌锅的特点

卧式杀菌锅属于间歇式加压杀菌设备，在中小型罐头厂中应用较广泛。

3. 回转式杀菌锅

(1) 回转式杀菌锅的结构与工作原理

回转式杀菌锅的结构如图 5—26 所示。

回转式杀菌锅一次杀菌周期通常分为 8 个操作程序，即制备过热水、向杀菌锅送水、加热升温、杀菌、热水回收、冷却、排水、启锅。设备每个程序中的阀门、泵、压缩机等的工作状态，储水锅和杀菌锅的液位等参数还可以从控制流程盘上清楚地显示出来。目前，回转式杀菌锅的自控系统大致分为两种形式：第一种是将各

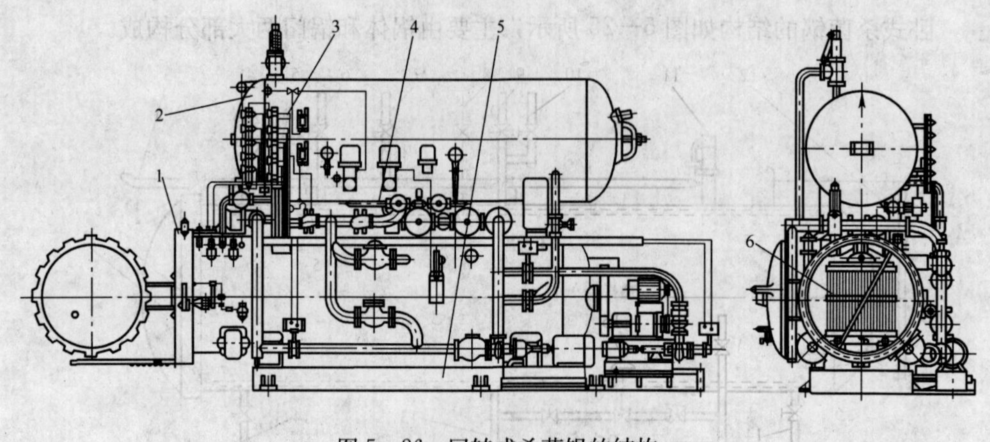

图 5—26　回转式杀菌锅的结构

1—杀菌锅　2—热水锅　3—控制管路　4—水汽管路　5—杀菌篮　6—控制柜

项控制参数表示在塑料冲孔卡上，操作时只要将冲孔卡插入控制装置内，即可进行整个杀菌过程的自动程序操作；第二种是由操作者在控制盘上设定参数后，按下启动电钮，整个杀菌过程就可按自动程序操作。

（2）回转式杀菌锅的特点

该设备能使罐头在杀菌过程中处于回转状态，全过程由程序控制系统控制，主要参数如压力、湿度和回转速度等均可自动调节与记录，属于间歇式杀菌设备。传热效率高，杀菌时间短，杀菌均匀，杀菌与冷却压力自动调节，可防止包装容器的变形和破损。其主要缺点是设备较复杂，投资较大，杀菌过程热冲击较大。

4. 水封式连续高压杀菌设备

（1）水封式连续高压杀菌设备的结构与工作原理

水封式连续高压杀菌设备的结构如图 5—27 所示。

工作时，罐头从自动供罐装置进入输送链上，然后进入鼓形阀（水封阀），鼓形阀浸没在水中，因此称为水封式。从鼓形阀进入杀菌室中的罐头由环式输送链的传送器带动，在杀菌室内折返数次进行杀菌。平板链运动方向与传送器相反，由于传送器与平板链之间的相对运动，所产生的摩擦力使罐头回转，回转的速度因产品不同而不同。若不需回转时，则可去掉传送器下面的导轨，或使平板链运动方向与传送器一致且线速相同即可。通过改变罐头的转数可调节罐头的加热量，因此，在调换品种时，杀菌时间可以不变，改变罐头回转数即可。罐头经杀菌室杀菌后进入加压冷却槽，杀菌室与加压冷却室之间用钢板隔开，从外表看好像是一个整体的锅，而实际上锅分为两层，上层为杀菌室，下层为加压冷却室。冷却室要经常补充

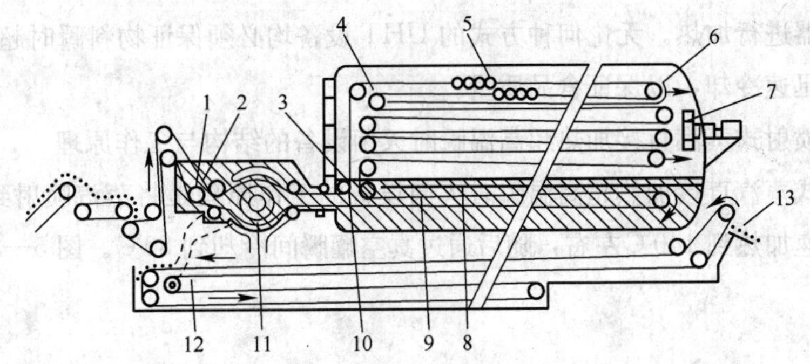

图 5—27　水封式连续高压杀菌设备的结构

1—水封　2—输送链　3—杀菌锅内液面　4—加热杀菌室　5—罐头　6—导轨　7—风扇　8—隔板　9—冷却室　10—转移孔　11—水封阀　12—空气或冷却水区　13—出罐处

冷水，并且使其强制循环。加压冷却后的罐头从鼓形阀中出来在传送器上进行常压冷却，罐头在这里仍然保持自身的滚转，以达到快速冷却的目的。当冷却至 40℃左右时，罐头从自动排罐装置中排出，从而完成整个杀菌冷却过程。

(2) 水封式连续高压杀菌设备的特点

水封式连续高压杀菌设备的特点是设计了鼓形阀（或称水封阀），它可以使罐头不断进出杀菌室中，而又能保证杀菌室的密封，保持杀菌室内的压力与水位的稳定。该设备在杀菌过程中罐头是滚动的，因而热效率较高，杀菌时间可更短些。

5. 超高温瞬时灭菌设备

(1) 超高温瞬时灭菌设备的特点

超高温瞬时灭菌（UHT）是将食品在瞬间加热到高温而达到灭菌目的。此法将通常杀菌的温度从 120℃提高到 135～145℃，仅需 3～5 s 就可将微生物孢子完全杀灭。随着杀菌温度的升高，微生物孢子致死速度远比食品质量因受热发生化学变化而劣变的速度快，因而瞬间高温可完全灭菌，但对食品质量影响不大，几乎可保持食品原有的色、香、味，这对豆浆等热敏性食品尤为重要。

超高温瞬时灭菌设备主要由预热器、杀菌器、冷却器、均质机和原地清洗设备（CIP）组成。流体食品由泵和均质机连续输送进行预热、杀菌、冷却加工并送到无菌包装机包装，工艺程序和参数全部为自动控制。CIP 则在开机前和关机后对全套设备包括管路、泵和包装机进行程序控制清洗，保证设备无菌运转。

UHT 有直接加热灭菌法和间接加热灭菌法两种。直接加热灭菌法是用蒸汽或电阻管直接加热物料，传热效率高，但不易控制；间接加热灭菌法是用加热介质通过热交换器进行加热。无论何种方式的 UHT 设备均必须保证物料瞬时超高温灭菌和加热后迅速冷却，以保证食品质量。

(2) 喷射式蒸汽直接加热超高温瞬时灭菌设备的结构与工作原理

喷射式蒸汽直接加热超高温瞬时灭菌设备的工作原理是将蒸汽喷射到物料中，使物料迅速加热到 140℃左右，随后通过真空罐瞬间冷却到 80℃。图 5—28 所示是其结构图。

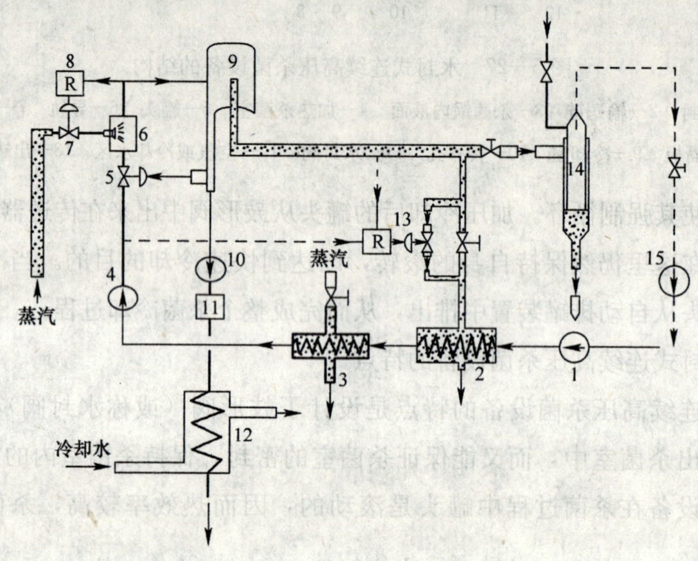

图 5—28　喷射式蒸汽直接加热超高温瞬时灭菌设备的结构

1，4—供液泵　2—第一预热器　3—第二预热器　5—自动料液流量调节阀　6—蒸汽喷射加热器　7—自动蒸汽流量调节阀　8—记录仪　9—闪蒸罐　10—无菌泵　11—无菌均质机　12—冷却器　13—自动二次蒸汽流量调节阀　14—冷凝器　15—真空泵

物料从平衡槽中由供液泵抽出，经第一预热器进入第二预热器，物料温度升高至 75～80℃，由供液泵抽出，经自动料液流量调节阀送到蒸汽喷射加热器，在该处向物料内喷入压力为 1 MPa 的蒸汽，瞬间加热到 150℃。在保温管中保持这一温度约达 2.4 s，然后进入闪蒸罐中，在低压下物料水分急速蒸发而消耗热量，物料温度被急速冷却到 77℃左右。利用冷凝器冷凝蒸汽和由真空泵抽出不凝气体使闪蒸罐保持一定真空度。喷入物料中的蒸汽应在闪蒸罐中汽化时全部除去，同时带走可能存在物料中的一些臭味。排出的蒸汽一部分被送入第一预热器用于预热进入的冷物料。

(3) 注入式蒸汽直接加热超高温瞬时灭菌设备的结构与工作原理

注入式蒸气直接加热超高温瞬时灭菌设备的工作原理是：把物料注入到过热蒸

汽加热器中，由蒸汽瞬间加热到灭菌温度而完成灭菌过程，与蒸汽喷射式相似。图5—29所示是其结构图。

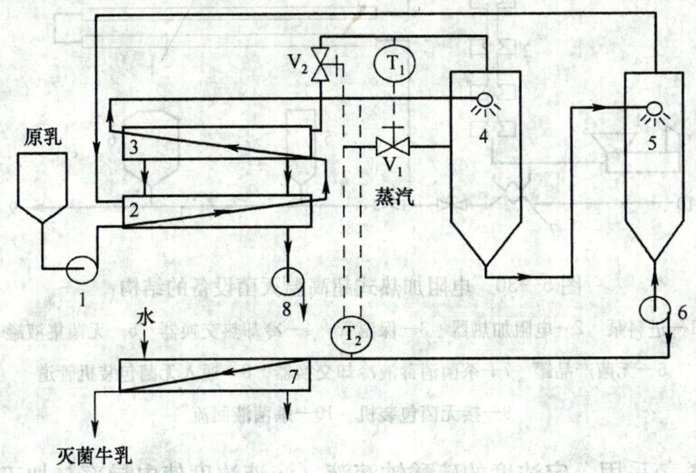

图5—29　注入式蒸汽直接加热超高温瞬时灭菌设备的结构

1—高压泵　2—第一预热器（热水）　3—第二预热器（蒸汽）　4—加热器　5—闪蒸罐　6—无菌泵　7—冷却器　8—真空泵　T_1，T_2—调节器　V_1，V_2—阀

物料用泵从平衡槽输送到第一预热器与来自闪蒸罐的热水进行热交换，然后经第二预热器进一步被加热器排出的废蒸汽加热到75℃，最后将物料注入加热器。加热器内充满温度约为140℃的过热蒸汽，且利用调节器保持这一温度恒定。预热物料从喷头喷出细小微粒溅落到容器底部时，瞬间加热到灭菌温度，水蒸气、空气及其他挥发性气体一起从顶部排出进入第二预热器，预热由第一预热器来的物料。加热器底部的热物料在压力作用下强制喷入闪蒸罐，因突然减压而急剧膨胀，使温度很快降至75℃左右并蒸发水分，恢复至物料原有的水分。与此同时，大量水蒸气从闪蒸罐顶部排出，回第一预热器处冷凝，从而在闪蒸罐内造成部分真空。用真空泵将加热器和闪蒸罐的不凝性气体抽出，还会进一步降低两容器内的压力。聚集在闪蒸罐底部的无菌物料用无菌泵抽出，进入无菌的冷却器中用冰水冷却至4℃，再送到无菌包装机包装。

(4) 电阻加热式超高温灭菌设备的结构与工作原理

电阻加热式超高温灭菌设备的结构如图5—30所示。

该系统中物料加热采用电阻加热，冷却采用常规热交换器。可根据物料特性选择相应的片式、管式或刮板式热交换器。两者结合，最大限度地体现电阻加热的优点，并对物料中的颗粒块形结构损伤程度最小。投产前需对系统中无菌集液罐、无菌产品罐及连接管阀等进行高温蒸汽消毒灭菌；电阻加热器、保温管和冷却热交换

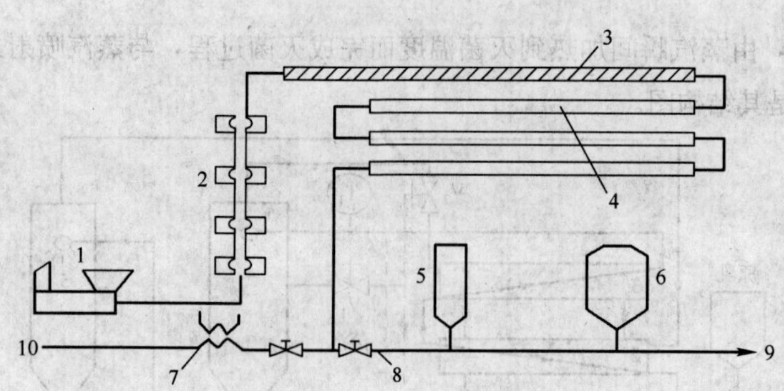

图 5—30　电阻加热式超高温灭菌设备的结构

1—进料泵　2—电阻加热器　3—保温管　4—冷却热交换器　5—无菌集液罐　6—无菌产品罐　7—杀菌消毒液冷却交换器　8—通入无菌包装机管道　9—接无菌包装机　10—杀菌液回流

器的预消毒杀菌采用一定浓度的硫酸钠溶液（溶液浓度使电导率与加工物料接近）。灭菌液由进料泵通过电阻加热器、保温管、冷却热交换器及杀菌消毒液冷却交换器回流到进料泵，循环加热并消毒器具。灭菌液的温度由加热器的电流进行调节控制，并由备压阀控制系统备压。消毒灭菌后，灭菌液由热交换器冷却后排放或另行收集。

（5）板式间接加热超高温灭菌设备的结构与工作原理

板式间接加热超高温灭菌设备的主要部件有换热片、温度调节系统、温度保持器与自动记录仪、料液泵和热水泵等，如图 5—31 所示。

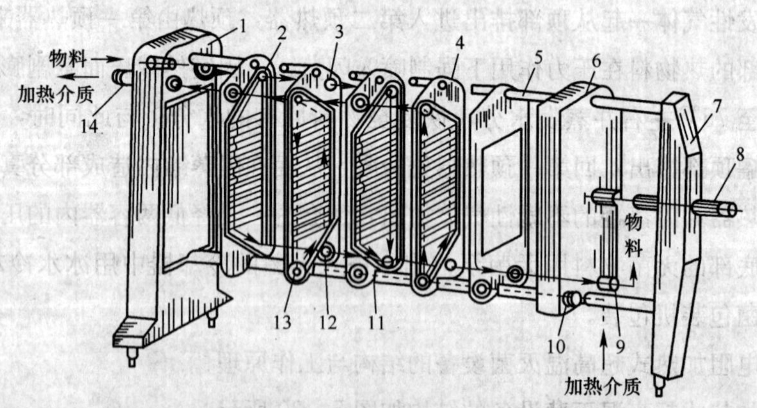

图 5—31　板式间接加热超高温灭菌设备的结构

1—前支架　2—上角孔　3—橡胶垫圈　4—分界板　5—导杆　6—压紧板　7—后支架　8—压紧螺杆　9，10—连接管　11—板框橡胶垫圈　12—下角孔　13—换热片　14—连接导管

工作中，加热（或冷却）介质与料液在相邻两片间流动，通过金属片进行热交换。金属片面积大，流动液层又薄，故传热效果好。换热片的数量根据物料传热系数、流量、初始温度和最终温度以及加热（或冷却）介质等情况而定。

(6) 环形套管式超高温灭菌设备的结构与工作原理

该设备的加热器是由 2 根不锈钢管组成的双套盘管，利用内外管间环形间隙进行热交换。图 5—32 所示为该设备结构。

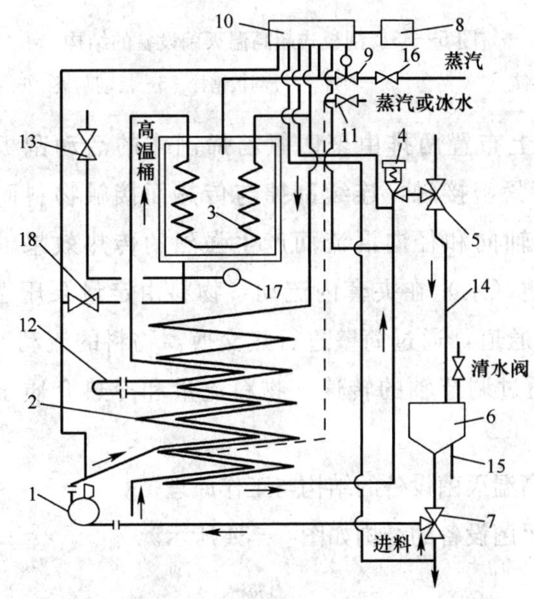

图 5—32　环形套管式超高温灭菌设备的结构

1—供料泵　2—双套盘管　3—加热器　4—备压阀　5，7—气控阀　6—电动蒸汽调节阀　8—微型打字机　9—电动调节阀　10—计算机控制器　11，18—截止阀　12—U 形管　13—冷水阀　14—弯管　15—溢流阀　16—蒸汽阀　17—疏水阀

物料通过供料泵进入双套盘管的外层通道，与内层通道的已灭菌高温物料热交换而预热，然后进入加热器由高温桶内蒸汽间接加热到 135℃，继而在桶外单旋盘管内保温 3～6 s，进入双套盘管内层通道被进料冷却到出料温度小于 65℃。如工艺需要提高或降低出料温度，可通过截止阀接通热源（蒸汽）或冷源（冰盐水等）进入附加的加长型双套环形盘管下端的外层通道，使内层物料进一步升温或降温。备压阀是可调的，可使物料维持在一定压力之下，使其沸点提高防止汽化；此外也可调节物料流量。

(7) 刮板式超高温灭菌设备的结构与工作原理

刮板式超高温灭菌设备的结构如图 5—33 所示。

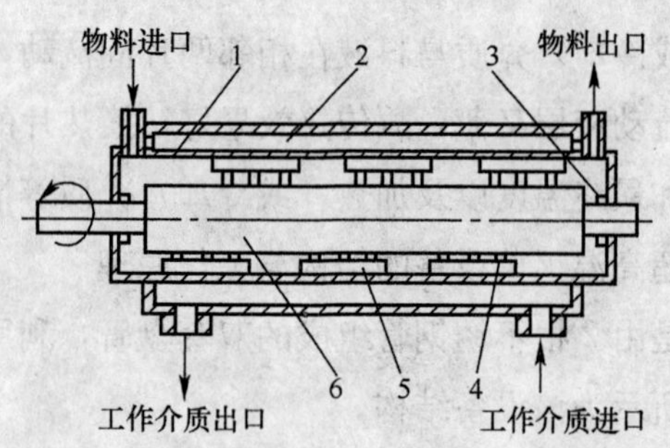

图 5—33　刮板式超高温灭菌设备的结构

1—物料筒　2—夹套　3—轴封　4—刮板销栓　5—活动刮板　6—搅拌轴

在轴圆周方向上布置两排由聚四氟乙烯制作的活动刮板，每排 3～5 块。刮板与筒壁传热面紧密接触，连续刮掉与传热面接触物料而产生强烈的传热面，由物料在筒内轴向和径向混流而产生强烈的传热效果。工作时加热介质（蒸汽）或冷却介质（水）在夹套内流动，物料由定量泵压送并通过物料筒与搅拌轴之间的环形通道，通过筒壁进行热交换。物料的流动通道占物料筒面积的 20%～40%。通过调节轴的转速、物料流量和冷热介质压力来达到稳定的热交换。

(8) 列管式超高温灭菌设备的结构与工作原理

列管式超高温灭菌设备的结构如图 5—34 所示。

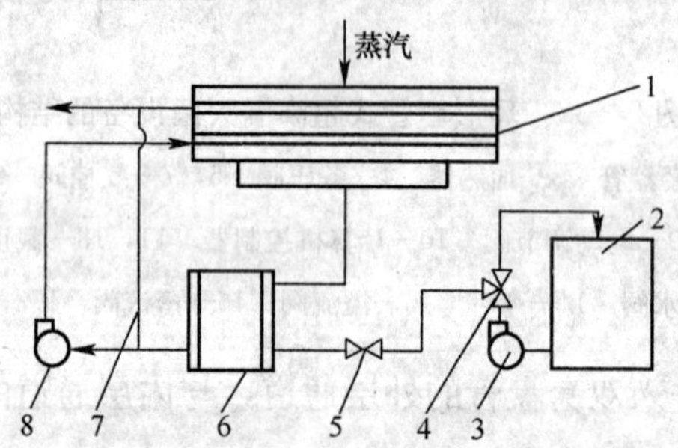

图 5—34　列管式超高温灭菌设备的结构

1—灭菌器列管　2—水箱　3—循环水泵　4—三通阀　5—逆止阀

6—暂存罐　7—回流管　8—物料泵

物料泵将物料从暂存缸打入灭菌器列管中，在夹套蒸汽的加热下达到灭菌温度，消毒物料从排出管排出。三通阀中设有直径 7～8 mm 的喷嘴，水流经喷嘴时流速增大，形成真空，开启逆止阀，将列管加热蒸汽夹套和暂存罐夹套中的冷凝水和不凝气体一并排出，使设备传热系数提高。

第 4 节　凝固、成形、切块主要设备

一、点浆、凝固设备

1. 往复式点浆凝固机

(1) 往复式点浆凝固机的结构与工作原理

往复式点浆凝固机由供豆浆系统、供凝固剂系统、点脑搅拌系统、凝固桶、转盘导轨及倒脑机组成。豆浆进入凝固桶，计量后导入凝固剂，同时搅拌器开始工作，使之混合均匀，完成凝固的第一阶段。该桶将随导轨前进一格，点脑系统又开始对下一个空桶重复上述过程。如此往复，直到点好的桶转回一周到倒脑位置，倒脑机自动将桶中豆腐脑倒入成形箱。从点脑完成到倒脑即是凝固的第二个阶段，用时为 15～20 min。

(2) 设备特点

豆腐脑凝固的过程中处于频繁的开启和停止的间歇运动，使豆腐脑经受多次振动，这对形成牢固的网络是不利的。

2. 旋转式点浆凝固机

(1) 旋转式点浆凝固机的结构与工作原理

旋转式点浆凝固机的结构如图 5—35 所示。主要由供豆浆系统、凝固剂供给系统、点脑搅拌系统、凝固桶、倒脑机及成形箱传递系统组成。机器启动后，熟豆浆通过供豆浆系统自动计量供浆，豆浆沿导管流入凝固桶中，紧接着凝固剂供给系统输入凝固剂，同时搅拌系统开始工作。凝固剂是在开车前配好并装入凝固剂缸中的。凝固剂缸的底部与一泵联通，并形成循环供给系统，既可根据指令定时定量向凝固桶输送凝固剂，又可使整个循环系统中的凝固剂始终处在良好的液流搅拌状态，以防凝固剂沉淀。豆浆搅拌均匀后，搅拌系统自动升起，点脑系统转动一格，又开始对下一个凝固桶进行放浆点脑，重复上述动作。当点脑系统旋转一周，开始点的脑已经在静止状态下完成了蹲脑，倒脑系统开始工作，将桶顶起，豆腐脑倒至接脑斜面上，沿斜面滑下，此时恰好已铺好布包的成形箱由传递系统送到斜面下，使斜面上滑下的豆腐脑落入成形箱中。成形箱传送系统再将已装好豆腐脑的成形箱拉出来，送入压榨机。

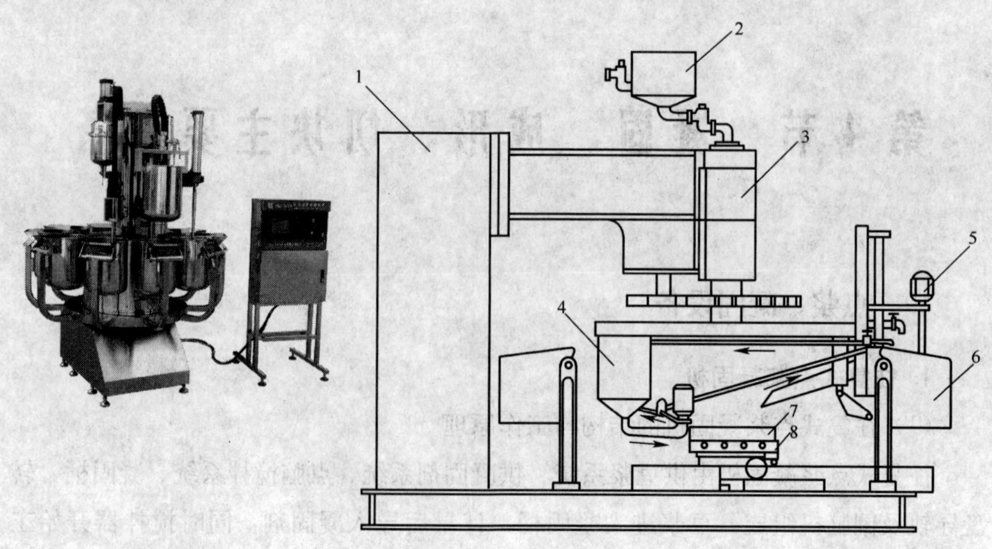

图 5—35　旋转式点浆凝固机的结构

1—支架　2—定量器　3—传动系统　4—凝固剂缸　5—点脑搅拌器　6—凝固桶　7—成形箱　8—滑车

（2）设备特点

该设备实现了动点脑、静蹲脑，即工作中凝固桶是不动的，而点脑系统则是运动的。整个蹲脑过程是在静止中完成的，不受任何振动，可以形成稳固的蛋白质网络结构，对提高豆腐质量和出品率是有利的。该机从熟浆自动计量到豆腐脑倒入成形箱送出压榨，完全实现了自动化，操作方便，启动电盘按钮即可完成程序动作。

二、成形设备

1. 豆腐成形设备

豆腐的成形压制一般采用重物直接加压或豆腐专用压榨机压制，而很少使用液压机压制。国内外生产的豆腐压榨机主要是楔形链条式压榨机。该机的成形箱入口处压榨框之间的距离较大，出口处较小，对于水平运动在下轨道上的成形箱，开始时压力较小，逐渐加大。该机的加压大小和变化速度可调，对提高产品质量非常有益。此压榨机长一般在 10 m 左右。如图 5—36 所示。

2. 油压榨设备

（1）主要结构

油压榨设备的结构如图 5—37 所示。主要是由油缸、油管、压板、油压架、进板小车、手动换向阀组成。油压架是由机座、上固定板、立柱组装在一起的。

（2）工作原理

油压榨设备主要用于豆腐干的压制，是利用液压泵站供给压榨机压力油，通过

图 5—36　楔形链条式压榨机

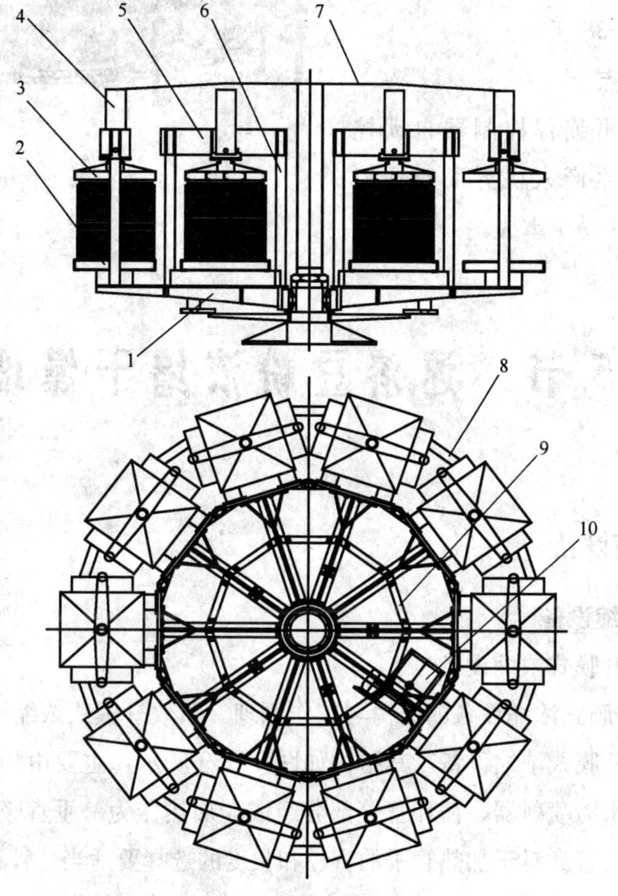

图 5—37　油压榨设备的结构

1—底座　2—压台　3—压板　4—油缸　5—横梁　6—立柱　7—护罩

8—接水盘　9—传动系统　10—液压泵站

压榨机上的压力油缸实现压制豆腐干的目的。

（3）设备特点

豆腐干油压榨设备节省电力，可以用一个泵站带动多台压榨设备，产量高、质量好。

三、自动切块设备

1. 工作原理

通过电动机控制刀片进行垂直和平形运动，将水中压榨好的豆腐板片自动按规格尺寸切块，然后托出水面装盒。如图 5—38 所示。

图 5—38　自动切块机

2. 设备特点

整机采用可编程控制器自动控制，实现豆腐生产人机界面对话控制，操作简单，易于掌握。

第 5 节　速溶豆粉浓缩干燥设备

一、浓缩设备

1. 单效浓缩设备

（1）单效升膜式浓缩设备

1）单效升膜式浓缩设备的结构与工作原理。单效升膜式浓缩设备属于外加热式自然循环的液膜式浓缩设备。其结构如图 5—39 所示，主要由加热器、分离器、雾沫捕集器、水力喷射器、循环管等部分组成。加热器为一垂直竖立的长形容器，内有许多垂直长管。对于加热管子的直径和长度的选择要适当，管径不宜过大，一般在 35～80 mm，管长 l 与管径 d 之比恰当，一般为 100～150。这样才能使加热面供应足够成膜的气速。事实上，由于蒸发流量和流速是沿加热管上升而增加，故爬膜工作状况也是逐步形成的。

该设备工作时，料液自加热器的底部进入加热管，在加热管内的液位仅占全部管长的 1/5～1/4，加热蒸汽在管外对料液进行加热沸腾，并迅速汽化，产生大量二次蒸汽，在管内高速上升，将料液挤向管壁。二次蒸汽的数量沿加热管长度方向由下而上逐渐增多，从而使料液不断地形成薄膜。在二次蒸汽的诱导及分离器高真空的吸力下，被浓缩的物料及二次蒸汽以较高的速度沿切线方向进入分离器。

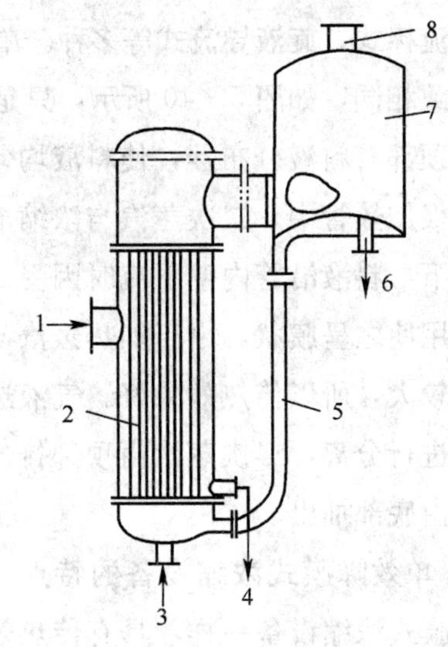

图 5—39　单效升膜式浓缩设备的结构

1—蒸汽进口　2—加热管　3—料液进口　4—冷凝水出口　5—下导管　6—浓缩液出口　7—分离器　8—二次蒸汽出口

在分离器离心力的作用下，料液沿其周壁高速旋转，并均匀地分布于周壁及锥底上，使料液表面积增加，加速了水分的进一步汽化；二次蒸汽及其夹带的料液液滴，经雾沫分离器进一步分离后，二次蒸汽被导入水力喷射器冷凝，分离得到的浓缩液则由于重力及位差作用，沿循环管下降，回入加热器底部，与新进入的料液自行混匀后，一并进入加热管内再度受热蒸发，如此往复。经数分钟后，料液浓度即可达到要求，此时一部分浓缩液在循环管处由出料泵抽出，另一部分未达要求的浓缩液，再继续循环蒸发。

2）单效升膜式浓缩设备的特点。单效升膜式浓缩设备管内的静液面较低，因而由静压头而产生的沸点升高很少；蒸发时间短，仅几秒到十余秒，适用于热敏性溶液的浓缩；高速的二次蒸汽具有良好的破沫作用，故尤其适用于易起泡沫的料液；二次蒸汽在管内高速螺旋式上升，将料液贴管内壁拉成薄膜状，薄膜料液的上升必须克服其重力与管壁的摩擦阻力，故不适用于黏度较大的溶液。

这种设备的优点是占地面积小，传热效率较高，料液受热时间短，在加热管内停留 10～20 s。适用于浓缩热敏性高、易起泡和黏度低的液料。缺点是一次浓缩比不大，操作时进料量需要很好地控制，进料过多不易成膜，过少则易断膜干壁，影响产品质量。

(2) 单效降膜式浓缩设备

1）单效降膜式浓缩设备的结构与工作原理。单效降膜式浓缩设备与单效升膜式浓缩设备一样，都属于自然循环的液膜式浓缩设备。为了使料液能均匀分布于各管道，沿管内壁流下，在管的顶部或管内安装有降膜分配器，其结构形式有锯齿式、导流棒式、旋液导流式等多种。单效降膜式浓缩设备的结构与单效升膜式浓缩设备大致相同，如图 5—40 所示，只是料液自设备顶部加入。

在顶部有料液分布器，使料液均匀地分布在每根加热管中。二次蒸汽与浓缩液一般并流而下，料液沿管内壁下流时因受二次蒸汽的作用使之呈膜状。由于加热蒸汽与料液的温差较大，所以传热效果好。气液进入蒸发室后进行分离，二次蒸汽由顶部排出，浓缩液则由底部抽出。

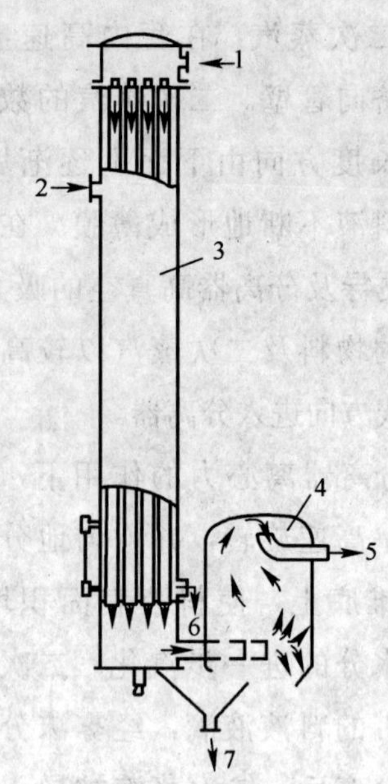

图 5—40　单效降膜式浓缩设备

1—料液入口　2—蒸汽入口　3—蒸发室

4—分离器　5—二次蒸汽　6—冷却水

7—浓缩液

2）单效降膜式浓缩设备的特点。它与单效升膜式浓缩设备一样，具有传热效率高和受热时间短的特点，故适合于热敏性物料的浓缩。由于利用液膜重力作为降膜，故能蒸发黏度较大的物料。物料在加热管表面形成膜状，传热系数高，并可避免泡沫的形成，受热均匀；采用热泵，热能经济，冷却水消耗量减少，但蒸汽的稳定压力需要较高；每根加热管上端进口处虽安有分配器，以期获得厚度一致的薄膜，但由于液位的变化，影响薄膜的形成及厚度的变化，甚至会使加热管内表面暴露而结焦；利用二次蒸汽作为热源，由于其夹带微量的料液液滴，加热管外表面易生成污垢，影响传热；加热管长度较长，若结焦后清洗极为困难，不适宜于高浓度或黏稠性物料的浓缩；生产过程中，不能随意中断生产，否则易结垢或结焦。

2. 双效浓缩设备

（1）双效升膜式浓缩设备

1）双效升膜式浓缩设备的结构与工作原理。双效升膜式浓缩设备又分为单程式和循环式两种形式。

单程式双效升膜式浓缩设备的结构基本上与单效升膜式浓缩设备类似，仅多配置了一台热泵，加热管长度比单效的长。物料自第一效加热器底部进入，受热蒸发，经第一效分离器分离后，便自行进入第二效，经蒸发达到预定浓度时便可出料。一效的二次蒸汽，一部分经热泵升温后作第一效的热源；另一部分直接进入二效作为热源，在该设备中，物料只经过加热管表面一次，不进行循环。

双效升膜式浓缩设备的结构如图 5—41 所示。主要由一效和二效的加热器、一效和二效的分离器、混合式冷凝器、中间冷凝器、热泵、蒸汽喷射泵及各种液体输送泵组成。其加热器分别由一定数量直径较小的加热管，以及直径较大的循环管所组成。

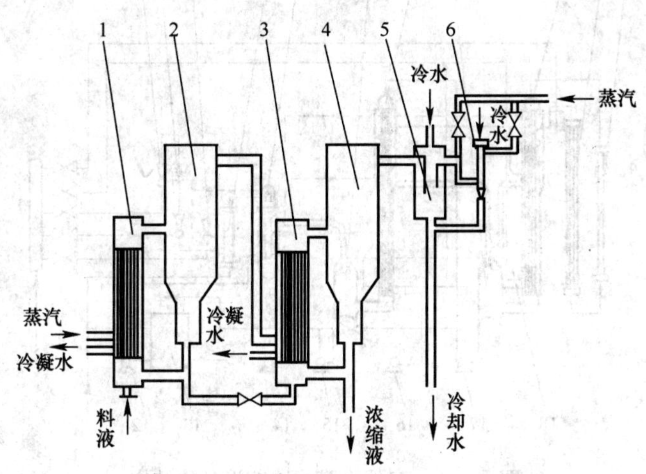

图 5—41　双效升膜式浓缩设备的结构

1—一效加热器　2—一效分离器　3—二效加热器　4—二效分离器

5—混合式冷凝器　6—中间冷凝器

该设备工作时，物料自第一效加热器的下部进入蒸发管中，由于管外蒸汽的加热及真空的诱导作用，使物料沿着加热管上升，并在上部空间加热汽化、蒸发，被二次蒸汽挟带的物料液滴经分离器分离后，由回流管流回一效加热器的底部，当一效的物料达到预定的浓度时，可部分地进入二效加热器的底部，再行循环蒸发，当达到出料浓度时，即可连续不断地将其抽出。

一效的二次蒸汽除部分作为二效的热源外，其余将通过两台热泵升温后作一效的热源，二效的二次蒸汽则由混合式冷凝器冷凝。抽真空系统采用双级蒸汽喷射装置，也可以改用常用的抽真空装置。

2）双效升膜式浓缩设备的特点

①由于二次蒸汽能够加以利用，故能降低能量和冷却水的消耗量。

②物料的受热时间比单程式设备长，适用于浓度较高物料的浓缩。

③可以连续生产，生产能力较强，且清洗也较方便。

④热泵及各级蒸汽喷射泵的喷嘴易磨损，且均需 784 kPa 以上的水蒸气，在实际生产中难以做到稳压供气。

（2）双效降膜式浓缩设备

1）设备的结构与工作原理。双效降膜式浓缩设备属于单程式设备，其结构如图5—42所示。主要由一效及二效的加热器和分离器、预热器、杀菌器、混合式冷凝器、中间冷凝器、热泵、各级蒸汽喷射泵及料泵、水泵等组成。

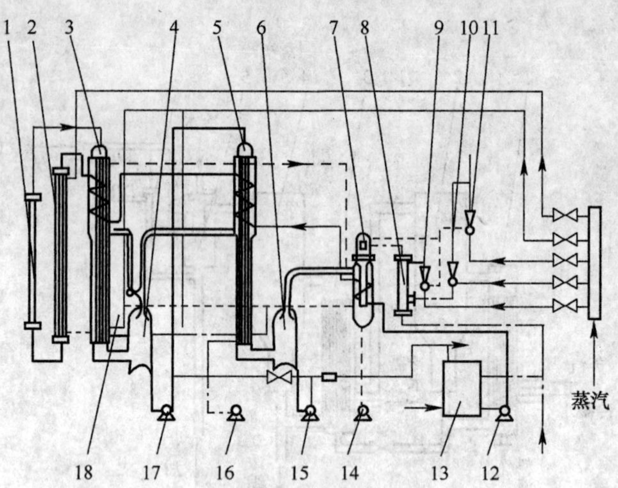

图5—42 双效降膜式浓缩设备的结构

1—保温管 2—杀菌器 3—一效加热器 4—一效分离器 5—二效加热器 6—二效分离器 7—冷凝器 8—中间冷凝器 9—一级蒸汽泵 10—二级蒸汽泵 11—启动蒸汽泵 12—进料泵 13—平衡槽 14—冷却水泵 15—出料泵 16—冷凝水泵 17—物料泵 18—热压泵

该设备全由不锈钢材料制成，在一效加热器和二效加热器的顶部进料处，分别装有喷头、分配器，以使物料均布于各加热管。

该设备工作时，物料自平衡槽经进料泵，送至位于混合式冷凝器内的螺旋管预热，再经置于一效加热器及二效加热器蒸汽夹层内的螺旋管再次预热，然后进入列管式杀菌器杀菌，并进入保温管进行保温。杀菌物料自顶部进入一效加热器，经蒸发达到预定浓度后，由强制循环的物料泵送至二效加热器的顶部，再行受热蒸发，达到浓度后可由出料泵自二效分离器的底部连续不断地抽出，若浓度不符合要求，则由出料泵送回至二效加热器顶部，继续蒸发。

2）双效降膜式浓缩设备的特点

①物料受热时间短，从进料至出料仅需3 min左右，故适用于热敏性物料的浓缩。

②设备布局合理，外形美观，热能利用经济，且冷却水的消耗量也较少。

③设备体积庞大，占地面积大，投资费用较多。

④物料所经的管路较长，特别是物料经过置于冷凝器和加热器夹层内的螺旋状

预热管，无法拆洗，易产生污垢，一旦结焦则无法进行彻底清洗。

⑤置于冷凝器内的预热管可回收一部分热量，且相应可减少冷却水的消耗量，但置于加热器夹层内的预热管使结构趋于复杂。

⑥该设备易结焦，若结焦后用一般常用浓度的酸碱液循环清洗，也难以清洗干净。

⑦每班实际有效使用时间短，生产效率较低，且加热管较长，清洗较麻烦。

3. 三效降膜式浓缩设备

（1）设备的结构与工作原理

全套设备包括第一效蒸发器、第二效蒸发器、第三效蒸发器、第一效分离器、第二效分离器、第三效分离器、直接式冷凝器、液料平衡泵、热压泵、液料泵、水泵和双级水环式真空泵等部分，如图 5—43 所示。

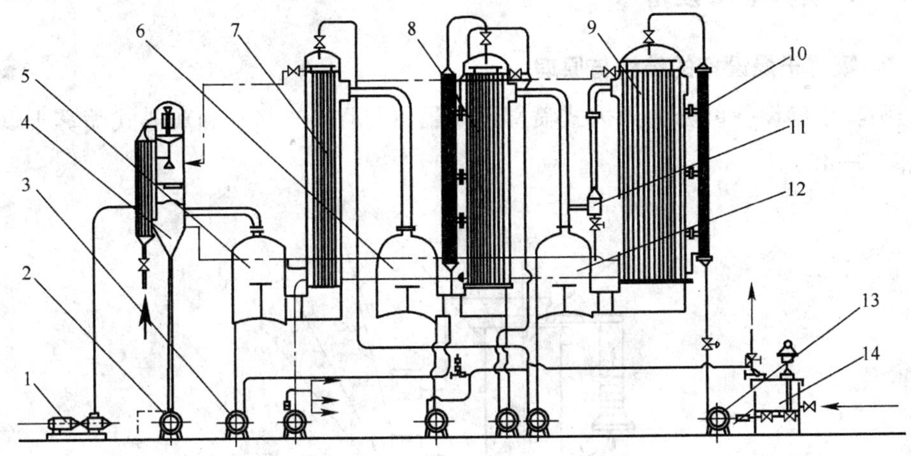

图 5—43　三效降膜式浓缩设备的结构

1—双极水环式真空泵　2—水泵　3—料液泵　4—冷凝器　5—第三效分离器　6—第二效分离器　7—第三效蒸发器　8—第二效蒸发器　9—第一效蒸发器　10—预热器　11—热压泵　12—第一效分离器　13—料液进料泵　14—料液平衡泵

该设备工作时，液料自液料平衡槽由进料泵经预热器先进入第一效蒸发器，通过受热降膜蒸发，引入第一效分离器，被初步浓缩的液料，由第一效分离器底部排出，经液料循环泵送入第三效蒸发器，再被浓缩并经第三效分离器分离后，通过液料出料泵送入第二效蒸发器，最后经第二效分离器和液料出料泵排出浓缩成品。蒸汽先进入第一效蒸发器，对管内液料加热后，经预热器再对未进蒸发器的液料进行预热，然后成为冷凝水由水泵排出；第一效分离器所产生的二次蒸汽除部分引入第二效蒸发器作为第二效蒸发水分的热源外，其余部分利用热压泵增压后，再作为第一效蒸发器的热源；第二效分离器所产生的二次蒸汽，引入第三效蒸发器作为蒸发水分的热源；第三效分离器产生的二次蒸汽则导入冷凝器，冷凝后由水泵排出。各效蒸发器中所产生的不凝结气体均进入冷凝器，由双极水环式真空泵排出。

（2）用途与特点

1）采用真空降膜蒸发，液料受热时间短，蒸发温度低，产品质量好。

2）三效蒸发，并配有热压泵和预热器，节省蒸汽和冷却水用量，每蒸发1 kg水仅需蒸汽约0.267 kg，冷却水7 kg，比单效蒸发器节约蒸汽76%，比双效蒸发器节约蒸汽46%。

3）操作稳定，清洗方便，符合食品卫生要求。

4）连续生产，处理量较大。

二、喷雾干燥设备

1. 喷雾干燥设备的结构与原理

喷雾干燥设备可分为压力式喷雾干燥器（见图5—44）和离心式喷雾干燥器（见图5—45）。

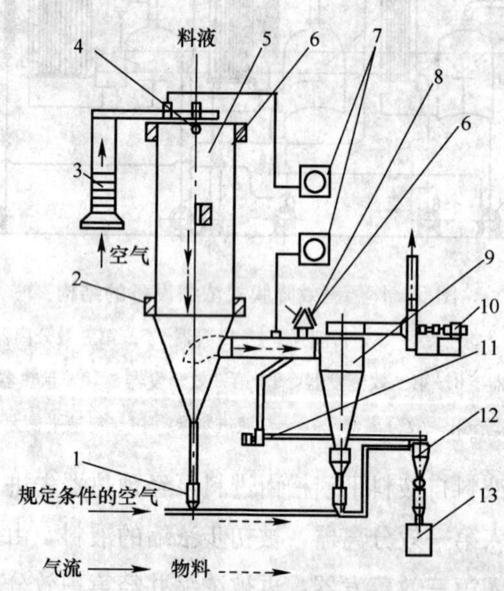

图5—44 压力式喷雾干燥器

1—收集器 2—冷却空气入口 3—蒸汽加热器 4—喷嘴 5—干燥塔 6—过滤空气入口 7—温度记录仪 8—调节阀 9—主旋风除尘器 10—排风口 11—风机 12—旋风分离器 13—产品储器

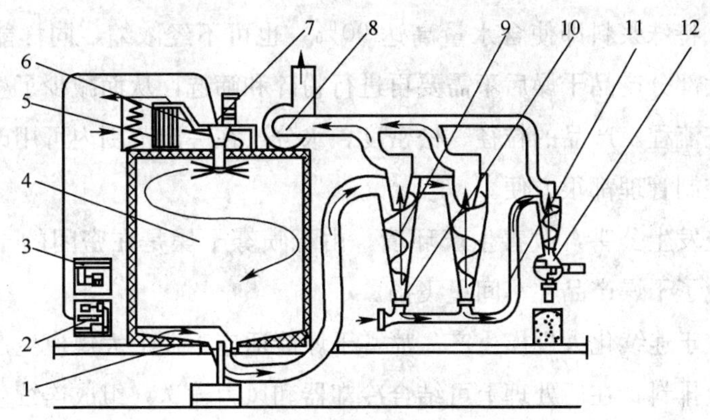

图 5—45　离心式喷雾干燥器

1—风力粉末收集器　2—原料供应泵　3—仪器板　4—干燥室　5—空气加热器　6—空气分配器　7—离心式雾化器　8—排风机　9—旋风除尘器　10—回转排除阀　11—风力粉末冷却器　12—带有排出阀的旋风除尘器

喷雾干燥是利用不同的雾化器将溶液、乳浊液、悬浊液或含有水分的膏糊状物料在热风中喷雾成细小的液滴，在液滴下落过程中，水分被蒸发而成为粉末状或颗粒状的产品。

该设备工作时，由干燥塔顶部导入热风，同时将料液输送至塔顶，经过雾化器喷成雾状的液滴，这些液滴群的表面积很大，与高温热风接触后水分迅速蒸发，在极短的时间内便成为干燥产品，从干燥塔底部排出。热风与液滴接触后温度显著降低，湿度增大，它作为废气由排风机抽出，废气中夹带的微粉用分离装置回收。

2. 喷雾干燥的特点

（1）干燥速度快。料液经喷雾后，表面积很大，在热风气流中热交换迅速，水分蒸发极快，瞬间就可蒸发 95%～98%的水分，完成干燥的时间一般仅需 5～40 s。

（2）干燥过程中液滴的温度不高，产品质量较好。喷雾干燥使用的温度范围非常广（80～300℃），即使采用高温热风，其排风温度仍不会很高。在干燥初期，物料温度不超过周围热空气的湿球温度 50～60℃，干燥产品质量较好，不容易发生蛋白质变化、维生素损失、氧化等缺陷。对热敏性物料和产品的质量，基本上接近在真空下干燥的标准，防止物料过热变质。

（3）产品具有良好的分散性、流动性和溶解性。由于干燥过程是在空气中完成的，产品基本上能保持与液滴相近似的中空球状或疏松团粒状的粉末，具有良好的分散性、流动性和溶解性。

（4）生产过程简化，操作控制方便。喷雾干燥通常用于处理含水量为 40%～

60%的料液，特殊浆料即使含水量高达 90%，也可不经浓缩，同样能一次干燥成粉状产品。大部分产品干燥后不需要再进行粉碎和筛选，从而减少了生产工序，简化了生产工艺流程。产品的粒径、松密度、水分，在一定范围内可用改变操作条件进行调整，控制管理都很方便。

（5）防止发生公害，改善生产环境。由于喷雾干燥是在密闭的干燥塔内进行的，这就避免了干燥产品在车间里飞扬。

（6）适宜于连续化大规模生产。喷雾干燥能适应工业上大规模生产的要求，干燥产品经连续排料，在后处理上可结合冷却器和风力输送，组成连续生产作业线。

（7）容易改变操作条件，控制或调节产品的质量指标。改变原料的浓度、热风温度等喷雾条件，可获得不同水分和粒度的产品。

（8）设备比较复杂，一次投资大。

（9）在生产粒径小的产品时，废气中夹带有 20%左右的微粉，需选用高效的分离装置，附属装置比较复杂。

（10）干燥塔的体积比较庞大。设备的清扫工作量大。

（11）设备的热效率不高，热消耗大，热效率一般为 30%～40%，动力消耗大。

第 6 节　豆制品常用包装设备

各类豆制品常用的包装方法包括采用聚丙烯材料的包装盒包装、高密度聚乙烯薄膜袋包装、PET 塑料瓶包装、瓶装、利乐包（枕）等。

一、盒装豆制品包装设备

盒装豆制品包装设备由自动落盒装置、打码装置、赶泡装置、封盒装置、赶膜装置、光电跟踪装置和控制装置等组成，能进行普通豆腐的封盒及内酯豆腐的灌装封盒，如图 5—46 所示。

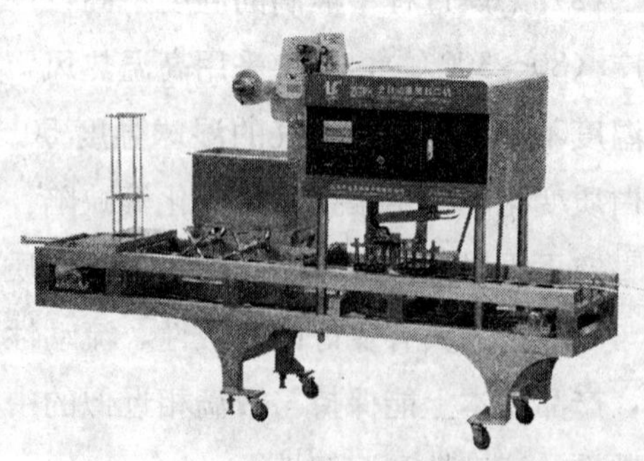

图 5—46　盒装豆制品包装设备

内酯豆腐灌装封盒时，装在储料桶内的液体通过充填灌装管，把行走在包装机上的每个包装盒充满，经过封盒处，把上盖膜和盒热封，并经过切刀切断，送出包装机，完成充填包装过程。

盒装豆腐封盒包装时，关闭充填作业按钮，只用封口、切断和输送功能即可。

二、袋装豆制品包装设备

1. 立式成形制袋—充填—封口包装机

（1）枕形袋立式成形制袋—充填—封口包装机

1）枕形袋立式成形制袋—充填—封口包装机的结构与工作原理。这类包装机有许多形式，图 5—47 所示为翻领成形器成形制袋的枕形袋立式成形制袋—充填—封口包装机。

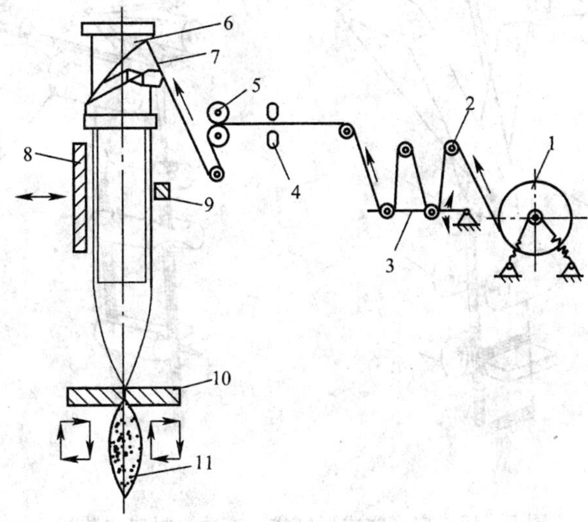

图 5—47　枕形袋立式成形制袋—充填—封口包装机

1—包装用卷筒薄膜　2—导辊组　3—张力装置　4—光电检测控制装置　5—翻领成形器　6—充填管　7—计量装填装置　8—张紧装置　9—纵向热封装置　10—横向热封装置　11—枕形袋包装件

机器工作时，从卷筒引出包装薄膜带绕经导辊组、张力装置，由光电检测控制装置对薄膜材料带上商标图文位置进行检测后，通过翻领成形器卷合成薄膜圆筒裹包在充填管的表面。先用纵向热封装置对卷合成筒的薄膜接口部位热封，然后呈密封筒状的薄膜移动到横向热封器处进行横封，构成包装袋筒。计量装置把计量好的物品通过上部充填管充填入包装袋内，再由横封装置热封并在居中切断，形成下部的包装袋成品，并同时形成下一个筒袋的底部封口。为了使包装过程延续进行，包装材料由牵拉进给装置，即图示横向热封装置夹持，按工作节拍和光电检控装置控制，完成包装材料的牵拉送进和热封切断，然后热封装置松开对包装成品的夹持，空程向上返回，进行下一个工作循环。

2）枕形袋立式成形制袋—充填—封口包装机的特点。有多种规格，主要应用于粉粒物品包装，也可应用于松散态规则颗粒物品、小块状物品包装。

（2）扁平袋成形制袋—充填—封口包装机

1）扁平袋成形制袋—充填—封口包装机的结构与工作原理。这类包装机也有多种形式，图 5—48 所示为典型的两种机型：图 5—48a 所示为三面封式，图 5—48b 所示为四面封式。除此之外，还有两列、多列四面封式及其他类型的包装机。

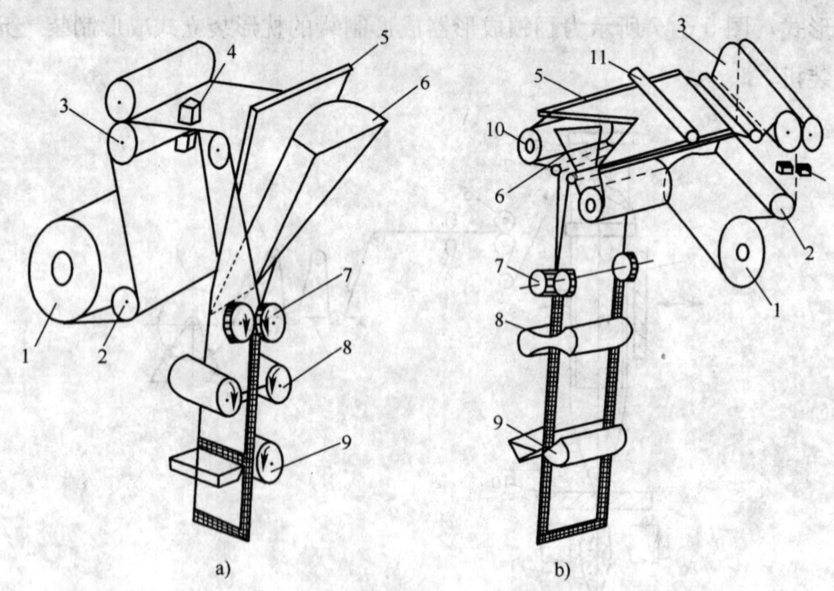

图 5—48　扁平袋成形制袋—充填—封口包装机

a）三面封式　b）四面封式

1—包装用薄膜卷　2—导辊　3—预松装置　4—光电检控装置　5—制袋成形器　6—充填管　7—纵封装置　8—横封装置　9—切断装置　10—转向辊　11—压辊

此类机型主要由包装膜卷筒装置、导辊预松装置、制袋成形装置、计量充填装置、纵封切断装置、横封切断装置，以及传动、电气控制和其他辅助装置等组成。包装工艺过程与枕形袋立式机型相类似，放置在支撑装置上的包装薄膜卷筒由预松装置牵拉，经导辊松展成包装材料带，通过制袋成形器折合成重叠带；用纵向热封滚轮热封重叠带纵向开口而得到扁平管筒；再由横向热封装置热封前端开口而成长筒扁平包装袋；物料通过计量充填装置充填入袋中，热封上袋口，切断而完成包装。

2）扁平袋成形制袋—充填—封口包装机的特点。主要应用于小分量的粉粒物料包装。

(3) 角形自立袋立式成形制袋—充填—封口包装机

1）角形自立袋立式成形制袋—充填—封口包装机的结构与工作原理。这一类型的包装机也有多种机型。图 5—49 所示为角形自立袋立式成形制袋—充填—封口包装机。

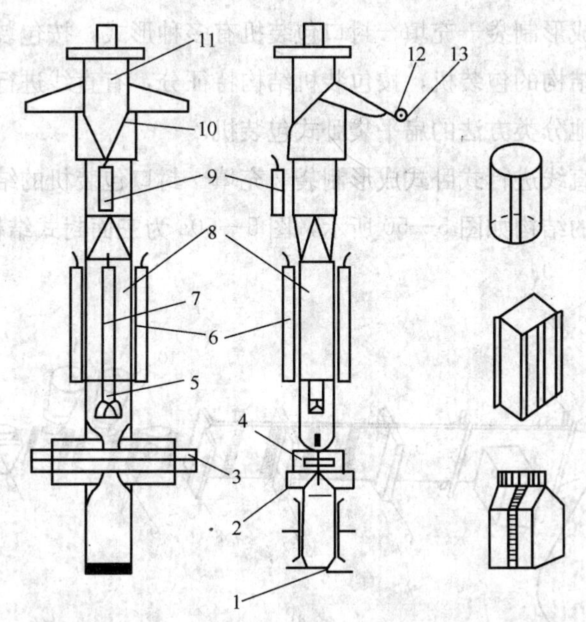

图 5—49　角形自立袋立式成形制袋—充填—封口包装机

1—折合袋底装置　2—排气钳　3—夹带钳　4—横向热封切断装置　5—充填管　6—烫角器　7—纵封装置　8—方筒导管　9—纵向预封装置　10—翻领成形器　11—成形圆筒导管　12—导辊　13—包装薄膜

工作时，先将包装材料成形为圆形管筒，再制作成角形自立袋，然后进行充填包装。包装薄膜从卷筒引出材料带，经光电检测器、导辊后到达翻领成形器，在成形圆管表面卷合成圆筒形；由纵向预封装置对卷合的叠合部位进行热熔封合，然后通过过渡导管到达等边长的方形管筒导管表面，用纵向热封装置把纵接缝封合使之美观；由烫角器烫出四个棱角，使之成为方形薄膜管筒，然后由横向热封切断装置封接底口形成包装袋。由计量充填装置把包装物料通过充填管装入袋中，再钳合袋口、排气、封合袋口、切断而完成一个工作循环。正常工作中，下面成品袋口的封合和上面袋底封合是一次完成的，居中切断分开；横封切断装置受包装袋筒牵拉装置作用，夹持薄膜向下牵拉一个袋长距离，而后松开，空程返回。分离下来的包装袋由折合袋底装置折合成平底，而后排出机外。

2）角形自立袋立式成形制袋—充填—封口包装机的特点。这一类型的包装机不仅可进行粉粒物品的包装，也可应用于松散颗粒物料、小块状物品乃至液体类食品的包装。

2. 卧式成形制袋—充填—封口包装机

以扁平袋卧式成形制袋—充填—封口包装机为例。

扁平袋卧式成形制袋—充填—封口包装机有多种形式，按包装结构分，有三面封结构和四面封结构的包装机；按包装机结构特征分，有直线进行式和回转式卧式包装机；还有其他分类方法的扁平袋卧式包装机。

（1）扁平袋直线进行式卧式成形制袋—充填—封口包装机的结构与工作原理

该型包装机的结构如图 5—50 所示，图 5—50a 为三面封式结构，图 5—50b 为四面封式结构。

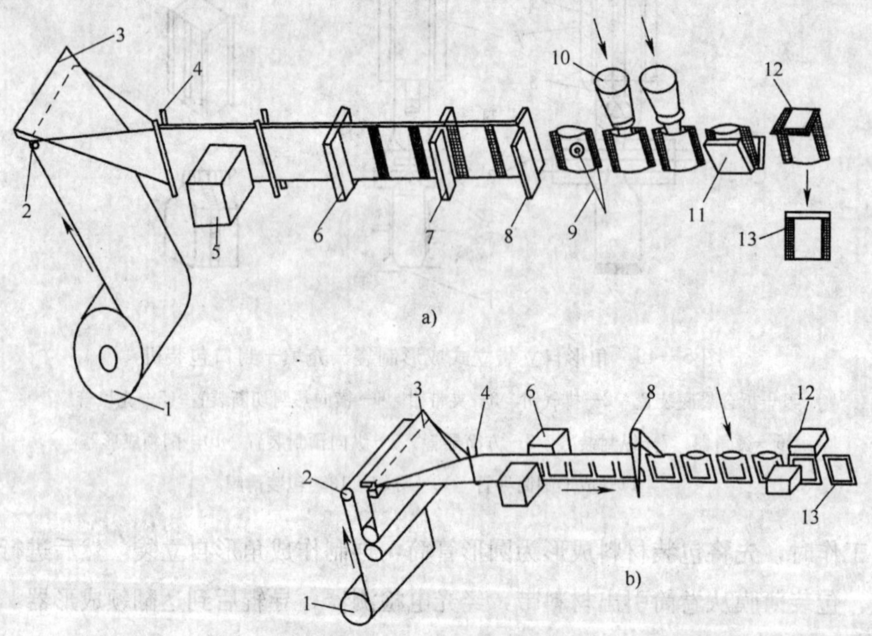

图 5—50 扁平袋直线进行式卧式成形制袋—充填—封口包装机

a）三面封式 b）四面封式

1—包装材料卷 2—导辊 3—成形折合器 4—保持杆 5—光电检测控制器 6—成袋热封装置 7—牵引送进装置 8—切断装置 9—袋开口装置 10—计量装填装置 11—整形装置 12—封口装置 13—成品排出装置

工作时，从卷筒拉下的包装材料由导辊导引，经三角成形器和 U 形杆折合成 U 形带；光电检测装置对包装材料上图文位距进行检测，然后由热封装置对 U 形折合带实施热熔封接两侧面、底边而完成制袋。牵引送进装置做往复直线运动将成袋及材料作牵引送进，每次送进一个袋宽距离，由切断装置裁切成单个包装袋，然后由袋钳将袋作钳持送进；在开袋口工位由开袋装置将袋口吸开，并往袋内喷吹压力空气使袋口扩开，并由钳持包装袋的钳手保持张开的袋口，以便使装填物料顺利进行。袋子送到计量充填工位完成装填物料，再在整形工位由整形装置对袋中松散物料实施整形处理，使其袋形便于封口操作，且钳袋的钳手往外运动，让袋口恢复平直闭合状态，在封口工位完成热封，得到的包装件从机器中排出。

(2) 扁平袋直线进行式卧式成形制袋—充填—封口包装机的特点

与立式扁平袋包装机相比，卧式包装机由于包装材料在成形制袋中充填不伸入袋管筒中，袋口的运动方向与充填物料方向不是同向而呈垂直状态，袋之间是侧边相连接等因素，使得该机型无论是包装工艺程序，还是包装执行装置的机构等方面均比立式包装机复杂，需增加一些专门的工作装置，如袋的开口装置等。

3. 液料食品袋装机

(1) 液料食品袋装机的结构与工作原理

液料食品袋装机的结构如图5—51所示。该机为立式间歇灌装机，包装产品为三面封枕形袋。

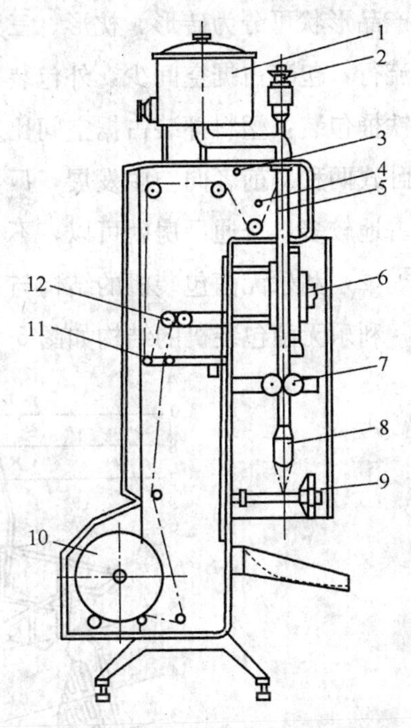

图5—51　液料食品袋装机的结构

1—料缸　2—阀开度调节器　3，4—紫外线灯　5—成形器　6—纵封器　7—牵引辊　8—充填阀　9—横封切断器　10—薄膜卷　11—平衡器　12—预牵引辊

该机工作时，薄膜经预牵引辊从卷筒上拉下，首先经过两道紫外线灯照射，实施与产品接触一面材料的杀菌处理，再送到成形器，形成薄膜扁筒，在薄膜带间歇送进的停歇时刻，纵封器对扁筒状薄膜接合处加压热封。薄膜牵引辊的间歇回转使得薄膜带间歇定长地牵拉。在储料缸中的液料靠自重经充填灌装阀定量地进入料袋，横封切断器在液面部位以下将袋口封合，并同时切断分离，因而袋内充满液体物料。

(2) 液料食品袋装机的特点

这种包装机由于包装时不能形成一个无菌环境而使包装成品不能保证无菌，故产品在储存期内需要冷藏，可用于巴氏杀菌豆浆的塑料袋包装，也可用于半流质液体食品的包装。

4. 无菌包装机械

(1) 无菌包装机械的分类和特点

无菌包装就是在无菌环境下，把无菌的或预杀菌的液料充填到无菌容器并密封。无菌包装机械按自动化程度可分为全自动和半自动两种，前者一体化占地少，操作简单，后者多机组占地略多，操作复杂。按使用包装容器可分为复合纸盒包装、塑料杯装、复合大袋包装三大类，前两者适应性较强，可广泛应用于各种豆浆及豆浆饮料的消费包装，而复合大袋包装仅适用于大中型加工厂的分销包装。按包装产品形状可分为砖形、枕形、三角形、屋形、开启式袋和杯形，前四种包装已广泛流行，包装占据空间少，外包装只需纸托盘或小纸箱就行，开启式袋包装还要另加铁桶包装，塑料杯装占据空间比复合大袋包装多。按机器安放形式还可分为立式和卧式两种。前者向空中发展，厂房要高，一般为 4.5～5 m，要特意建造；后者则占地较多，普通厂房就可以，不必特意建造。

(2) 利乐无菌包装机的结构与工作原理

利乐无菌包装机的结构如图 5—52 所示。

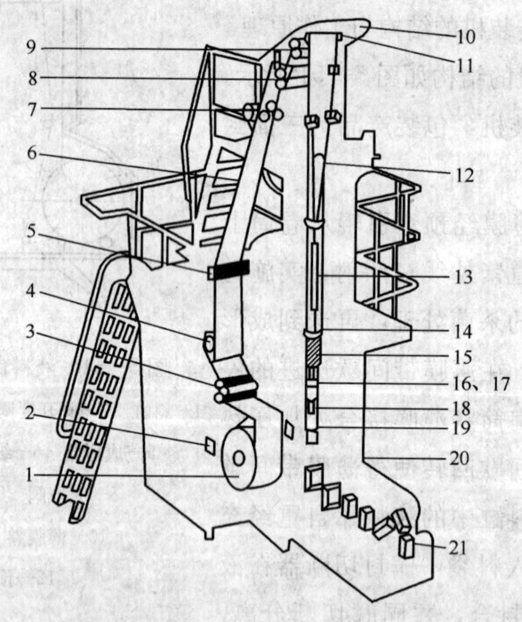

图 5—52 利乐无菌包装机的结构

1—卷材 2—光敏电阻 3—展平辊 4—打印装置 5—弯曲辊 6—接头记录器 7—封条粘贴器 8—双氧水浴锅 9—挤压辊 10—空气收集器 11—导辊 12—无菌物料充填管 13—纵封加热器 14—纵封封口环 15—环形电热管 16—液面 17—不锈钢浮标 18—充填管端口 19—横封器 20—接头纸盒分检装置 21—无菌产品

利乐无菌包装机在开始包装工作时，首先预热空气加热器和纸带预热加热器，在达到工作温度（360℃）后，将预热的35%H_2O_2（其中含0.3%湿润剂）溶液通过喷嘴对直接或间接与无菌液料相接触的机器部位进行灭菌。H_2O_2的喷雾量和时间是自动控制的。喷雾之后，用无菌热空气使之自动干燥。包装材料经过35% H_2O_2溶液（75℃）槽时，经杀菌后，经过挤压辊时挤去多余的H_2O_2，然后进入无菌腔。进入无菌腔后包装材料被制成筒状，液料通过进料管进入纸筒，纸筒中的液位由浮筒来控制。产品移行靠夹持装置。纸盒的封合利用高频感应加热完成。

三、瓶装豆制品包装设备

1. 常压灌装机

（1）常压灌装机的结构及工作原理

该机的结构如图5—53所示。主要由储液罐、进瓶拨轮和出瓶拨轮、托瓶盘、灌装阀、主轴及传动系统组成。

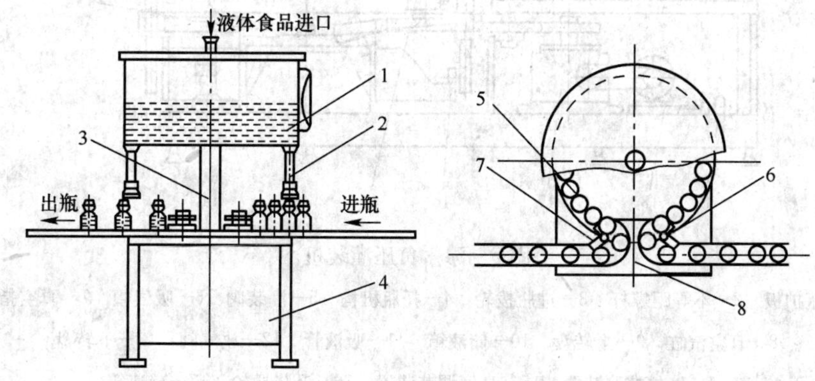

图5—53　常压灌装机

1—储液罐　2—灌装阀　3—主轴　4—机架　5—托瓶盘　6—进瓶拨轮　7—出瓶拨轮　8—导向板

工作时，空瓶由进瓶拨轮送入托瓶盘上，电动机经传动装置带动主轴转动，使托瓶盘和储液罐绕主轴回转。同时，托瓶盘沿固定凸轮上升，当瓶口对准灌装头并将套管顶开后，储液罐中的液体流入瓶中，瓶内空气由灌装阀尖部的毛细管排出。灌装完成后，瓶子即将接近终点时在固定凸轮的作用下下降，再由出瓶拨轮拨出，送至压盖工位，即完成一个灌装过程。

（2）常压灌装机的特点

该机托瓶机构的升降杆是由一组空心轴内装一根细轴，中间由弹簧组成的弹性结构。在充填过程中，当有的瓶子卡住不能上升时，升降杆可以自由压缩，这样灌装机可以继续回转，同时又不会压碎瓶子。

常压灌装是在大气压力下直接依靠被灌装液料的自重流入包装容器内的，适用于灌装低黏度、不含气的液料，如豆浆、牛奶等。

2. 负压灌装机

(1) 负压灌装机的结构及工作原理

负压灌装机的总体结构如图 5—54 所示。

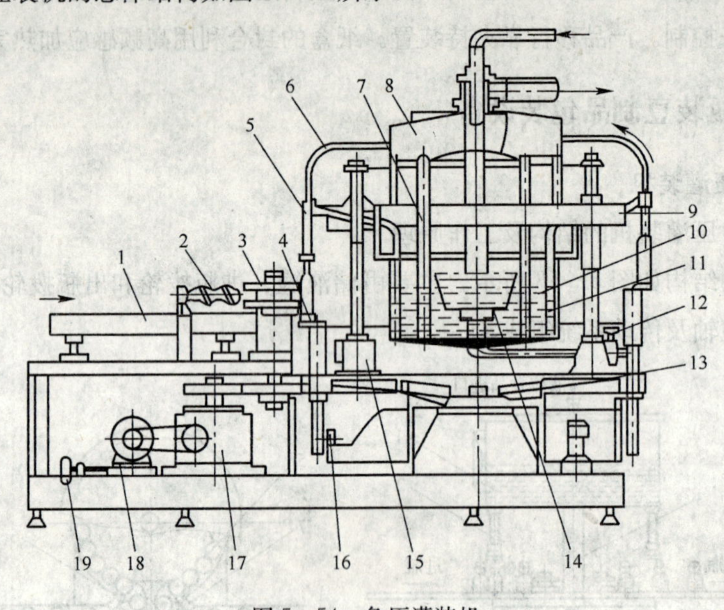

图 5—54　负压灌装机

1—进瓶护板　2—不等距螺杆　3—进瓶拨轮　4—托瓶机构　5—灌装阀　6—吸气管　7—真空指示灯　8—真空汽缸　9—上转盘　10—储液箱　11—吸液管　12—放气阀　13—下转盘　14—液位控制装置　15—高度调节装置　16—升降导轮　17—减速箱　18—电动机　19—调速手轮

托瓶盘装在下转盘上，它的升降是由升降导轮来驱动的。储液箱中的液位是由液位控制装置控制的。灌装阀固定在上转盘上，上转盘的高度可由高度调节装置来调节，以适应不同瓶高的要求。调速手轮用于无级调节主轴转速，使之符合主机生产率的要求。

灌装机工作时，空瓶由链带送入，经不等距螺杆分开，再由进瓶拨轮送到托瓶机构上，瓶子随瓶托回转的同时，由升瓶导轮带动上升，当瓶口顶住灌装阀密封圈时，瓶内空气被真空吸管、真空汽缸吸走，瓶内形成一定的真空度。在压差作用下储液箱内液体经吸液管吸入瓶内，进行灌装，瓶内液面上升到吸气嘴时，吸气管吸入液体，液体一直上升到与真空指示管的液面相同高度为止，瓶子在凸轮导轮带动下第一次下降，使液管内存在的液料流入瓶内，瓶托再下降，瓶子进到水平位置，灌装结束，由出瓶拨轮将瓶子送到压盖机上。

（2）负压灌装机的特点

调节灌装阀上的调整垫片的数量，就可以调节瓶内液位的高低，调节灌装量。负压灌装是在储液箱内处于常压状态，包装容器内低于大气压的条件下，液料依靠两容器内压差，流入包装容器并完成灌装。灌装速度快，减少液料与空气接触，防止氧化，延长保质期，但会对液料的挥发性物质造成一定的损失。适用于灌装低黏度、不含气的液料，如豆浆、牛奶等。

3. 压力灌装机

（1）压力灌装机的结构及工作原理

活塞式压力灌装机的结构如图 5—55 所示。

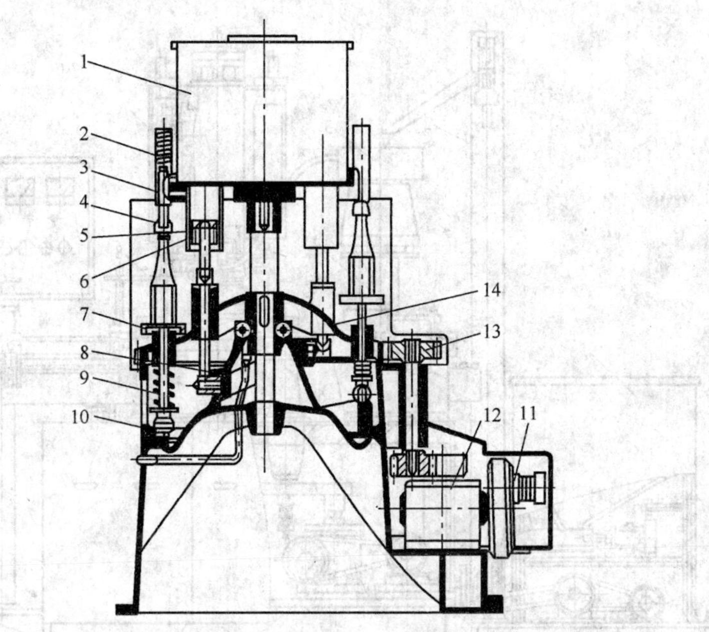

图 5—55　活塞式压力灌装机的结构

1—储料箱　2—弹簧　3—灌装活门　4—阀头　5—活塞缸　6—活塞　7—托瓶盘
8—活塞升降凸轮　9—托瓶盘弹簧　10—灌装阀升降凸轮　11—电动机
12—减速器　13—传动齿轮　14—灌装台

储料箱用不锈钢制成，箱底与箱座焊接成一体，箱底部与轴刚性连接。在箱底部装有活塞。活塞柄的下端装有滚轮，滚轮沿环形轨道运转，控制活塞往复运动。轨道一端装有升降机构，调节活塞行程。灌装阀安装在储料箱外侧，与储料箱相通。

电动机经减速器等传动元件带动灌装台和储料箱转动。储料箱转动带动灌装阀转动。托瓶盘在活塞升降凸轮的带动下升降。活塞杆在凸轮的作用下做升降运动，完成计量工作。储料箱回转带动灌装阀回转，完成灌装工作。

储料箱内的液位由三针液位计来控制，三针液位计与储料箱内上部的电磁阀联动。当箱内液料在三针液位计的下限时，电磁阀打开进料；当液位在三针液位计的上限时，电磁阀关闭，停止进料，以实现液位自动控制。

(2) 压力灌装机的特点

活塞式压力灌装机是借助机械或气液压等装置控制活塞往复活动，将黏度较高的液料从储料箱吸入活塞缸内，然后再强制压入待灌容器中。

4. 王冠盖压力封口机械

该机的结构如图 5—56 所示。

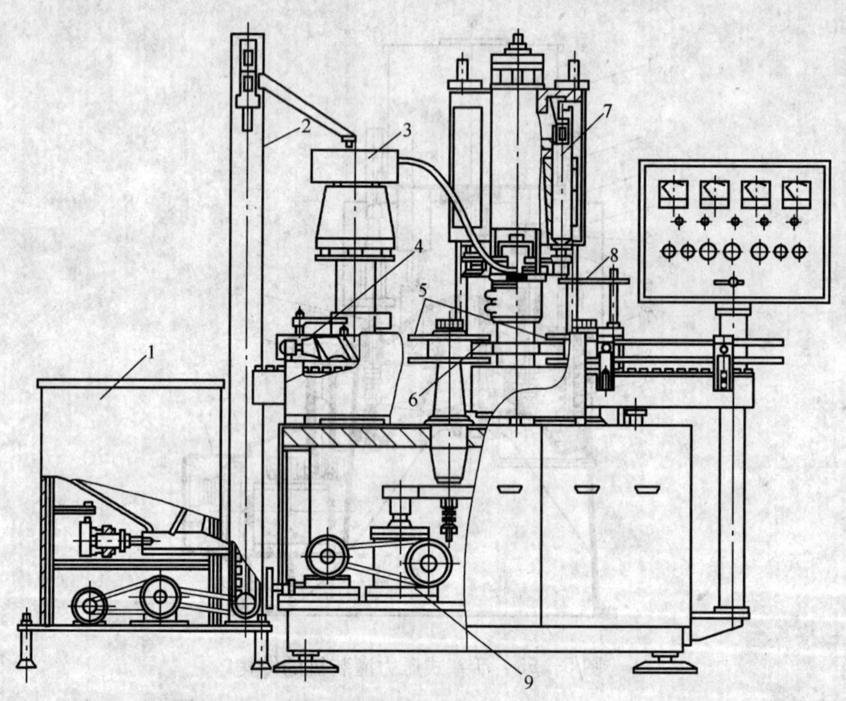

图 5—56　王冠盖压力封口机械的结构

1—储盖箱　2—磁性带　3—斗式振动给料器　4—供瓶装置　5—进瓶拨轮
6—压盖转盘　7—压盖机头　8—吊瓶安全装置　9—无级变速器

主要由送瓶机构、送盖装置、压盖机主体、安全机构、电气控制机构五个部分组成。

工作时，完成灌装后的瓶子，由链带输送至供瓶装置，经变螺距螺杆隔开，被进瓶拨轮转送到压盖转盘上；封口用的瓶盖在储盖箱中经槽式电振给料器振动后送出，被磁性带吸附，连续向上提升，经斗式振动给料器，使杂乱堆放的瓶盖沿螺旋滑道自动定向排列输出，并由滑道送到压盖机头的导向环槽中定位。当瓶子随转盘回转进入导向环下部时即被加盖，并在压盖机头下降运动时（由机身的凸轮控制）完成封口，然后由出瓶拨轮输出。

第6章 食品微生物学基础知识

第1节 微生物与食品腐败变质

受微生物污染是引起食品腐败变质的重要原因之一。污染食品的微生物有细菌、酵母菌和霉菌以及由它们产生的毒素。污染途径也比较多，可以通过原料生长地土壤、加工用水、环境空气、工作人员、加工用具、杂物、包装、运输设备、储存环境，以及昆虫、动物等，直接或间接地污染食品加工的原料、半成品或成品。

一、微生物污染食品的途径

食品在生产加工、运输、储存、销售以及食用过程中都可能遭受微生物的污染，其污染的途径可分为内源性污染和外源性污染两大类。

1. 内源性污染

凡是作为食品原料的动植物体在生长过程中，由于本身带有的微生物而造成食品的污染称为内源性污染，也称第一次污染。

健康的植物在生长期与自然界广泛接触，其体表存在大量的微生物。收获后的粮食一般都含有其原来生活环境中的微生物。据测定，每克粮食含有几千个及以上的细菌。这些细菌多属于假单胞菌属、微球菌属、乳杆菌属和芽孢杆菌属等。此外，粮食中还含有相当数量的霉菌孢子，主要是曲霉属、青霉属、交链孢霉属、镰刀霉属等，还有酵母菌。植物体表还会附着植物病原菌及来自人畜粪便的肠道微生物及病原菌。健康的植物组织内部应该是无菌或仅有极少数菌。

感染病后的植物组织内部会存在大量的病原微生物，这些病原微生物是在植物的生长过程中通过根、茎、叶、花、果实等不同途径侵入组织内部的。虫蚀大豆组织内会存在较多的微生物。

大豆在加工过程中，经过洗涤和清洁处理，可除去子粒表面上的部分微生物，但某些工序可使其受环境、机具及操作人员携带微生物的再次污染。

2. 外源性污染

食品在生产加工、运输、储存、销售、食用过程中，通过水、空气、人、动物、机械设备及用具等而使食品发生的微生物污染称为外源性污染，也称第二次污染。

(1) 通过水污染

自然界中江、河、湖、海等各种水域中都存在相应的微生物。由于不同水域中的有机物和无机物种类的含量、温度、酸碱度、含盐量、含氧量及不同深度、光照度等的差异，导致各种水域中的微生物种类和数量呈明显差异。通常水中微生物的数量主要取决于水中有机物质的含量，有机物质含量越多，其中微生物的数量也就越大。通常江、河、湖泊等淡水水域中的微生物数量最大，海水中也含有大量的水生微生物，而矿泉水及深井水中通常含有很少量的微生物。

在食品的生产加工过程中，水既是许多食品的原料或配料成分，也是清洗、冷却、冷冻不可缺少的物质，设备、地面及用具的清洗也需要大量用水。各种天然水源包括地表水和地下水，不仅是微生物的污染源，也是微生物污染食品的主要途径。自来水是天然水净化消毒后供饮用的，在正常情况下含菌较少，但如果自来水管出现漏洞、管道中压力不足以及暂时变成负压时，则会引起管道周围环境中的微生物渗漏进入管道，使自来水中的微生物数量增加。在生产中，即使使用符合卫生标准的水源，由于方法不当也会导致微生物的污染范围扩大。生产中所使用的水如果被生活污水、医院污水或厕所粪便污染，就会使水中微生物数量骤增，水中不仅会含有细菌、病毒、真菌、钩端螺旋体，还可能会含有寄生虫。用这种水进行食品生产会造成严重的微生物污染，同时还可能造成其他有毒物质对食品的污染，所以水的卫生质量与食品的卫生质量有密切关系。食品生产用水必须符合饮用水标准，采用自来水或深井水。循环使用的冷却水要防止被畜禽粪便及下脚料污染。

(2) 通过空气污染

空气中不具备微生物生长繁殖所需的营养物质和充足的水分条件，加之室外经常接受来自日光的紫外线照射，所以空气不是微生物生长繁殖的场所。然而空气中也确实含有一定数量的微生物，这些微生物是随风飘扬而悬浮在大气中或附着在飞扬起来的尘埃或液滴上，它们可来自土壤、水、人和动植物体表的脱落物和呼吸道、消化道的排泄物。

空气中的微生物主要是霉菌、放线菌的孢子和细菌的芽孢及酵母。不同环境空气中微生物的数量和种类有很大差异。公共场所、街道、畜舍、屠宰场及通气不良处的空气中微生物的数量较多。空气中的尘埃越多，所含微生物的数量也就越多。室内污染严重的空气微生物数量可达每立方米 10^6 个，海洋、高山、乡村、森林等空气清新的地方微生物的数量较少。空气中可能会出现一些病原微生物，它们直接来自人或动物的呼吸道、皮肤干燥脱落物及排泄物，或间接来自土壤，如结核杆菌、金黄色葡萄球菌、沙门氏菌、流感嗜血杆菌和病毒等。患病者口腔喷出的飞沫液滴含有 1 万～2 万个细菌。人体的痰沫、鼻涕与唾液的小水滴中所含有的微生物包括病原微生物，当有人讲话、咳嗽或打喷嚏时均可直接或间接污染食品。人在讲话或打喷嚏时，距人体 1.5 m 内的范围是直接污染区，大的液滴可悬浮在空气中达 30 min 之久，小的液滴可在空气中悬浮 4～6 h。

空气中的微生物可随着灰尘、液滴的飞扬或沉降而污染食品。因此食品暴露在空气中被微生物污染是不可避免的。

（3）通过人及动物接触污染

人体及各种动物，如犬、猫、鼠等的皮肤、毛发、口腔、消化道、呼吸道均带有大量的微生物，如未经清洗的动物被毛和皮肤上带有的微生物数量可达每平方厘米 10^5～10^6 个。从事食品生产的人员，如果身体、衣帽不经常清洗，不保持清洁，就会有大量的微生物附着其上，通过皮肤、毛发、衣帽与食品接触而造成污染。当人或动物感染了病原微生物后，体内会存在不同数量的病原微生物，其中有些菌种是人畜共患病原微生物，如沙门氏菌、结核杆菌、布氏杆菌。这些微生物可以通过直接接触或通过呼吸道和消化道向体外排出而污染食品。蚊、蝇及蟑螂等各种昆虫也都携带大量的微生物，其中可能有多种病原微生物。实验证明，每只苍蝇带有数百万个细菌，80％的苍蝇肠道中带有痢疾杆菌，鼠类粪便中带有沙门氏菌、钩端螺旋体等病原微生物。在食品的加工、运输、储存及销售过程中，如果被鼠、蝇、蟑螂等直接或间接接触，同样会造成食品的微生物污染。

（4）通过加工设备及包装材料污染

在食品的生产加工、运输、储存过程中所使用的各种机械设备及包装材料，在未经消毒或灭菌前，总会带有不同数量的微生物而成为微生物污染食品的途径。各种加工机械设备本身没有微生物所需的营养物质，但在食品加工过程中，由于食品的汁液或颗粒黏附于加工机械内表面，食品生产结束时机械设备没有得到彻底的灭菌，使原本少量的微生物得以在其中大量生长繁殖，成为微生物的污染源。这种机械设备在后来的使用中会通过与食品接触而造成食品的微生物污染。在食品生产过程中，通过不经消毒灭菌的设备越多，造成微生物污染的机会也越多。各种包装材料如果处理不当也会带有微生物。已经消毒灭菌过的食品，如果使用的包装材料未经过无菌处理，则会造成食品的重新污染。一次性包装材料通常比循环使用的材料所带有的微生物数量要少。塑料包装材料由于带有电荷会吸附灰尘及微生物。

二、微生物引起食品腐败变质的条件

食品加工前的原料总是带有一定数量的微生物。在加工过程中，并非全在无菌条件下进行，因而不可避免地要接触空气中的微生物。做成的成品也还有机会受到微生物的污染。微生物污染食品后，能否导致食品的腐败变质，以及变质的程度和性质如何，是受多方面因素影响的。也就是说，食品发生腐败变质是有一定条件的。一般来说，食品发生腐败变质，与食品本身的性质、微生物的种类和数量，以及当时所处的环境因素都有着密切的关系。而这三者之间又是相互作用、相互影响的。

1. 食品的特性

(1) 营养组成

食品含有丰富的营养物质，不仅可供人类食用，而且也是微生物的良好培养基。食品中含有蛋白质、糖类、脂肪、无机盐、维生素和水分等成分。在不同的食品中，上述各种成分的比例差异很大，而各种微生物分解各类营养物质的能力不同，这就导致了引起不同食品腐败的微生物类群也不同。但由于微生物种类繁多，如果不加注意，食品总是会因某些微生物迅速生长繁殖造成食品变质。

豆制品因富含蛋白质，所以很容易受到对蛋白质分解能力很强的变形杆菌、青霉菌等微生物的污染而发生腐败。当然，其他微生物污染豆制品也会使之发生腐败，只不过腐败变质的速度会缓慢得多。

(2) 基质条件

食品的基质条件通常包括氢离子浓度、水分和渗透压等。

1) 氢离子浓度。各种食品都有一定的氢离子浓度，即 pH 值。

根据食品 pH 值范围的特点，可将所有食品划分为两大类：酸性食品和非酸性食品。一般规定，凡 pH 值在 4.5 以上者，属于非酸性食品。pH 值在 4.5 以下者为酸性食品。豆制品即是非酸性食品。

食品 pH 值是制约微生物生长、影响食品腐败变质的重要因素之一。在一般食品中，细菌最适 pH 值下限在 4.5 左右，因而非酸性食品是适合于多数细菌生长的。而在酸性食品中，则主要适合于酵母和霉菌的生长。某些耐酸细菌如乳杆菌属（最适 pH 值为 3.3～4.0）也能生长。

2）水分。水分是微生物生命活动的必要条件，微生物细胞组成不可缺少水，细胞内进行的各种生化反应均以水为溶媒。在缺水的环境中，微生物的新陈代谢发生障碍，甚至死亡。但各种微生物生长繁殖所要求的水分含量不同，因此食品中的水分含量决定了生长微生物的种类。一般来说，含水分较多的食品，细菌容易繁殖；含水分少的食品，霉菌和酵母菌容易繁殖。

不论是什么食品，也不管处于何种状态，总是含有一定的水分。在食品中，水分的存在形式为两种：结合水和游离水。微生物能利用的水分是游离水。一般来说，含水分多的食品，微生物容易生长；含水分少的食品，微生物不易生长。游离水的多少可以以水分活度（Aw）表示，其值在 0～1 之间。如果某食品的 Aw 值在 0.6 以下，则微生物不能生长；在 0.6 以上者，污染的微生物容易生长繁殖而造成食品变质。有研究表明，Aw 值为 0.80～0.85 的食品，一般只能保存几天；Aw 值在 0.72 左右，可以保存 2～3 个月；如果在 0.65 以下，则可保存 1～3 年。

多数豆制品含有较多的水分，Aw 值一般在 0.80～0.90，它正适合多数微生物的生长，如果不及时加以处理，则很容易腐败变质。

在实际中，食品的含水量常用含水量百分率来表示，以此作为控制微生物生长的一项衡量指标。例如为了达到保存目的，豆粉、腐竹的含水量应在 5%以下，豆类在 15%以下。这些物质的含水量百分率虽然不同，但用 Aw 值表示则都是一样，约在 0.70 以下。

3）渗透压。一般来说，微生物在低渗透压的食品中较易生长，而在高渗透压食品中，微生物则易因脱水而死亡。就微生物种类来说，各种微生物对渗透压的忍耐能力大不相同。细菌绝大多数不能在较高渗透压的食品中生长，但也有一些种类能在高渗透压环境中生长，酵母和霉菌一般能耐受较高的渗透压。

食盐和糖是形成不同渗透压的主要物质。在食品中，加入不同量的糖或盐，可以形成不同的渗透压。所加的糖或盐越多，其浓度越高，食品的渗透压越大。在实践中，为防止食品腐败，办法之一就是提高食品的渗透压来抑制微生物的生长。盐腌食品和糖渍食品能够保存较长时间就是这个道理。

2. 微生物

在食品发生腐败变质的过程中，起重要作用的是微生物。如果某一食品经过彻底灭菌或过滤除菌，不再被微生物污染，那么即使含水量再大，也不会发生腐败。反之，如果某一食品污染了微生物，一旦条件适宜，该食品就会发生腐败变质。所以说，微生物的污染是导致食品发生腐败变质的根源。

能引起食品发生变质的微生物种类很多，主要有细菌、酵母和霉菌。它们当中，有病原菌和非病原菌，有有芽孢和没有芽孢的，有嗜热性、嗜温性或嗜冷性的，有好气或厌气的，有分解蛋白质能力强的和分解糖类能力强的。

（1）细菌

一般细菌都有分解蛋白质的能力。多数是通过分泌胞外蛋白酶来完成的。其中分解能力较强的属种有芽孢杆菌属、梭状芽孢杆菌属、假单胞菌属、变形杆菌属等。细菌分解淀粉的种类不及分解蛋白质的种类多。其中只有少数种类能力较强。

（2）霉菌

由于霉菌生长所需要的 Aw 值（0.94～0.73）较细菌低得多，所以它易生长在含水量较少的食品上。霉菌利用物质的能力很强，无论是蛋白质、脂肪还是糖类，都有很多种类能将其分解利用。其中有些属种能分解的物质还不少，例如根霉属、毛霉属、曲霉属、青霉属等。它们中的很多种都既能分解蛋白质，又能分解脂肪或糖类，例如黑曲霉等。也有些种只对某些物质分解能力较强。

（3）酵母

酵母和前面两类微生物相比，其利用物质的能力要差得多。大多数酵母喜欢生活在含糖量高或含一定盐分的食品上，但不能利用淀粉。多数酵母具有利用有机酸的能力，但分解利用蛋白质、脂肪的能力很弱，只有少数较强。

3. 环境因素

从某种意义上讲，环境因素也是引起食品变质的一个不可忽视的因素。

（1）温度

根据微生物生长的最适温度，可将所有微生物分为嗜冷、中温、嗜热三大类。显而易见，在 20～45℃生长的中温菌由于其生长繁殖迅速，很容易造成食品变质。

一般来讲，低温对微生物生长是不利的，尤其是在冰点温度以下。当食品中的微生物处于冰冻时，细胞内游离水形成冰晶体，失去了可利用的水分，Aw 值下降，成为干燥状态。这样使细胞内细胞质因浓缩而增大黏性，引起 pH 值和胶体状态的改变。再者冰晶体对细胞也有机械性损伤作用，因而整个细胞生长处于不利状态，甚至导致死亡。在 2℃以下，菌体存活数迅速下降。虽然低温对微生物生长极为不利，但是由于微生物具有一定的适应性，因而对低温也有一定的抵抗力，在食品中仍有少数微生物能在低温下生长繁殖，使食品发生腐败变质。不同的微生物对低温的抵抗力是不同的，通常情况下，球菌抵抗能力比革兰氏阴性杆菌强；具有芽孢的菌体细胞和真菌孢子具有较强的抵抗力；病原菌梭状芽孢杆菌和葡萄球菌较沙门氏菌强。另外各种食品中微生物生长的最低温度也是不一样的，与微生物的种类和食品的性质有关。

高温，特别是在45℃以上，对微生物生长来讲，也是十分不利的。在高温条件下，微生物体内的酶、蛋白质、脂质体很容易发生变性失活，细胞膜也易受到破坏，这样会加速细胞的死亡。温度越高，死亡率也越高。生长在食品中的微生物在高温条件下，仍然有少数能够生长。这些微生物称为嗜热微生物，在食品中生长的嗜热微生物主要是嗜热细菌。不同的微生物对高温的抵抗能力也是不一样的。一般认为，芽孢菌大于非芽孢菌，球菌大于无芽孢杆菌，革兰氏阳性菌大于革兰氏阴性菌，霉菌大于酵母菌，各种孢子大于其营养体。在高温条件下，嗜热微生物的新陈代谢活动加快，所产生的酶对蛋白质和糖类等物质的分解速度也比其他微生物快，因而使食品发生变质的时间缩短。

（2）气体

微生物与氧气有着十分密切的关系。在食品中，如果缺乏氧气，一般来讲，变质速度较慢。这类变质主要由厌氧微生物所引起。如果食品处在有氧的环境中，则易发生变质。如果微生物属于兼性厌氧微生物，那么在某种条件下，氧气存在与否则决定着该菌是否生长和生长速度的快慢。例如当 Aw 值是 0.86 时，无氧存在，金黄色葡萄球菌不能生长或生长极其缓慢；如有氧，则能生长良好。

在食品原料内部生长的微生物绝大部分应该是厌氧性微生物。而在原料表面上，生长的则是需氧微生物。食品经过加工，改变物质结构，需氧微生物能进入组织内部，此时，如不采取措施，食品则易发生变质。

另外，氢气和二氧化碳等气体的存在，对微生物的生长也有一定的影响，实践中可通过控制它们的浓度来防止食品变质。

（3）湿度

$Aw \times 100\%$就是大气和作用物平衡中的相对湿度。Aw 值反映了溶液和物质中的水分状态，而相对湿度则表示溶液和物质周围的空气状态。只有当两者处于平衡状态时，它们的数值才存在着可以互换的关系。每种微生物只能在一定的 Aw 值范围内生长。但是这一定范围的 Aw 值要受到空气湿度的影响。因此，空气中的湿度对于微生物生长和食品变质起着重要的作用。例如把含水量少的脱水食品放在湿度大的地方，食品则易吸潮，表面水分迅速增加。此时如果其他条件适宜，微生物会大量繁殖而引起食品变质。长江流域的梅雨季节，粮食、物品容易发霉，就是因为空气湿度太大（相对湿度 70%以上）的缘故。

三、食品微生物性污染给人类带来的危害

微生物性食物中毒在发生的各种食物中毒中是最为常见的。据统计，我国每年发生的微生物性食物中毒事件数目占食物中毒事件总数的 30%～90%，人数占食物中毒总人数的 60%～90%。

1. 沙门氏菌

引起沙门氏菌食物中毒的食品主要是动物性食品，包括肉类、鱼虾、家禽、蛋类和奶类制品。豆制品和糕点等有时也会引起沙门氏菌属食物中毒。沙门氏菌主要来自患病的人和动物，以及人和动物的带菌者。人和动物患者或带菌者如不加以注意，就很容易将沙门氏菌传播开来。通过饮水、人的手、苍蝇、鼠类等接触食品，可使沙门氏菌感染扩散。被沙门氏菌污染的食品在未煮熟、煮透前就食用，沙门氏菌会随同食物进入消化道，在小肠和结肠中繁殖，引起食物中毒。

由沙门氏菌属所引起的感染统称为沙门氏菌病。沙门氏菌对热的抵抗力很弱，60℃持续加热 30 min 即被杀死，但在外界环境中能生活较久，在水中可以生活 2～3 周，在粪便中可存活 1～2 个月，在冰雪中可存活 3 个月至半年，在牛奶和肉等食品中能存活几个月。

沙门氏菌属食物中毒全年都可发生，但主要发生在夏、秋季节，特别是 6—9 月最易发生。沙门氏菌属食物中毒的临床表现有不同的类型，一般以急性胃肠炎型为多，潜伏期较短，一般为 12～24 h，短时为 6～8 h，长时可达 2～3 天。

2. 致病性大肠杆菌

致病性大肠杆菌引起中毒主要是因为有些菌株能侵袭肠黏膜上皮细胞，引起菌痢。这些菌株称为侵入型大肠杆菌，由侵入型大肠杆菌引起的腹泻与由痢疾志贺氏菌引起的痢疾相似，一般称为急性菌痢型。有些菌株能产生肠毒素，引起腹泻。这些菌株称为毒素型大肠杆菌，由此而引起的腹泻为胃肠炎型，一般称为急性胃肠炎型。急性胃肠炎型的潜伏期为 4～10 h，有时长达 48 h。

致病性大肠杆菌存在于人和动物的肠道中。健康成人和儿童的带菌率为 2%～8%，腹泻病人带菌率可高达 19.5%。猪、牛和羊的带菌率一般在 10%以上。土壤、水源受粪便污染时，也带有该菌。致病性大肠杆菌在室温下能生存数周，在土壤或水中可生存数月。致病性大肠杆菌可经通过带菌人的手、食物和生活用品进行传播，也可经空气或水源传播。带菌食品由于加热不彻底或因生熟交叉污染，或熟后污染而引起食物中毒。

3. **蜡状芽孢杆菌**

蜡状芽孢杆菌引起食物中毒是由于食物中带有大量活菌，并由该菌产生的肠毒素所引起。研究表明，活菌的数量与食物中毒有密切关系，活菌在（13～36）$\times 10^6$个以上才能使人致病。目前，常将每克食品含1 800万个活菌作为引起食物中毒的指标之一。蜡状芽孢杆菌产生的肠毒素可分为耐热和不耐热两种。耐热性肠毒素能引起呕吐型胃肠炎，潜伏期短，为0.5～2 h，最长为5.6 h。这种疾病往往是由于剩米饭和油炒米饭所引起的。不耐热肠毒素能引起腹泻型胃肠炎，潜伏期平均为10～12 h，腹泻次数多，偶尔有呕吐和发烧。

蜡状芽孢杆菌在自然界分布比较广泛，在土壤、灰尘、腐草、空气中都有此菌存在。食品在加工、运输、保存和销售过程中，往往由于不注意卫生操作，使其被灰尘和泥土中的该菌所污染；苍蝇、昆虫、鼠类、不洁的用具和容器也可传播该菌。

4. **单核细胞增生李斯特氏菌**

引起单核细胞增生李斯特氏菌（简称单增李斯特菌）中毒的食品主要是动物性食品，包括肉类、蛋类、禽类、海产品、乳制品、蔬菜、豆制品等。单增李斯特菌中毒严重的可引起血液和脑组织感染，很多国家都已经采取措施来控制食品中的单增李斯特菌，并制定了相应的标准。

单增李斯特菌广泛存在于自然界中，食品中存在的单增李斯特菌对人类的安全具有危险，该菌在4℃的环境中仍可生长繁殖，能耐受较高的渗透压，是冷藏食品中威胁人类健康的主要病原菌之一。在土壤、地表水、污水、废水、植物、青贮饲料、烂菜中均有该菌存在，所以动物很容易食入该菌，并通过口腔—粪便的途径进行传播。

单增李斯特菌在一般热加工处理中能存活，热处理已杀灭了竞争性细菌群，使单增李斯特菌在没有竞争的环境条件下更易存活，所以在食品加工中，中心温度必须达到70℃持续2 min以上。单增李斯特菌在自然界中广泛存在，所以即使产品已经过热加工处理充分灭活了单增李斯特菌，仍有可能造成产品的二次污染，因此蒸煮后防止二次污染是极为重要的。由于单增李斯特菌在4℃下仍然能生长繁殖，所以未加热的冰箱食品增加了食物中毒的危险。冰箱食品需加热后再食用。

5. **金黄色葡萄球菌**

金黄色葡萄球菌引起食物中毒，是由于其产生的肠毒素引起的，因而属于毒素型食物中毒。由肠毒素引起的食物中毒，潜伏期短，一般为2～4 h。其主要症状为急性胃肠炎；恶心、呕吐、腹痛和腹泻，水样便；此外，有头晕、发冷之感；病情严重时，可引起大量失水和虚脱。

葡萄球菌广泛分布于自然界，如空气、土壤和水中均有存在。健康人的鼻腔、咽喉和肠道内的葡萄球菌带菌率为 20%～30%。患乳腺炎的牛所产的奶和有化脓症的牲畜肉尸常带有致病性葡萄球菌。引起葡萄球菌食物中毒的食品主要是肉、奶、蛋、鱼类动物性食品及其制品；另外，凉粉、剩饭和米酒等也会引起食物中毒。金黄色葡萄球菌可通过化脓性炎症的病人或带菌者在接触食品时使食品污染。食品在制造、运输、销售、食用过程中，如不注意卫生操作和管理，也易使食品被金黄色葡萄球菌污染。

6. **黄曲霉毒素**

黄曲霉毒素是黄曲霉和寄生曲霉的代谢产物，该毒素非常稳定、耐热，熔点为 200～300℃，在熔点时开始分解；毒性非常强，为砒霜的 68 倍，属于剧毒毒物，能引起人的急性中毒，其毒素有明显的致癌作用。从肝癌流行病学调查研究中发现，凡食物中黄曲霉毒素污染严重而摄入量又高的地区，肝癌的发病率也高。为了保障人体健康，减少黄曲霉毒素对人类的危害，减少癌症的发生，各国相应制定了食物中黄曲霉毒素的允许含量，如联合国食品和农业组织与世界卫生组织（WHO）规定为 15～20 μg/kg，我国规定为 20 μg/kg 以内。

综上所述，微生物污染食品对人类危害极大，就全世界范围而言，不仅造成很大的经济损失，而且可以造成人类的严重疾病甚至大批死亡。

四、食品的卫生要求和微生物学标准

食品是经加工后供人类食用并能参与人体新陈代谢为机体提供能量和满足人生长发育需要的物品，因此食品应当符合无毒、无害、有营养且有相应的色、香、味等感官性状等要求。

所谓无毒无害，第一，是指不造成人的急、慢性疾病，不构成危害而言，或者是某些食物虽然含有毒有害物质，但在正常情况下，不致危害人体健康。第二，食品应当具有一定的营养要求。在这里，营养要求不仅要包括人体所需要的各种营养素，而且还应包括该种食品的消化吸收率以及人体维持正常生理功能而应发挥的作用。例如保存期过长的豆粉，溶解度降低，消化吸收率降低，食用后常引起腹泻，像这样的豆粉就不符合营养要求。第三，食品还应具有相应的色、香、味等感官性状，因为只有感官性状良好的食品，才能对消费者产生吸引力，促进食欲，并从中吸收更多的营养；反之，即使营养再好，也不易被消费者所接受。

食品安全标准对食品的安全和卫生状况提出了具体要求。它规定了食品中有可能带入的有毒有害物质的限量。在实践中，只要按照规定的检测方法，对某种食品逐项加以检测，然后与食品安全标准进行对比，就可判断该种食品的安全和卫生状况。

许多国家都对自己国家的有关食品制定了食品安全和卫生标准。有些地区还有自己的标准。有时由于要求、目的不同，也会有不同的卫生标准。我国也相应制定了某些食品的国家安全和卫生标准。目前，我国制定的食品安全和卫生标准一般包括三方面的内容：感官指标、理化指标和微生物指标。

1. **感官指标**

所谓感官指标是通过目视、鼻闻、手摸和口尝来检查各种食品的外观指标，一般包括色泽、气味、口味和组织状态等内容。通过人的感官鉴定，看某种食品的色泽、气味、口味是否正常，有无霉变和其他异物污染：如是固体食品，观察是否有发黏或软化等现象出现；如是液体食品，检查是否出现混浊、沉淀、凝块或发霉现象。根据这些指标，可以初步判断其卫生状况，知道该食品是否发生腐败变质以及腐败变质的程度。如果某种食品有不正常的色泽、气味、口味或者霉变，并且有明显的腐败，这就说明该食品不符合感官要求。

食品感官指标的变化是由多种因素引起的，其中之一是由于微生物生长繁殖造成的。有些微生物产生色素或由于某种代谢产物的作用能够使某些食品的色泽发生变化，例如沙雷氏菌 A 菌株产生红色色素——灵菌红素，假单胞菌属菌株能够产生荧光素等。如果食品被这些微生物污染，就很容易发生变色。有些微生物可以改变食品原有的气味。一般情况下，闻到难闻的气味表明该食品已经发生腐败变质，这是由于这些食品在腐败变质的过程中产生氨、三甲胺、硫醇、胺等具有臭味物质的缘故。另外，食品产生霉味和酸味也易觉察出来。但值得注意的是，并非所有气味的改变都是产生难闻的气味，例如有些水果在变坏时，会产生特有的芳香味。因此在评定食品气味时，不能以难闻气味和芳香味来划分，而应按照正常气味与异常气味来评定。

感官指标的鉴定是评定食品安全、卫生的简便和低成本的方法。通过感官检查已发现某种食品有明显的腐败变质和霉变等现象，就可考虑不必再进行其他的理化指标或微生物指标的检验。

2. **理化指标**

理化指标一般是指食品在原料的生产加工过程中带入的有毒有害物质以及由于霉变和腐败变质而产生的有毒有害物质，如食品中的农药残留，砷、汞、铅等重金属的污染，霉变食品和发酵食品中的黄曲霉毒素，包装容器及食具中有害物质的迁移量等。不同的食品有不同的理化指标。

3. 微生物指标

微生物污染是影响食品安全的重要因素，在食源性中毒事件中所占比例很高，因此微生物学标准是食品安全卫生标准中必不可少的。目前，食品安全标准中的微生物指标主要有菌落总数、大肠菌群和致病菌三项，有些食品还增加了霉菌和酵母菌含量的标准。

五、食品卫生标准中的微生物指标

1. 菌落总数

食品中的细菌数量通常是以每克或每毫升食品中，或每平方厘米食品表面积上所含有的细菌个数来表示。在我国的食品安全标准中，采用的测定食品中细菌数量的方法是在严格规定的培养方法和培养条件（样品处理、培养基种类及其 pH 值、培养温度与时间、计数方法等）下进行的，使得适应这些条件的每一个活菌细胞能够生成一个肉眼可见的菌落所生成的菌落总数，即是该食品中的细菌总数。用此法测得的结果常用 cfu（菌落形成单位，colony forming unit）表示。

食品中细菌的种类很多，它们的生理特性和所需要的培养条件不尽相同。如果要采用培养的方法计数食品中所有的细菌种类和数量，必须采用不同的培养基及培养条件，其工作量很大。然而尽管食品中细菌种类很多，但其中异养、中温、好氧或兼性厌氧的细菌占绝对多数，同时它们对食品的影响也最大，所以在食品的细菌总数检测时采用国家标准规定的方法是可行的，而且已得到公认。

食品中细菌数量的食品卫生学意义主要有两方面。一方面的意义是可作为食品被微生物污染程度的标志。食品中细菌数量越多，说明食品被污染的程度越重，越不新鲜，对人体健康威胁越大；相反，食品中细菌数量越少，说明食品被污染的程度越轻，食品卫生质量越好。在我国的食品安全标准中，针对各类不同的食品分别制定出了不允许超过的数量标准，借以控制食品污染的程度。另一方面的意义是可以用来预测食品可存放的期限。食品中细菌数量越少，食品可存放的时间就越长，相反则食品的可存放时间就越短。由于食品的性质、处理方法及存放条件的不同，以致对食品卫生质量具有重要影响的细菌种类和相对数量比也不一致，因而目前在食品细菌数量和腐败变质之间还难以找出适用于任何情况的对应关系。

细菌总数指标只有和其他一些指标配合起来，才能对食品卫生质量作出正确的判断。这是因为有时食品中的细菌总数很多，食品也不一定会出现腐败变质现象。

2. 大肠菌群

大肠菌群主要包括肠杆菌科中的埃希氏菌属、柠檬酸细菌属、克雷伯氏菌属和肠杆菌属。这些属的细菌均来自于人和温血动物的肠道，是需氧与兼性厌氧，不形成芽孢，如在35～37℃条件下，48 h内能发酵乳糖产酸、产气的革兰氏阴性无芽孢杆菌。大肠菌群能在很多培养基和食品上生长繁殖，在−2～50℃均能生长。适应pH值范围也较广，为4.4～9.0。大肠菌群都是直接或间接地来自人和温血动物的粪便，所以食品中检出大肠菌群，表示食品已受到人和温血动物的粪便污染，其中典型的大肠杆菌为粪便近期污染，其他菌属则可能为粪便的陈旧污染。

大肠菌群最初作为肠道致病菌而被用于水质检验，现已被我国和国际上许多国家广泛用做食品卫生质量检验的指示菌。

检测大肠菌群的食品卫生意义在于：第一，它可作为粪便污染食品的指标菌，食品中粪便含量只要达到10^{-3} mg/kg即可检出大肠菌群，如果食品中能检出大肠菌群，则表明该食品曾受到人与温血动物粪便的污染。如有典型大肠杆菌存在，即说明该食品受到粪便近期污染，这主要是由于典型大肠杆菌常存在排出不久的粪便中；如有非典型大肠杆菌存在，说明该食品受到粪便的陈旧污染，这是因为非典型大肠杆菌主要存在于陈旧粪便中。第二，它可以作为肠道致病菌污染食品的指标菌。食品安全性的主要威胁是肠道致病菌，如沙门氏菌属等。如要对食品逐批或经常检验肠道致病菌有一定困难，特别是当食品中致病菌含量极少时，往往不能检出。由于大肠菌群在粪便中存在数量较大（约占2%），容易检测，与肠道致病菌来源又相同，而且一般条件下在外界环境中生存时间也与主要肠道致病菌相近，故常用来作为肠道致病菌污染食品的指标菌。当食品检出有大肠菌群时，肠道致病菌有存在的可能。大肠菌群数值越高，肠道致病菌存在的可能性就越大。当然，也有可能没有致病菌存在，因为这两者之间并非一定平行存在，但这种可能性很小。

保证食品中不存在大肠菌群实际上并不容易做到，重要的是其污染程度。以前我国和许多国家均用每百克或每百毫升检样中大肠菌群最近似数（themost probable number，MPN）来表示食品中大肠菌群的数量。现在，我国采用每克或每毫升检样中大肠菌群数（cfu）来表示。

3. 致病菌

致病菌是指沙门氏菌、志贺氏菌、金黄色葡萄球菌等。

从食品卫生的要求来讲，食品中不能有致病菌存在。因为食品中含有致病菌时，人们食用后会发生食物中毒，危害身体健康，所以在食品安全标准中规定，所有食品均不得检出致病菌。

由于致病菌的种类很多，而在污染食品中的致病菌总数含量相对来讲又不是太多，这样就无法对所有的致病菌逐一进行检验。另外，某些致病菌的检测还存在着一定的局限性，加上检验方法本身的允许误差，因此也不易准确判断食品中有无致病菌的存在。在实际检测中，一般是选定较有代表性的致病菌作为检测的重点，并以此来判断某种食品中有无致病菌的存在。如果把致病菌的检测结果和大肠菌群、细菌总数等其他有关指标一道进行综合分析，就能对某食品的安全卫生质量得出更为准确的结论。

4. 霉菌

霉菌在自然界中分布很广，同时由于其可形成各种微小的孢子，因而很容易污染食品。霉菌污染食品后不仅可造成腐败变质，而且有些霉菌还可产生毒素，霉菌毒素是霉菌产生的一种有毒的次生代谢产物。人和动物一次性摄入含霉菌毒素量大的食品即会发生急性中毒，而长期摄入含霉菌毒素的食品则会导致慢性中毒及癌症。

霉菌最初污染食品后，在基质及环境条件适应时，先可引起食品的腐败变质，不仅使食品呈现异样颜色、产生霉味等异味，而且使其食用价值降低，甚至完全不能食用。粮食及其制品最易被霉菌污染。

许多霉菌污染食品后，不仅可引起腐败变质，而且可产生毒素引起误食者霉菌毒素中毒。霉菌毒素中毒是指霉菌毒素引起的对人体健康的各种损害。食品受到产毒菌株污染有时不一定能检测出霉菌毒素，这种现象比较常见，这是因为产毒菌株必须在适宜产毒的特定条件下才能产毒。但也有时从食品中检验出有某种毒素存在，而分离不出产毒菌株，这往往是食品在储存和加工中产毒菌株已经死亡，而毒素不易破坏的缘故。一般来说，产毒霉菌菌株主要在谷物粮食和发酵食品上生长产生毒素。

霉菌污染食品，特别是霉菌毒素污染食品对人类危害极大，就全世界范围而言，不仅造成很大的经济损失，而且可以造成人类的严重疾病甚至大批的死亡。因此从一定意义上讲，不食用霉变及含有霉菌毒素的食物就可以在很大程度上降低癌症发病率，避免癌症的发生。

为了控制霉菌污染食品引起食品腐败变质，减少霉菌毒素的中毒和癌症的发生，在我国的食品卫生标准中，对一些以粮食类为原料的食品规定了霉菌的检出限量，通常是以每克或每毫升食品中或每平方厘米食品表面积上所含有的霉菌个数来表示。也常用 cfu 表示。

六、微生物的控制

在食品加工时，可以利用控制食品中的 pH 值和水分活度，或加入化学添加剂如盐类物质，或通过特定的包装技术调节气体来控制病原体的生长。

1. 用水分活度、pH 值、化学物质及包装控制

（1）控制 pH 值

每种微生物生长都有最低、最佳和最高的 pH 值，当 pH 值为 4.6 或以下时，可抑制微生物的生长。加工过程中可以通过直接酸化或批酸化的方法保证最终 pH 值低于 4.6。

（2）控制水分活度

如同 pH 值一样，每种微生物体有其生长的最低、最佳和最高的水分活度。水分活度为 0.85 时是病原体生长的安全界限。0.85 以上水分活度的食品需要冷藏或其他措施来控制病原体生长；水分活度在 0.60～0.85 的食品为中等水分食品，这些食品不需要冷藏控制病原体，但由于主要酵母菌和霉菌引起的腐败，要有一个限定货架期；对大部分水分活度在 0.6 以下的食品，因为有较长的货架期，也无须冷藏，这些食品称为低水分食品。

降低食品中水分有两种传统方法，即干燥法和加盐或糖结合水分子法。

（3）添加防腐剂

添加防腐剂可以抑制微生物的生长。防腐剂通过使微生物蛋白质变性，抑制酶和改变或破坏细胞壁或细胞膜而达到控制效果。化学防腐剂包括苯甲酸盐、山梨酸、亚硫酸盐、亚硝酸盐和抗生素。

（4）控制包装

包装不同于其他控制方法，虽然包装有时用于控制微生物生长，但对腐败生物体的控制是有限的，不能作为控制致病菌生长的单一方法。但通过改变包装可防止食品污染，同时也可增加食品控制的有效性。

2. 通过冷藏和冷冻控制

运用调节温度也可控制微生物的生长。温度为 5～46℃是致病菌生长的危险范围。当食品处于温度危险范围时，为使致病菌尽可能不生长，可限制食品在这个温度范围存放的时间。

3. 通过热处理控制

冷藏和冷冻可以阻止微生物繁殖，而要杀死或灭活微生物通常是采用加热。通常食品加工企业用于杀灭和控制微生物生长的热处理有几种形式：预煮（热烫）、巴氏消毒法、加热杀菌或灭菌和热保持。

4. 微生物控制的新技术

食品加工行业在继续发展现有控制微生物方法的同时，也正在研究新技术以保证食品的微生物安全，同时为消费者提供稍需加工或不需加工的高质量食品。近几年，辐照、高强度电子场、脉冲光、紫外线、高压加工和臭氧已作为消灭微生物的非加热方法。

七、豆制品微生物污染与变质

豆制品含有丰富的蛋白质，水分活度较大，极易被微生物所污染，并因微生物的生长繁殖而变质。

有人曾对豆腐的杂菌数进行了测定，刚出箱的豆腐每克只有 440 个杂菌；在屉中存放 5 h 后，每克豆腐的杂菌数增至 14 000 个；16 h 后，每克豆腐的杂菌数为 160 000 个，此时豆腐表面已开始有轻微的变质。可见，外界杂菌的感染是促使豆腐从外部开始变质的主要原因。

杂菌在豆腐表面的繁殖过程中，水分和温度是两个重要因素。水分充足，温度适宜（一般为 30～40℃），杂菌繁殖迅速，在这种情况下豆腐最易发生腐败变质。十字交叉码放的豆腐，中间的豆腐屉通风不良，温度下降慢，水分不易散发，尤其是当上层的豆腐水滴落到下层豆腐的表面，使水分增加，同时中间的豆腐温度下降慢，杂菌就会很快地繁殖增长，经常可以见到在中间的豆腐屉中，豆腐常出现浅红色，发展快的只要经过 3 个多小时（装屉后）豆腐表面就会出现变红。经显微镜初步观察，可能是乳酸短杆菌繁殖产生的红色色素。这种乳酸短杆菌可耐较高温度，因此在豆腐温度较高时仍能繁殖。已经变红的豆腐就能闻到轻微的酸味，但从豆腐的内部来看还是正常的。随着存放时间的延长，豆腐的温度下降到接近室温，此时表面就会发黏，这主要是一些单球状、链球状以及各种杆状的杂菌在豆腐表面大量繁殖的结果，并使豆腐产生酸馊的气味。发展快的只需 5～6 h，如果再发展下去，豆腐表面就会出现油状的黏着物，颜色变黄，并产生难闻的酸臭味。将这种豆腐切开，就会发现豆腐内部有很多蜂窝状的小孔，出现上述情况的豆腐就不能再食用。腐败变质的豆制品反映在感官上，气味难闻、颜色异常、表面发黏、味道酸臭，营养价值降低甚至不能食用。

豆制品的腐败变质主要是以蛋白质的分解为其特征。蛋白质在芽孢杆菌属、梭菌属、链球菌属、假单胞菌属等菌的作用下，先分解为肽，并进一步断链形成氨基酸，而后又在相应酶的作用下，将氨基酸及其他含氮化合物分解为胺类、酮酸、不饱和脂肪酸、有机酸等，使豆制品丧失其食用价值。

腐败变质豆制品的鉴定一般从感官、理化、微生物等方面确定其适宜指标。对豆制品的鉴定目前仍以感官指标最为敏感可靠。由于蛋白质的分解，豆制品的硬度和弹性下降、黏度增高，气味和颜色异常、味道变异等。在理化指标上，可以将挥发性碱性总氮（简称 TVBN）作为鉴定大豆制品是否腐败的标准。所谓 TVBN 是指食品水浸取液在碱性条件下能与水蒸气一起蒸馏出来的总氮量，即在该条件下能形成氨的含氮物。据研究，TVBN 与食品腐败程度之间有明显的对应关系，即 TVBN 指数越高，腐败程度越严重。

油炸豆制品由于保管不妥或存放时间过长，往往产生“哈喇”气味，这是脂肪酸败的结果。脂肪酸败是由于空气中氧、紫外线、微生物脂解酶等的作用下，脂肪水解与氧化，产生相应的分解产物，如醛、酮、酸等，从而使油脂带有特殊的刺激性气味。

八、豆制品微生物污染与腐败变质的控制

豆制品的腐败变质有两个条件：一是有微生物的污染；二是有适宜的条件使微生物迅速生长繁殖。因此，豆制品的防腐措施应从上述两方面着手：一是防止豆制品在生产与流通过程被微生物污染；二是控制储存与运输环境的条件，抑制微生物迅速生长繁殖。

1. 生产过程中防止微生物污染

（1）加强大豆原料储运管理和清理除杂，减少原料微生物的污染，有条件的可以采用脱皮工艺，进一步减少原料大豆表面被微生物污染的可能。但脱皮工序一定要与后续工艺衔接好，否则失去皮膜保护的豆瓣更易被微生物侵蚀。

（2）泡豆时应采用循环流动的水槽，控制泡豆水温不致上升，这样既能防止豆制品中混入泥沙和其他杂质，又能控制泡豆环节微生物的增殖。

（3）加强生产用水的消毒与检测，控制水的污染。

（4）加强生产设备、输送管道及器具的清洗消毒。在生产前和生产后，均应对设备和管道进行清洗消毒，清除设备与管道内残存的豆糊和渣子，以防止残留物腐败变质，直接影响豆制品的质量和卫生。生产用具、豆包布等应使用0.3%的漂白粉溶液浸泡并刷洗一次。对豆腐屉最好采用蒸汽柜，用高压蒸汽进行冲刷，然后用0.3%的漂白粉溶液浸泡。夏天晚间生产，白天应把豆腐屉洗刷干净，并浸泡在0.3%的漂白粉溶液中，随用随取。

（5）应保证煮浆温度。煮浆温度不足，达不到高温灭菌的要求，同时也影响产品的产量与质量。

（6）做好生产车间的通风与空气除菌过滤，降低空气污染。

（7）提高生产自动化程度，减少人员的接触污染。

(8) 产成品应采用骤降温工艺及包装杀菌技术。

2. 储存过程中的抑菌控制

豆制品在加工工厂中的暂时存放以及流通经营保管过程中，针对不同的豆制品采取不同的储存控制，可以延长产品的货架期，延缓豆制品的变质。

(1) 豆腐的保存

豆腐含蛋白质量较高，含水分又多，是鲜嫩制品。在卫生条件较差的环境中，微生物极易生长繁殖，使豆腐腐败变质。为此，新生产出来的豆腐应降温冷透后再上架或码垛，否则热量不易散发，会加速变质。且应尽量在凉爽低温下保存。

鲜豆腐应及时用冷水浸泡，一方面可降低豆腐温度，适当延长保存时间；另一方面使豆腐与空气隔绝，减少微生物的污染。当用冷水浸泡保存时应注意冷水必须清洁，浸泡时间不宜过长，否则豆腐发硬。

鲜豆腐应采用高温浸烫后热包装，然后急速冷却，也可延长储存时间。豆腐应保持在低于 15℃环境下运输和储存。

(2) 豆腐片的保存

豆腐片在制成后要凉透再叠片，发现片与片之间有粘连现象时，要立即摊晾，或用碱水（或盐水）煮沸，其他注意事项与豆腐相同。

(3) 豆芽的保存

豆芽是深受消费者欢迎的鲜嫩蔬菜，在经营过程中，如保存不当，豆芽仍会继续生长，待水分蒸发后会变得根长、柄硬、叶子大，食用时粗老发柴，产热后还会腐烂、枯黄，降低了商品的食用价值。

豆芽最常见的保存方式是用清洁凉爽的水浸泡，并在阴凉之处保存。其作用是降低温度，保持水分，使品质鲜嫩。

豆芽不能冻藏，因豆芽含水量大，结冻后会使豆芽脱水，融化后水分流失，豆芽发干。

豆芽怕油，尤其是大油（猪油），容易引起豆芽腐烂。

(4) 豆腐粉的保存

应采用阻湿性好的包装材料包装，并储存于阴凉、通风、干燥的条件下。要防潮、防高温、防暴晒、防鼠咬。

(5) 腐竹的保存

腐竹是干燥制品，应放在通风干燥的地方，防止潮湿发霉。

第 2 节　微生物在豆制品生产中的应用

一、豆制品生产中应用的主要微生物

1. 腐乳酿造微生物

（1）腐乳酿造微生物的种类

目前，腐乳的生产虽然绝大多数已将传统的自然发酵（前发酵）工艺改为纯菌种发酵工艺，但由于生产中仍然采用敞开式自然环境培养，外界的微生物难免侵入，加上配料中也带有微生物，所以，腐乳酿造用微生物十分复杂。现将从腐乳中分离出来的微生物列入表 6—1 中。目前，全国各地生产腐乳应用的菌种多数是毛霉菌，如五通桥毛霉、放射状毛霉等。

表 6—1　　从腐乳中分离得到的微生物

微生物	腐乳产地
腐乳毛霉（*Mucor sufu*）	浙江绍兴、江苏苏州、镇江
鲁氏毛霉（*M. rouvanus*）	江苏
五通桥毛霉（*M. Wutung kiao*）	四川五通桥
毛霉（*Mucor so.*）	台湾、中山、桂林、杭州
总状毛霉（*M. racemesus*）	台湾、四川牛花溪
雅致放射毛霉（*Actinomucor elegaus*）	北京、台北、香港
冻土毛霉（*M. hiemalis*）	台北
黄色毛霉（*M. feavus*）	四川五通桥
紫红曲霉（*Monascus surpureus*）	
溶胶根霉（*Rhizopus liguefaciems*）	江苏
米曲霉（*Asp. oryzae*）	江苏、四川五通桥
青霉（*Penicillium sp.*）	江苏
交链孢霉（*Alternaria sp.*）	江苏
枝孢霉（*Cladosporium sp.*）	江苏

续表

微生物	腐乳产地
芽孢杆菌（*Bacillus sp.*）	武汉
藤黄小球菌（*Micrococcus luteus*）	黑龙江克东
酵母菌（*Saccharomyces*）	江苏、四川五通桥
杆菌（*Bactorium sp.*）	
链球菌（*Streptococcus sp.*）	

毛霉菌能分泌大量的蛋白酶，使豆腐坯中蛋白质水解程度增高，腐乳质地柔糯，滋味鲜美。且毛霉菌丝高大柔软，能被包在豆腐坯外面，以保持豆腐乳的块形整齐。毛霉的缺点是不耐高温，不利于全年生产。只有华新 10 号（放射性毛霉属的一种）能在 35℃的条件下良好地生长。

嗜盐性小球菌只适用于黑龙江省克东腐乳的生产中。此菌耐 6%左右的食盐溶液，由于嗜盐性小球菌能充分生长在豆腐坯内部，蛋白酶活性增高，腐乳滋味鲜美。但由于乳块表面不能形成皮膜，成形不好，易碎。

随着科学技术的发展，也许还会有新的菌种应用于腐乳生产，但无论如何，在选择腐乳生产菌种时必须遵循以下几条原则：

1）不产毒素。

2）生长繁殖快，抗杂菌力强。

3）生长温度范围大，有利于长年生产。

4）能分泌出大量的、高活力的蛋白酶、脂肪酶、肽酶及有利于提高腐乳质量的酶系。

5）能使产品质地细腻柔糯，不散不烂，气味鲜香。

（2）腐乳酿造主要微生物及其特性

1）五通桥毛霉。由四川乐山专区五通桥竹根滩德昌酱园生产的腐乳坯中分离而得。此菌是目前我国推广应用的优良菌种之一，编号为 As3.25。该菌种的形态如下述。

菌丝：高 10～35 mm，菌丝白色，老后稍黄。

孢子梗：不分枝，很少成串或假状分枝，宽 20～30 μm。

孢子囊：圆形，60～130 μm，色淡，囊膜成熟后，多溶于水，留有小领。

中轴：圆形或卵形，（6～9.5）μm×（7～13）μm。

厚垣孢子：很多，梗上有孢囊，20～30 μm。

生长适温：10～25℃，4℃勉强能生长，37℃不能生长。

2）腐乳毛霉。从浙江绍兴、江苏苏州、镇江等地生产的腐乳上分离而得。

菌丝：在大豆等培养基上，初期白色，后期灰黄色。

孢子囊：球形，灰黄色，直径为 1.46～28.4 μm。

孢子轴：圆形，直径 8.12～12.08 μm。

孢囊孢子：椭圆形、平滑、大小为（4.9～15.9）μm×（3.2～8.0）μm。

生长适温：37℃。

3）总状毛霉

菌丝：初白色，后黄褐色，高 5～20 μm。

孢子囊：球形，褐色，直径 20～100 μm，孢子囊膜不溶于水，成熟后稍溶解。

孢子梗：初期不分枝，后期成单轴式不规则分枝，长短不一，直径为 8～12 μm。

孢子轴：卵形或球形，（17～60）μm×10 μm×42 μm。

孢囊孢子：短卵形，（4～7）μm×（5～10）μm。

厚垣孢子：大量形成在菌丝体上，孢囊梗甚至囊轴都有，大小均匀，光滑，无色或黄色。

生长适温：23℃，4℃以下、37℃以上都不能生长。

4）雅致放射毛霉。从北京腐乳厂和台湾省腐乳中分离而得，它是我国当前推广应用的优良菌种之一，编号 As3.2278。

菌丝：棉絮状，高约 10 mm，白色或浅橙黄色，有匍匐菌丝和不发达的假根，色泽与菌丝相同。

孢子梗：直立，分枝多集中在顶端，立枝顶端有一较大的孢子囊，孢囊梗主枝直径约为 30 μm，典型的分枝各有一横隔。

孢子囊：球形，主枝上的直径为 80 μm，有时可达 120 μm；分枝上的较小，直径为 20～50 μm；老后，色深黄，壁粗糙，有草酸钙结晶；成熟后，孢子囊壁消解或裂开，留有囊领。

孢子轴：在较大的孢子囊内为卵形或梨形，其大小为（50～70）μm×（30～48）μm，较小的孢子囊内呈球形或扁球形，直径为 12～30 μm。

孢子：圆形，直径为 5～10 μm。

厚垣孢子：产于气生菌丝。圆形，壁厚，黄色，有刺，内含油脂。

生长温度：30℃。

5）红曲霉。红曲霉的菌丝分隔，初为白色，后逐渐变为红色或紫色。它既产生分生孢子，也产生子囊孢子。腐生菌，嗜酸，耐高温（35～47℃），耐乙醇（4%～10%），能利用多种碳源，本身能合成多种维生素，抗杂菌污染能力强。

红曲霉色素包括红曲霉素、红曲霉红素、红曲霉黄素和红斑红曲霉素等几种色素。

2. 豆酱生产用微生物

（1）米曲霉

米曲霉是曲霉属的一种，菌丝一般为黄绿色，成熟后为淡绿褐色或黄褐色。米曲霉在生长过程中可以利用单糖、双糖、多糖、有机酸、醇类作为碳源。它的突出特点是可直接利用淀粉，能在淀粉上生长繁殖。米曲霉生长所用的氮源有蛋白质、氨基酸、铵盐、硝酸盐、尿素等。米曲霉是好气性微生物，空气不足时生长受到抑制，其菌丝繁殖期要产生大量的呼吸热，因此，豆酱生产中培养米曲霉一定要供给充足的新鲜空气，以补充氧气，排除二氧化碳和散发热量。米曲霉生长的适宜条件是温度 37℃左右，培养基水分约 50%，pH 值为 6.0 左右。当温度在 28℃以下时，生长缓慢，但酶的活力较高；温度高于 37℃，会影响酶的分泌及活力。培养基水分低于 30%，使米曲霉生长受到抑制。米曲霉能分泌多种酶，如蛋白酶、淀粉酶、谷氨酰胺酶、果胶酶、半纤维素酶、酯酶等。以前三种酶最为重要，酶活力的高低关系到原料利用率、生产周期及成品的味道。目前工厂使用最多的菌种为 3.042 米曲霉（中科 AS3.951）。

（2）酵母菌

在豆酱生产中常见到的酵母菌是耐高盐酵母菌，如鲁氏酵母能耐 18%的食盐溶液。另外，重要的酵母菌有易变球拟酵母和埃契氏球拟酵母等。培养它们的适宜温度为 28～30℃，最适 pH 值为 4.5 左右。鲁氏酵母为发酵型酵母，能利用葡萄糖发酵成酒精、甘油、琥珀酸等，这些成分既是豆酱的香气成分，又是风味物质。特别是酒精，它是许多香气成分的前驱物质（如乙酸乙酯、乳酸乙酯等）。易变球拟酵母和埃契氏球拟酵母为酯香型酵母，能生成 4-乙基愈疮木酚、4-乙基苯酚等香气成分。如果要使豆酱具有较理想的香气，一定要有酵母菌参与发酵作用。有条件的工厂最好在酱醅发酵后期人工添加纯培养的酵母菌，低温下进行一段较长时间的发酵。

（3）乳酸菌

乳酸菌能利用乳糖或葡萄糖发酵生成乳酸。乳酸既是豆酱重要的呈味物质，又是豆酱香气的重要成分。特别是乳酸菌与酵母菌的联合作用，生成乳酸乙酯，是豆酱香气的一种特殊成分。乳酸菌是否参与发酵作用同样影响豆酱的香气和风味。但在大多数工厂，发酵豆酱不需人工添加乳酸菌，自然环境中的乳酸菌已足够用。常见乳酸菌及其性质见表 6—2。

表 6—2　　常见乳酸菌及其性质

菌种名称	特性										
	乳酸发酵	产生丁二酮	产气	蛋白分解	脂肪分解	丙酸发酵	产生抗菌素	细胞形状	菌落形状	发育最适温度（℃）	极限酸度（°T）
嗜热链球菌	○							链状	光滑微白，菌落有光泽	37～42	110～115
保加利亚杆菌	○	△		△				长杆状，有时呈颗粒状	无色的小菌落如棉絮状	42～45	300～400
干酪杆菌	○	△		○							
嗜酸杆菌	○						△				
乳酸链球菌	○	△		○	△		△	双球状	光滑微白，菌落有光泽	30～35	120
乳酪链球菌	○	△					△	链状	光滑微白，菌落有光泽	30	110～115
柠檬串珠菌		○	○					单球状、双球状、长短不同的细长链状	光滑微白，菌落有光泽	30	70～80、100～105
戊糖串珠菌		○	○								
丁二酮乳酸串珠菌	○	○									

注：△表示不，○表示是。

二、豆制品生产中微生物的培养与应用

1. 毛霉菌粉及菌液的制备

（1）毛霉菌粉

毛霉菌粉的制备要通过三个阶段来完成。先制备固体试管菌种，再制备克氏瓶菌种，最后制备毛霉菌粉。

1）制备固体试管菌种。将大豆洗净，加水浸泡至豆粒无硬心，涝出，按 1∶3 加清水文火煮沸 3～4 h，滤出豆汁。每 1 kg 大豆可出豆汁 2 kg。在豆汁内加入 2.5%的饴糖，2.5%的琼脂，加热使琼脂溶化。分装试管，置于 100 kPa 的压力下灭菌 1 h，摆成斜面冷却。在无菌条件下，将毛霉菌种接于斜面上，置于恒温箱 20～25℃培养 7 天，即为试管菌种。

2）制备克氏瓶菌种。取新鲜豆腐渣，与大米面按 1∶1 比例混合均匀。分装于克氏瓶中，每瓶约 250 g。置于 100 kPa 压力下灭菌 1 h，冷却。待冷却至室温，在无菌条件下接种，每支试管固体菌种可接克氏瓶 10 支左右。接种后，置于 20～25℃恒温箱内培养 5～6 天，即得克氏瓶菌种。

3）制备毛霉菌粉。将成熟菌种从克氏瓶中取出，干燥，每瓶菌种加 2～2.5 kg 大米面混合，粉碎。即可作为生产用菌粉使用。

（2）毛霉菌液的制备

毛霉菌液的制备要通过三步来完成。

1）制备试管菌种。取蔗糖 3 g，硝酸钠 0.3 g，磷酸二氢钾 0.1 g，氯化钾 0.05 g，硫酸镁 0.05 g，硫酸亚铁 0.001 g，琼脂 2 g，水 100 mL。混合后加热，使之完全溶解。待溶液稍冷后，调整 pH 值为 4.6，分装试管，置于 150 kPa 压力下灭菌 30 min。摆成斜面。冷却至室温。在无菌条件下，将毛霉种接种于斜面培养基上。置于 25～30℃恒温箱内培养 3～5 天，即为固体试管菌种。

2）制备三角瓶菌种。将豆腐坯切成 5 cm×2 cm×0.5 cm 的条状，置于 500 mL 三角瓶中，每瓶放 3～5 条。在 150 kPa 压力下灭菌 1 h，冷却至 30℃可进行接种。先将固体试管菌种用无菌水冲洗，使菌丝与孢子悬浮于水中。然后在无菌条件下，均匀地接种于三角瓶中。使每块豆腐坯均能与菌液接触。每支固体试管菌种水可接 5～6 瓶。接种后，塞上棉塞，置于 25～28℃恒温箱中培养 3～4 天，即为三角瓶菌种。

3）制备毛霉菌液。在成熟的三角瓶菌种中添加冷开水，每瓶加 100～150 mL，分 3 次冲洗，以便使毛霉菌孢子充分洗出。洗后，用纱布将毛霉菌菌丝滤出，并将清液 pH 值调至 4.6 左右，即制成毛霉菌液。生产接种时，用喷雾器将菌液均匀地喷洒在豆腐坯上。

2. 面曲制作

面曲是制面酱的半成品。腐乳酿造使用面曲的目的是给后发酵提供酶源，增加成品糖分含量，促进腐乳的成熟和风味的形成。制作面曲的工艺流程如图 6—1 所示。

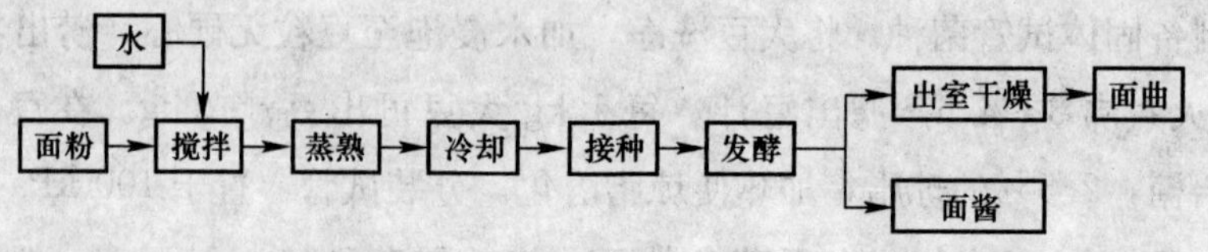

图 6—1　制作面曲的工艺流程图

（1）发酵前的操作

将面粉加 30%～35%的凉水，搅拌成花生米粒大小的颗粒。在常压下蒸 15～20 min，要求蒸熟，嚼时不粘牙而稍有甜味为适度。熟料出锅，迅速降温到 38～40℃。冷却后的曲料接入 0.1%的 3.042 米曲霉种曲（培养过程参见豆酱部分），拌匀，堆积升温。堆积厚度冬季为 15～17 cm，夏季为 10 cm 左右。

（2）发酵

堆积发酵的温度，夏季为 35～36℃，冬季为 37～38℃，如发现品温过高（不得超过 40℃）应立刻翻曲，散热，如果品温上升太慢，需增加堆积厚度。发酵时间，夏季为 5～7 天，冬季约为 10 天。发酵后从发酵室送入烘干室，低温干燥，或在阳光下自然干燥后即得面曲。若在发酵后加入 10%浓度为 13%的盐水，搅拌均匀，入缸，用手按实，加盖苫布，保温发酵。每隔 4～5 天倒缸一次。经 10～15 天，面曲发酵成稀醪状。

3. 红曲培养及红曲制作

红曲也称红米、红曲米、丹曲。它是通过红曲霉在蒸熟的米饭上繁殖生长，而制成的富含红曲霉红素（分子式为 $C_{22}H_{24}O_5$）和红曲霉黄素（分子式为 $C_{17}H_{22}O_4$）的紫红色大米。红曲霉红素和红曲霉黄素微溶于水，易溶于酒精、醋酸、丙酮等有机溶剂，芳香无异味，稀溶液呈鲜红色，浓度增大后呈红褐色，经光照会褪色。红曲是红腐乳生产必备的着色剂。红曲的制造工艺流程如图 6—2 所示。

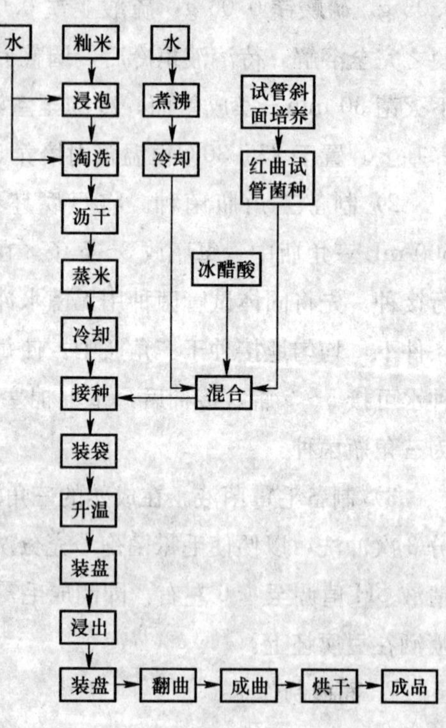

图 6—2　红曲的制造工艺流程

(1) 菌种制备

1) 斜面培养

培养基：可溶性淀粉 5%，蛋白胨 3%，琼脂 3%，冰醋酸 0.2%。

灭菌：100 kPa，30 min。

接种培养：接种后，在 28～30℃恒温箱内培养两周左右备用。

2) 大米试管培养。籼米蒸熟，放入试管约 1/4 高度。另取 1 只三角烧瓶盛入少量 0.2%浓度的冰醋酸溶液。同时进行蒸汽灭菌，常压 60 min，隔天再灭一次；或在 100 kPa 下加热 30 min。待温度降低后接入斜面菌种。接法是先将5 mL 0.2%的稀醋酸注入斜面红曲试管中，摇匀，再吸取 0.5 mL，接入大米试管培养基内，充分摇匀，置于 30～34℃恒温箱内培养 12 天左右，并应经常摇动。

(2) 浸泡、蒸米与接种

将米浸泡 40～60 min，使其吸水 60%～65%，淘洗干净，沥干，放入锅内用蒸汽蒸 50 min，出锅摊晾，待温度降至 40～45℃时，接入已研细的红曲种子。即将研细的大米试管红曲 0.5%～1.0%、醋酸 1%、冷开水 10%（均对大米而言）混合调匀，拌入大米中，并分装于大曲盘或竹匾中呈金字塔形，堆积保温。

(3) 培养、浸曲

进入曲室后，室温保持在 33℃左右，室内保持相对湿度在 80%左右，曲堆上盖以湿布。经 3 天培养，品温可升至 35～37℃，待米粒上出现白色菌丝时，将湿布揭去，进行翻曲降温，室内喷水，保持温度，并经常检查品温。如升至 38～39℃（不得超过 40℃）可翻曲降温。4～5 天时，将曲装入干净麻袋中，浸在净水中 5～10 min，使其充分吸水，并使米粒中的菌丝破碎。待水沥干，重新放入曲盘中制曲。此时注意品温不超过 40℃及翻曲保温操作。米粒渐变为红色。7～8 天品温开始下降，趋于成熟。生产周期为 10 天左右。成品外观呈紫红色。

(4) 干燥

制好的曲不能马上使用，可于 70℃左右的烘房内干燥 12～14 h，以便保存。每 100 kg 籼米可出红曲约 76 kg。

4. 豆酱生产种曲的制备

制种曲是将米曲霉菌种经过相当纯粹的扩大培养，使之生成大量繁殖力强的孢子，作为生产大曲的种子。要求种曲孢子多，肥大整齐，繁殖力强，尽量纯粹。

制种曲的工艺流程如图 6—3 所示。

(1) 固体试管菌种制备

先制备 3.042 米曲霉专用培养基。取豆饼或豆粕加水 5～6 倍，文火煮沸 1 h，边煮边搅拌，趁热用纱布过滤。每 100 g 豆饼或豆粕可制成 5%豆汁 100 mL（多则浓缩，少则补水）。然后添加磷酸二氢钾 0.1%，硫酸镁 0.05%，硫酸铵 0.05%，可溶性淀粉 2%作为营养素。待溶液冷却至 18～20℃时，用 0.05 mol/L 的氢氧化钠溶液调 pH 值至 6.0 左右。按 2%加入琼脂，加热，使琼脂完全溶化，装入灭菌试管，置于 100 kPa 压力下灭菌 30 min，摆成斜面，冷却备用。在灭菌条件下，将 3.042 米曲霉菌种 1 白金耳接于试管斜面上，然后置于 28～30℃恒温箱培养 3 天，3 天后米曲霉成熟，结满密密的黄绿色孢子，即为固体试管菌种。

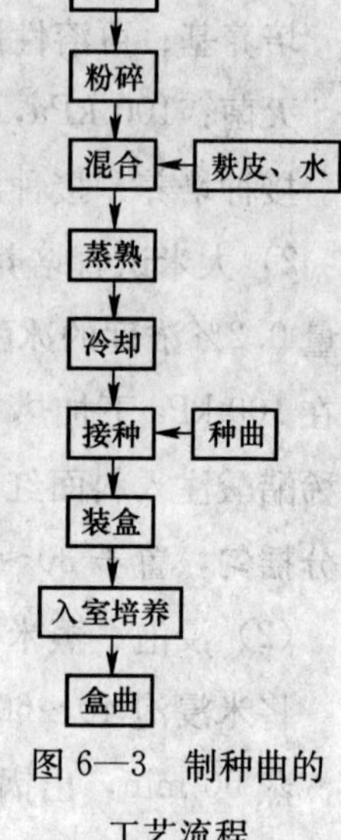

图 6—3　制种曲的工艺流程

(2) 三角瓶种曲制备

制备培养基，麸皮与豆饼之比为 8∶2，加水 95%，充分混合，将粗粒筛去，装入容量为 250～300 mL 的灭菌三角瓶中，厚度以 1 cm 左右为宜，置于 100 kPa 压力下灭菌 30 min，趁热摇松备用。培养基冷却后，在无菌条件下将固体试管菌种接入。接种后摇瓶，使孢子分布均匀，置于 28～30℃恒温箱内培养。经 18～20 h，曲料已长满菌丝，结成饼状，颜色发白，可进行摇瓶，使曲料松散。以后，每当菌丝生长将曲料结成饼状时，均需摇瓶。培养 3 天，米曲霉成熟，可供制种曲使用。

三角瓶种曲的质量标准为：孢子肥壮、整齐、稠密，布满曲料；呈鲜艳的黄绿色，无杂菌，无异味，内部无白心，有固有的曲香味。

(3) 种曲制备

原料配比为麸皮 80%，豆饼 20%，水 90%～95%。将豆饼粉碎后，用 20 目筛子过 2 次，再与麸皮拌和，按比例加水，拌匀，堆积 1 h。置于 100～150 kPa 压力下蒸煮 1 h，出锅，过筛。熟料水分含量为 52%～54%。曲料迅速降温至夏季 38℃、冬季 40℃，按接种量 0.1%～0.2%（对干料计）接入三角瓶种曲，拌匀。拌入种曲的曲料装入曲盒，每盒约装曲料 250 g，厚度为 1～1.2 cm。盒上覆盖灭菌干纱布，移入种曲室培养。种曲室室温为 28～30℃，干湿球差 1℃。曲盒入室培养初期，为了便于保温，为直立式堆码，入室培养 15～16 h 后，品温升至 33～35℃时，进行倒盒，使上下品温一致。16 h 后，曲料表面呈微白色，微结硬块，进行翻曲，使曲料松散，使米曲霉生长得到充足的空气。翻曲后覆盖灭菌湿布，曲盒改为品字形堆码，以便于散热。此后，米曲霉菌丝生长旺盛，品温上升较快，应利用倒盒、翻曲、降低室温等措施，严格控制品温不超过 36℃。培养 48～50 h 后，可见菌丝上长满淡黄绿色的孢子，将布帘揭掉，再培养十几小时，使孢子成熟。总的培养时间是 68～72 h。

（4）种曲质量要求

菌丝整齐健壮，直立菌丝上都有孢子，孢子肥大，数量多，呈鲜艳的黄绿色。无杂菌生长，无灰绒毛或蓝绿色和其他异色。内部无麸皮本色和硬心。用手捏碎种曲时，有孢子飞扬时的冒烟现象。具有种曲固有的曲香味，不应有酸味、氨味等不良气味。味微甜、微涩、无异味。手感疏松光滑，有滑腻感。

理化及微生物指标：水 15%左右，孢子数每克 60×10^8 个（干基计）以上。发芽率（必要时用悬滴培养法测定发芽率）要求达 90%以上。细菌数不超过每克 10^7 个。当发现种曲达不到上述要求时，则停止使用该批种曲，彻底清洗一切用具，进行灭菌。必要时，还要对固体试管菌种及三角瓶种曲进行检查。种曲的质量对大曲及成品质量影响很大。

第7章 食品检验学基础知识

第1节 食品检验学基础

一、感官检验

1. 感官检验的定义

食品的感官检验是根据人的感觉器官对食品的各种质量特征的感觉，如味觉、嗅觉、听觉、视觉、触觉等，用语言、文字、符号或数据进行记录，再运用统计学的方法进行统计分析，对食品的色、香、味、形、质地、口感等各项指标做出评价，从而得出结论的方法。

食品质量的优劣最直接地表现在它的感官性状上，通过感官指标来鉴别食品的优劣和真伪，不仅简便易行，而且灵敏度高，直观实用。尽管存在一定的主观性，对难挥发的有毒有害物质不易察觉，但是感官检验与使用生化、仪器等分析方法相比仍具有很多优点，如具有快速和无须专门的仪器设备等特点。感官检验的结果通常是判断是否需要进一步检测的基础。例如，如果食品明显腐败变质，就没有进一步检测的必要。因此，它也是从事食品生产、销售、监管人员所必须掌握的一门技能，应用感官手段来鉴别食品的质量有着非常重要的意义。

2. 感官检验方法

食品质量感官检验的基本方法是依靠视觉、嗅觉、味觉、听觉和触觉等来鉴定食品的外观形态、色泽、气味、滋味和质构。不论对何种食品进行感官质量评价，上述方法都是不可缺少的，并且经常是在理化和微生物检验方法之前进行。随着科学技术的发展和进步，这种集生理学、心理学、食品学和统计学为一体的新兴学科正在日益完善和成熟，感官检验方法的应用也越来越广泛。

目前常用于食品领域中的感官检验方法有数十种之多，按应用目的可分为嗜好型和分析型，按性质又可分为差别检验、标度和类别检验以及分析或描述性检验。

（1）差别检验

差别检验只要求鉴评员评定两个或两个以上的样品中是否存在感官差异（或偏爱其一）。差别检验的结果分析是以每一类别的鉴评员数量为基础的。例如，有多少人回答样品 A，多少人回答样品 B，多少人回答正确。解释其结果主要运用统计学的二项分布参数检查。差别检验中，一般规定不允许“无差异（即鉴评员未能察觉出两种样品之间的差异）”的回答，即强迫选择。差别检验中需要注意样品外表、形态、温度和数量等的明显差别所引起的误差。差别检验中常用的方法有：成对比较检验法、二—三点检验法、三点检验法、“A”—“非 A”检验法、五中取二检验法以及选择检验法和配偶检验法。

（2）标度和类别检验

在标度和类别检验中，要求鉴评员对两个以上的样品进行评价，并判定哪个样品好，哪个样品差，以及它们之间的差异大小和差异方向等，通过检验可得出样品间差异的顺序和大小，或者样品应归属的类别或等级。选择何种手段解释数据，取决于检验的目的及样品数量。

此类检验法常有排序检验法、类别检验法、评估法、评分法、分等法、成对比较检验法等。

（3）分析或描述性检验

在分析或描述性检验中，要求鉴评员判定出一个或多个样品的某些特征或对某些特定特征进行描述和分析。通过检验可得出样品各个特性的程度或样品全部感官特征。常用的方法有简单描述检验法和定量描述与感官剖面检验法。

实际应用时，应根据检验的样品数目的要求、精度及经济性选用适合的方法。通常，当了解两个样品间的差异时，可使用成对比较检验法、三点检验法、二—三点检验法、评估法和评分法等，且对于同样的实验次数、同样的差异水平，成对比较检验法所要求的正解数最少；当要了解三个以上样品间的品质、嗜好等关系时，可使用排序法、评分法、成对比较检验法等。对于分类法、排序法和成对检验比较法，当有差异的样品数量增多时，成对比较检验法的精度增高，但试验时间增长，而分类法和排序法所需时间仅为成对比较检验法的 1/3。

对于嗜好型实验方法多采用成对比较检验法、选择法、排序检验法和评分法。

3. 感官检验应遵循的原则

食品质量感官检验除应通过人体的感觉器官进行鉴别外，还应充分做好调查研究工作，对具体的问题进行具体的分析。要着重掌握食品各方面指标的综合性评价，尤其要注意感官鉴别的结果，必要时参考检验数据，作全面分析。

(1)《中华人民共和国食品安全法》、国务院有关部委和省、市卫生行政部门颁布的食品安全行政法规，是检验各类食品能否食用的主要依据。

(2) 食品已明显变质或含有过量的有毒有害物质（如重金属含量过高或霉变）时，不得供食用。

(3) 食品由于某种原因不能供直接食用，必须经过加工或在其他条件下处理的，可提出限定加工条件和限定食用及销售等方面的具体要求。

(4) 在鉴别婴幼儿、病人食用的食品时要严于成年人、健康人食用的食品。

(5) 食品的某些指标的综合评价结果略低于卫生标准，但新鲜度、病原体、有毒有害物质含量均符合卫生标准时，可提出要求在某种条件下供人食用。

(6) 在检验鉴别时结论和评价结果必须明确，不得含糊不清，对条件可食的食品，应写清楚条件。对于没有鉴别标准的食品，可参照有关同类食品标准鉴别。

(7) 在进行食品质量感官检验前，应收集了解该食品的有关资料，如该食品的来源、保管方法、储存时间、包装情况以及加工、运输、储存、经营过程中的卫生情况，为鉴别提供必要的判断基础。

4. 感官检验人员的要求

(1) 具有健康的体魄。必须具有健全的精神素质，无不良嗜好、偏食和变态性反应，并且应该具有丰富的专业知识和感官检验经验。

(2) 检验人员自身的感觉器官机能良好，对色、香、味的变化有较强的分辨力和较高的灵敏度。

(3) 非食品专业人员在检查时，除了具有灵敏的感觉器官外，还应对所选购的食品有一般的了解，或对该食品的正常性状具有习惯性的经验。

二、理化检验

1. 理化检验的定义

理化检验是指采用物理和化学的手段来评价食品品质的方法。食品的物理检测技术主要是利用仪器对食品原（辅）料、成品等的相对密度、折光度、旋光度等可以量化的物理性质进行分析，以反应其品质的检测技术。食品的化学检测技术主要是采用化学手段对食品中的各种营养成分、矿物质、微量成分等进行分析检测。

理化检验是当前主要的食品检测方法之一，应用非常广泛。

2. 理化检验的基本程序

食品理化检验的基本程序包括五步。第一步，样品的采集和保存；第二步，样品的制备和预处理；第三步，检验测定；第四步，分析数据处理；第五步，编写检验报告。

（1）样品的采集和保存

样品的采集又称采样，是从总体中抽取样品的过程，样品是指从总体中抽取的一部分分析材料。样品可分为检样、原始样和平均样。检样指从分析对象的各个部分采集的少量物质；原始样是把许多份检样综合在一起；平均样指原始样经处理后，再采取其中一部分供分析检验用的样品称为平均样。

1）采样原则

①采样必须注意样品的生产日期、批号、代表性和均匀性（掺伪食品和食物中毒样品除外）。采集的数量应能反映该食品的卫生质量和满足检验项目对试样量的需要，一式三份，供检验、复验、备查或仲裁，一般散装样品每份不少于 0.5 kg。

②采样容器根据检验项目可选用硬质玻璃瓶或聚乙烯制品。

③固体、颗粒状样品如大豆，应自每批食品上、中、下三层中的不同部位分别采取部分样品，混合后按四分法对角取样，再进行几次混合，最后取有代表性的样品。

④液体、半流体样品如豆浆应先充分混匀后再采样。

⑤小包装食品如包装豆腐干，应根据批号随机取样，取样件数为 250 g 以上的包装不得少于 6 个，250 g 以下的包装不得少于 10 个。

⑥豆腐等组成不均匀的样品对各个部分分别采样经过捣碎混合成为平均样品。

⑦掺伪食品和食品中毒的样品采集，要具有典型性。

⑧检查后的样品保存：一般样品在检验结束后，应保留一个月，以备需要时复检。易变质食品不予保留，保存时应加封并尽量保持原状。检验取样一般都指取可食部分，以所检验的样品计算。

⑨样品应按不同检验目的要求妥善包装、运输、保存，送实验室后，应尽快进行检验。

2）采样方式。采样方式分为随机抽样、系统抽样和指定代表性抽样。

3）采样方法。采样方法包括不定比例采样、定比例采样、定时采样、两极采样。

①不定比例采样。在大批物料堆垛或车皮中，分别从上、中、下层的中央或四周或四边各取一定数量的样品，然后使其混合充分。

②定比例采样。按产品的批量定出抽样的百分比，如抽取0.1%、0.2%、0.05%等。

③定时采样。在生产过程中每隔一定时间抽取一定量的样品进行检验。

④两级采样。首先由生产单位抽样检验，经检验合格后，再由国家质量监督检验检疫部门或卫生检验部门进行抽样检验。

4）样品的保存。采得样品后应尽快进行检验，尽量减少保存时间，以防止其中水分或挥发性物质的散失以及其他待测成分的变化。样品保存应遵循的原则包括防止污染、防止腐败变质、稳定水分、固定待测成分。

（2）样品的制备和预处理

1）样品制备。按照要求采得的样品必须进行粉碎、混匀和缩分，以保证样品十分均匀，分析时采集任何部分都具有代表性。样品的制备必须在不破坏待测成分的条件下进行，必须先去除不可食部分。

2）样品的预处理。食品的组成是复杂的，在分析过程中各成分之间常常产生干扰；或者被测物质含量甚微，难以检出。因此在测定前需进行样品处理，以消除干扰成分或进行分离、浓缩。

样品处理过程中，应遵循既要排除干扰因素，又不能损失被测物质，而且使被测物质达到浓缩的原则。

样品处理的方法很多，可根据具体的食品样品和测定项目来决定采用何种处理方法。

（3）检验测定

食品理化检验的目的就是根据测定的分析数据对被检食品的品质和质量做出正确客观的判断和评定，为此，检验测定过程中，必须实行全面质量控制程序。

1）食品理化检验方法的选择。食品理化检验方法的选择是质量控制程序的关键之一，选择的原则是精密度高、重复性好、判断准确、结果可靠。

2）食品理化检验工作中分析仪器的选择与校正。食品理化检验工作中分析仪器的选择与校正对质量控制也是十分重要的，必须慎重选择，认真校正，照章操作。因为食品中有些成分含量甚微，如黄曲霉毒素。因此，检测仪器的灵敏度必须达到同步档次，否则将难以保证检测质量。

3）试剂、标准品、器具和水质标准的选择

①食品理化检验所需的试剂和标准品以优级纯（G. R.）或分析纯（A. R.）为主，必须保证纯度和质量。

②食品理化检验所需的量器（滴定管、容量瓶等）必须校准，容器和其他器具也必须洁净并符合质量要求。

③检验用水在没有注明其他要求时，是指其纯度能够满足分析要求的蒸馏水或去离子水。

（4）分析数据处理

1）记录。记录数据反映了检验测定量的可靠程度。在测定值中只保留最后一位可疑数字，有效数的位数与方法中测量仪器精度最低的有效数位数相同。

2）运算规则。食品理化检验中的数据计算均按有效数字计算法则进行。

3）计算及标准曲线的绘制。食品理化检验中多次测定的数据均应按统计学方法计算其算术平均值、标准偏差、相对标准差、变异系数。同时用直线回归方程式计算结果并绘制标准曲线。

4）食品分析的误差。食品分析的误差分为系统误差和偶然误差。可以采用正确选取样品量；增加平行测定次数，减少偶然误差；对照试验；空白试验；校正仪器和标定溶液；严格遵守操作规程等方法来消除或减少误差。

5）检验结果的表示方法。检验结果的表示方法应与食品卫生标准的表示方法一致。

（5）编写检验报告

编写检验报告时应该做到以下几点：

1）实事求是、真实无误。

2）按照国家标准进行公正仲裁。

3）认真负责，签字盖章。

3. 理化指标的主要检验方法

（1）物理分析法

指通过测定密度、黏度、折光率、旋光度等物质特有的物理性质来求出被测组分含量的方法。

（2）化学分析法

以物质的化学反应为基础，使被测成分在溶液中与化学试剂作用，由生成物的量或消耗试剂的量来确定组分含量的方法，包括定性分析和定量分析。

（3）定量分析法

1）称量法。包括食品中水分、灰分、脂肪、果胶、纤维等成分的测定，常规法都是称量法。

2）容量法。包括酸碱滴定法、氧化还原滴定法、配位滴定法和沉淀滴定法。如酸度、蛋白质的测定常用酸碱滴定法。还原糖、维生素 C 的测定常用氧化还原滴定法。

（4）物理化学分析法

通过测量物质的光学性质、电化学性质等物理化学性质来求出被测组分含量的方法。

三、微生物检验

1. 微生物检验的定义

食品的微生物检验是指采用仪器分析手段及微生物检测手段对食品中的添加剂、有害微生物、污染成分等进行分析检测。

2. 食品微生物检验样品的采集

（1）样品采集的原则

1）所采样品应具有代表性。每批食品应随机抽取一定数量的样品，在生产过程的不同时间段内各取少量样品予以混合，固体或半固体的食品应从表层、中层和底层、中间和四周等不同部位取样。

2）采样必须符合无菌操作的要求，防止一切外来污染，一件用具只能用于一个样品，防止交叉污染。

3）在保存和运送过程中应保证样品中微生物的状态不发生变化，采集的非冷冻食品一般在 0～5℃冷藏，不能冷藏的食品应在 36 h 内进行检验。

4）采样标签应完整、清晰。每件样品的标签须标记清晰，并尽可能提供详尽的资料。

（2）样品的采集方法

1）样本选择。样本选择可以分为有针对性选择和随机选择两种。在现场抽样时，可利用随机抽样表进行随机抽样。

2）抽样（采样）方法。抽样必须遵循无菌操作程序。抽样工具如整套不锈钢勺子、镊子、剪刀等应当高压灭菌，防止一切可能的外来污染。容器必须清洁、干燥、防漏、广口、灭菌，大小适合盛放检样。抽样全过程中，应采取必要的措施防止食品中固有微生物的数量和生长能力发生变化。确定检验批，应注意产品的均质性和来源，确保检样的代表性。按照采集对象的特点不同，常见的抽样方法有如下几种：

①直接食用的小包装食品，尽可能取原包装，直到检验前不要开封，以防污染。

②统装或大容器包装的液体食品

a. 在抽样前应摇动或用灭菌棒搅拌液体，尽量使其达到均质。

b. 抽样时应先将抽样用具浸入液体内略加漂洗，然后再取所需量的样品，装入灭菌盛样容器的量，不应超过其容量的 3/4，以便于检验前将样品摇匀。

c. 取样完成后，应用消毒过的温度计插入液体内测量食品的温度，并作记录；尽可能不用水银温度计测量，以防温度计破碎后水银污染食品；如为非冷藏易腐食品，应迅速将所抽样品冷却至 0～4℃。

③统装或大容器包装的固体和固体食品

a. 每份样品应用灭菌抽样器由几个不同部位采集，采集后一起放入一个灭菌容器内。

b. 不要使样品过度潮湿，以防食品中固有的细菌增殖。

④统装或大容器包装的冷冻食品

a. 对大块冷冻食品应从几个不同部位用灭菌工具抽样，使之有充分的代表性。

b. 在将样品送达实验室前，要始终保持样品处于冷冻状态；样品一旦融化，不可使其再冻，保持冷却即可。

⑤生产过程中的抽样

a. 划分检验批次，应注意同批产品质量的均一性。

b. 如用固定在储液桶或流水作业线上的抽样龙头抽样，应事先将龙头消毒。

c. 当用自动抽样器采集不需要冷却的粉状或固定食品时，必须履行相应的管理办法，保证产品的代表性不被人为地破坏。

(3) 食品检验样品的运送及处理

抽样过程中应对所抽样品进行及时、准确的标记；抽样结束后，应由抽样人写出完整的抽样报告，使样品尽可能保持在原有条件下迅速发送至实验室。

(4) 检样的制备

采用均质法将不易混合的检样放在均质器中，加入稀释液进行均质。

3. 微生物检验的主要指标

食品在食用前的各个环节中，被微生物污染往往是不可避免的。评价食品被微生物污染的程度，要采用微生物检验指标。常用的微生物检验指标有 3 项：细菌指标即菌落总数、大肠菌群（MPN）和致病菌。

（1）菌落总数

指一定数量或面积的食品样品，在一定条件下进行细菌培养，使每一个活菌只能形成一个肉眼可见的菌落，然后进行菌落计数所得的菌落数量。通常以 1 g、1 mL或 1 cm^2样品中所含的菌落数量来表示。

按国家标准方法规定，菌落总数是指在需氧情况下，37℃培养 48 h，能在普通营养琼脂平板上生长的细菌菌落总数。厌氧或微需氧菌、有特殊营养要求的以及非嗜中温的细菌，由于现有条件不能满足其生理需求，故难以繁殖生长，因此菌落总数并不表示实际中的所有细菌总数。菌落总数并不能区分其中细菌的种类，所以有时被称为杂菌数、需氧菌数等。

（2）大肠菌群

大肠菌群是指在 37℃能发酵乳糖、产酸、产气、需氧和兼性厌氧的革兰氏阴性无芽孢杆菌。

从种类上讲，大肠菌群包括许多生化及血清学特性均很不相同的细菌，其中有埃希氏菌属、枸橼酸菌属、肠杆菌属和克雷伯氏菌属等，以埃希氏菌属为主。大肠菌群是指在 100 mL（或 100 g）食品检样中所含大肠菌群的最近似值。

大肠菌群是评价食品卫生质量的重要指标之一，目前已被国内外广泛应用于食品卫生工作中。

（3）致病菌

食品首先应考虑其安全性，其次才是可食性和其他特性。食品中一旦含有致病性微生物，其安全性就随之丧失，当然食用性也就不复存在了。各国的卫生部门对致病性微生物都作了严格的规定，把它作为食品卫生质量的最重要指标。食品中的致病菌一般规定不得检出。

第 2 节　大豆质量检验基本知识

作为豆制品生产中最主要的原料——大豆，其理化、卫生质量直接关系到最终产品的质量。对原料大豆的检验主要包括理化检验和卫生检验两方面。

一、大豆的理化检验

影响原料大豆品质的理化指标主要有杂质、不完善粒、纯粮率、水溶性蛋白质。

1. 杂质

各国对大豆杂质包括的内容并不完全相同，这是在大豆贸易中必须引起注意的。我国大豆标准规定，大豆杂质包括 3 种：一是筛下物，指通过直径 3.0 mm 圆孔筛的物质；二是无机杂质，包括泥土、沙石、砖瓦块及其他无机物质；三是有机杂质，包括无食用价值的大豆粒、异种粮粒及其他有机物质。

2. 不完善粒

大豆的不完善粒包括未熟粒、虫蚀粒、病斑粒、破碎粒、生芽粒、冻粒、变质粒等伤及子叶的豆粒。大豆的不完善粒不仅影响大豆外观，而且降低大豆的食用价值，也不利于加工和保管，影响大豆制品的成品率和质量。因此，各国对大豆的不完善粒均有限量规定。

3. 纯粮率

大豆的纯粮率是通过完善粒、不完善粒、杂质计算出来的。即首先检验大豆的杂质（含大样杂质和小样杂质），算出大豆杂质总量；其次检验大豆的不完善粒；最后可算出大豆的纯粮率（即大豆的完善粒与 1/2 不完善粒之和占试样的百分率）。即除去杂质的大豆（其中不完善粒折半计算）占试样重量的百分率。

4. 水溶性蛋白质

仪器和用具：粉碎机、磨口带塞锥形瓶、振荡器、容量瓶、离心机、玻璃漏斗、凯氏烧瓶、圆底烧瓶、万用电炉、锥形烧瓶、微量滴定管、移液管、量筒、洗耳球、凯氏微量蒸馏装置。

试剂：浓硫酸—过氧化氢—水混合液（2∶1∶3）、混合催化剂［硫酸铜 10 g，硫酸钾（A.R）100 g，硒粉 0.2 g］，40% 氢氧化钠溶液、2% 硼酸溶液、0.01 mol/L 盐酸溶液、甲基红乙醇溶液、次甲基蓝乙醇溶液。

结果计算：水溶性蛋白质含量按下列公式计算。

$$\text{水溶性蛋白质(干基)}=(V_1-V_0)\times M\times 0.014\times 6.25\times\frac{10}{250}\times\frac{5}{50}\times\frac{10\ 000}{W\ (100-X)}$$

式中　V_1——滴定 5 mL 样品液消耗盐酸的体积，mL；

V_0——滴定 5 mL 空白液消耗盐酸的体积，mL；

M——盐酸溶液的当量浓度，mol/L；

0.014——1.0 mL 盐酸[c(HCl)＝1.000 mol/L]标准滴定溶液相当的氮的质量，g；

6.25——大豆含氮量换算成蛋白质系数；

10——吸收提取液进行消化的体积，mL；

250——总提取液的体积，mL；

5——吸收消化液进行蒸馏的体积，mL；

50——总消化液的体积，mL；

W——试样质量，g；

X——试样水分百分率。

二、原料大豆的卫生学检验

1. 大豆中有机磷农药的测定（气相色谱法）

本法适用于大豆中敌敌畏、乐果、马拉硫磷、杀螟硫磷、倍硫磷等有机磷农药的残留量分析。最低检出量为 0.1～0.3 ng，进样量相当于 0.01 g 试样，最低检出浓度范围为 0.01～0.03 mg/kg。

原理： 试样中有机磷农药经提取、分离净化后在富氢焰上燃烧，以 HPO 碎片的形式，放射出波长 526 nm 的光，这种特征光通过滤光片选择后，由光电倍增管接收，转换成电信号，经微电流放大器放大后，被记录下来。试样的峰高与标准的峰高相比，计算出试样相当的含量。

试剂： 二氯甲烷、无水硫酸钠、丙酮、中性氧化铝、活性炭、盐酸（3 mol/L）、硫酸钠溶液（50 g/L）、有机磷农药标准品、苯（或三氯甲烷）。

仪器： 气相色谱仪（有火焰光度检测器）、电动振荡器、具塞锥形瓶、容量瓶。

计算： 试样中有机磷农药的含量按下式进行计算。

$$X=\frac{A\times 1\,000}{m\times 1\,000\times 1\,000}$$

式中　X——试样中有机磷农药的含量，mg/kg；

A——进样体积中有机磷农药的质量，ng；

m——进样体积（μL）相当于试样的质量，g。

2. 大豆中六六六、滴滴涕残留量的测定（气相色谱法）

原理： 试样中六六六、滴滴涕经提取、净化后用气相色谱法测定，与标准比较定量。电子捕获检测器对于负电极强的化合物具有极高的灵敏度，利用这一特点，可分别测出痕量的六六六、滴滴涕。不同异构体和代谢物可同时分别测定。

试剂： 丙酮、正己烷、石油醚（沸程 30～60℃）、苯、硫酸、无水硫酸钠、六六六（α－HCH、β－HCH、γ－HCH 和 δ－HCH）纯度＞99%，滴滴涕（ρ，

p'-DDE、o，p'-DDT、p，p'-DDD、p，p'-DDT）纯度>99%。

仪器：气相色谱仪（配有电子捕获检测器）、旋转蒸发器、N-蒸发器、匀浆机、调速多用振荡器、离心机、植物样本粉碎机。

结果计算：试样中六六六、滴滴涕及其异构体或代谢物的单一含量按下式进行计算。

$$X=\frac{A_1}{A_2}\times\frac{m_1}{m_2}\times\frac{V_1}{V_2}\times\frac{1\,000}{1\,000}$$

式中　X——试样中六六六、滴滴涕及其异构体或代谢物的单一含量，mg/kg；

A_1——被测定试样各组分的峰值（峰高或面积）；

A_2——各农药组分标准的峰值（峰高或面积）；

m_1——单一农药标准溶液的含量，ng；

m_2——被测定试样的取样量，g；

V_1——被测定试样的稀释体积，mL；

V_2——被测定试样的进样体积，μL。

3. 甲萘威残留量的测定（高效液相色谱法）

原理：样品经提取、弗罗里硅土净化后，浓缩、定容作为测定溶液，取一定量注入高效液相色谱仪，经分离用紫外 280 nm 检测器检测，与标准系列比较定量。

试剂：苯、乙腈、甲醇、二氯甲烷、无水硫酸钠、弗罗里硅土、甲萘威标准溶液。

仪器：高效液相色谱仪、溶剂过滤器、超声波仪、KD 浓缩器或旋转式蒸发器。

液相色谱测定参考条件：

色谱柱：不锈钢柱，μ-BondpakC_{18}，3.9 mm×30 cm；

检测器：紫外检测器波长 280 nm，灵敏度 0.01～0.02；

流动相：乙腈+水（55+45）混合溶剂，流速 1 mL/min。

温度：室温。

测定：吸取 10 μL 标准使用液及试样液注入色谱仪，以保留时间定性，用标准曲线法定量。

结果计算：

$$X=\frac{A\times1\,000}{m\times V_2/V_1\times1\,000}$$

式中　X——检样中甲萘威的含量，mg/kg；

A——从标准曲线求出样液中的质量，μg；

V_1——样液定容的体积，mL；

V_2——注入色谱的体积，mL；

m——试样的质量，g。

4. **汞的测定（原子荧光光谱分析法）**

原理：试样经酸加热消解后，在酸性介质中，试样中汞被硼氢化钾（KBH_4）或硼氢化钠（$NaBH_4$）还原成原子态汞，由载气（氩气）带入原子化器中，在特制汞空心阴极灯照射下，基态汞原子被激发至高能态，在去活化回到基态时，发射出特征波长的荧光，其荧光强度与汞含量成正比，与标准系列比较定量。

试剂：硝酸、30%过氧化氢、硫酸、硫酸＋硝酸＋水（1＋1＋8）、硝酸溶液（1＋9）、氢氧化钾溶液、硼氢化钾溶液、汞标准储备溶液、汞标准使用溶液。

仪器：双道原子荧光光度计、高压消解罐（100 mL 容量）、微波消解炉。

仪器参考条件：光电倍增管负高压：240 V；汞空心阴极灯电流：30 mA；原子化器：温度 300℃，高度 8.0 mm；氩气流速：载气 500 mL/min；屏蔽气：1 000 mL/min；测量方式：标准曲线法；读数方式：峰面积；读数延迟时间：1.0 s；硼氢化钾溶液加液时间：8.0 s；标液或样液加液体积：2 mL。

结果计算：

$$X=\frac{(c-c_0)\times V\times 1\,000}{m\times 1\,000\times 1\,000}$$

式中 X——试样中汞的含量，mg/kg 或 mg/L；

c——试样消化液中汞的含量，ng/mL；

c_0——试样空白液中汞的含量，ng/mL；

V——试样消化液总体积，mL；

m——试样质量或体积，g 或 mL。

5. **镉的测定（石墨炉原子吸收光谱法）**

原理：试样经灰化或酸消解后，注入原子吸收分光光度计石墨炉中，电热原子化后吸收 228.8 nm 共振线，在一定浓度范围，其吸收值与镉含量成正比，与标准系列比较定量。

试剂：硝酸、硫酸、过氧化氢、高氯酸、硝酸（1＋1）、硝酸（0.5 mol/L）、盐酸（1＋1）、磷酸铵溶液（20 g/L）、混合酸为硝酸＋高氯酸（4＋1）、镉标准储备液、镉标准使用液。

仪器：所用玻璃仪器均需以硝酸（1＋5）浸泡过夜，用水反复冲洗，最后用去离子水冲洗干净；原子吸收分光光度计（附石墨炉及铅空心阴极灯）、马弗炉、恒温干燥箱、瓷坩埚、压力消解器、压力消解罐或压力溶弹、可调式电热板、可调式电炉。

仪器条件：根据各自仪器性能调至最佳状态。参考条件为波长 228.8 nm，狭缝 0.5～1.0 nm，灯电流 8～10 mA，干燥温度 120℃，20s；灰化温度 350℃，15～20 s；原子化温度 1 700～2 300℃，4～5 s，背景校正为氘灯或塞曼效应。

结果计算：

$$X=\frac{(A_1-A_2)\times V\times 1\,000}{m\times 1\,000}$$

式中　X——试样中镉含量，μg/kg 或 μg/L；

A_1——测定试样消化液中镉含量，ng/mL；

A_2——空白液中镉含量，ng/mL；

V——试样硝化液总体积，mL；

m——试样质量或体积，g 或 mL。

6. 氟的测定（扩散—氟试剂比色法）

原理：食品中氟化物在扩散盒内与酸作用，产生氟化氢气体，经扩散被氢氧化钠吸收。氟离子与镧（Ⅲ）、氟试剂（茜素氨羧络合剂）在适宜的 pH 值下生成蓝色三元络合物，颜色随氟离子浓度的增大而加深，用或不用含胺类有机溶剂提取，与标准系列比较定量。

试剂：本方法所用水均为不含氟的去离子水，试剂为分析纯，全部试剂储存于聚乙烯塑料瓶中；丙酮、硫酸银—硫酸溶液（20 g/L）、氢氧化钠—无水乙醇溶液（40 g/L）、乙酸溶液（1 mol/L）、茜素氨羧络合剂溶液、乙酸钠溶液（250 g/L）、硝酸镧溶液、缓冲液（pH 值为 4.7）、二乙基苯胺—异戊醇溶液（5＋100）、硝酸镁溶液（100 g/L）、氢氧化钠溶液（40 g/L）、氟标准溶液、氟标准使用液、圆滤纸片。

仪器：塑料扩散盒、恒温箱、可见分光光度计、酸度计、马弗炉。

结果计算：

$$X=\frac{A\times 1\,000}{m\times 1\,000}$$

式中　X——试样中氟的含量，mg/kg；

A——测定用试样中氟的质量，μg；

m——试样的质量，g。

7. **氰化物的测定**

原理：向检样中加入酒石酸和硝酸锌，在 pH 值为 4 的条件下，加热蒸馏，简单氰化物和部分络合氰化物（如锌氰络合物）以氰化氢形式被蒸馏出，并用氢氧化钠吸收。经蒸馏得到的碱性馏出液，用硝酸银标准溶液滴定，氰离子与硝酸银作用形成可溶性的银氰络合离子 $[Ag(CN)_2]^-$，过量的银离子与试银灵指示剂反应，溶液由黄色变为橙红色，进行比色测定。

试剂：酒石酸溶液、甲基橙指示剂、硝酸锌溶液、乙酸铅试纸、碘化钾—淀粉试纸、硫酸溶液、亚硫酸钠溶液、氨基磺酸溶液、氢氧化钠溶液、试银灵指示剂、铬酸钾指示剂、氯化钠标准溶液、硝酸银标准溶液。

仪器：全玻璃蒸馏器、可调电炉、量筒、容量瓶、氰化物蒸馏装置、棕色酸式滴定管、锥形瓶。

结果计算：氰化物含量以氰离子（CN^-）计，按下式计算。

$$\text{氰化物的含量}=\frac{c\ (V_a-V_0)\times 52.04\times \frac{V_1}{V_2}\times 1\ 000}{V}$$

式中 c——硝酸银标准溶液浓度，mol/L；

V_a——测定试样时硝酸银标准溶液用量，mL；

V_0——空白试验硝酸银标准溶液用量，mL；

V——样品体积，mL；

V_1——馏出液的体积，mL；

V_2——测定时所取馏出液的体积，mL；

52.04——相当于 1 L 的 1 mol/L 硝酸银标准溶液的氰离子（$2CN^-$）质量，g。

8. **二硫化碳的测定**

原理：试样在蒸馏提取器中与异辛烷和硫酸溶液加热共沸。二硫化碳与异辛烷、水蒸气一起蒸出，经冷却在蒸馏提取器的收集管中将异辛烷提取液与水分离。提取液经脱水后定容。用配有电子俘获检测器的气相色谱仪测定，外标法定量。

试剂和材料：蒸馏水、异辛烷、无水硫酸钠、浓硫酸、二硫化碳标准储备液、二硫化碳标准使用液。

仪器和设备：气相色谱仪、蒸馏提取器、微量注射器、容量瓶、无水硫酸钠柱、电热套、全玻璃系统蒸馏装置。

色谱条件：色谱柱使用玻璃柱，1.6 mm×3.2 mm（内径），填充物为 25%

(m/m)DC－200 涂于 ChromosorbWAW－DMCS（60～80 目）；色谱柱温度为 75℃；进样口温度为 150℃；检测器温度为 150℃；氮气纯度为 99.99%，25 mL/min。

结果计算：

$$X=\frac{h\cdot c\cdot V}{h_0\cdot m}$$

式中　X——试样中二硫化碳残留量，mg/kg；

h——样液中二硫化碳的峰高，mm；

h_0——标准工作液中二硫化碳峰高，mm；

c——标准工作溶液中二硫化碳的浓度，μg/mL；

V——样液最终定容体积，mL；

m——称取的试样量，g。

9. 西维因、抗蚜威的测定

原理： 试样中残留的西维因、抗蚜威等采用丙酮提取，提取液蒸干，加入正己烷饱和乙腈—正己烷液分配，中性氧化铝层析柱净化。用配有氮磷检测器的气相色谱仪测定，外标法定量。

试剂和材料： 除另有规定外，试剂均为分析纯，水为蒸馏水或相适应的去离子水。

丙酮、甲醇、正己烷、乙腈、无水硫酸钠、二氯甲烷、乙酸乙酯、中性氧化铝、洗脱液、西维因标准品的纯度＞90%、抗蚜威标准品的纯度＞90%。

仪器和设备： 气相色谱仪并配有氮磷检测器、振荡器、玻璃层析柱、旋转蒸发器、微量注射器。

色谱条件：

色谱柱：石英毛细管柱，DB－1，0.25 mm×20 mm，膜厚 0.25 μm；载气：氮气，纯度＞99.99%，1.2 mL/min；氢气：3.5 mL/min；空气：100 mL/min；尾吹气：氮气，30 kPa；色谱柱温：50℃（0.5 min）→15℃/min→110℃→8℃/min→240℃（2 min）；进样口温度：245℃；检测器温度：280℃；进样方式：不分流方式；进样量：2 μL；开阀时间：0.3 min；分流比：3∶1。

结果计算：

$$X_i=\frac{A_i\cdot C_i\cdot V}{A_s\cdot m}$$

式中　X_i——试样中某一被测组分含量，mg/kg；

A_i——样液中的色谱峰面积，μV·s；

A_s——标准工作液中某一被测组分的色谱峰面积，μV·s；

C_i——标准工作液中某一被测组分的浓度，μg/mL；

V——样液最终定容体积，mL；

M——最终样液所代表的试样量，g。

10. 氯氰菊酯、氰戊菊酯和溴氰菊酯的测定

原理：样品中氯氰菊酯、氰戊菊酯和溴氰菊酯经提取、净化、浓缩后用电子捕获—气相色谱法测定。

氯氰菊酯、氰戊菊酯和溴氰菊酯经色谱柱分离后进入电子捕获检测器中，便可分别测出其含量。经放大器，把信号放大用记录器记录峰高或峰面积。利用被测物的峰高或峰面积与标准的峰高或峰面积进行比较定量。

试剂：石油醚、丙酮、无水硫酸钠、层析中性氧化铝、层析活性炭、脱脂棉、农药标准品（氯氰菊酯 96%，氰戊菊酯 94.3%，溴氰菊酯 97.5%）。

仪器：气相色谱仪附电子捕获检测器、高速组织捣碎机、电动振荡器、高温炉、KD 浓缩器或恒温水浴箱、具塞三角烧瓶、玻璃漏斗、10 μL 注射器。

色谱条件：色谱柱：玻璃 3 mm（内径）×1.5 m 或 1 m，内填充 3% OV-101Chromosorb（WAW-DMCS）80～100 目；温度：柱温 245℃，进样口和检测器 260℃；载气：高纯氮气；流速 140 mL/min（GC-5A 型色谱仪），其他型号仪器自选流速。

结果计算：用外标法定量，计算公式如下：

$$C_X=\frac{h_X \cdot C_s \cdot Q_s \times V_X}{h_s \cdot m \cdot Q_X}$$

式中 C_X——样品中农药含量，mg/kg；

h_X——样品溶液峰高，mm；

C_s——标准溶液浓度，g/mL；

Q_s——标准溶液进样量，μL；

V_X——样品的定容体积，mL；

h_s——标准溶液峰高，mm；

m——样品质量，g；

Q_X——样品溶液的进样量，μL。

第 3 节　豆制品检验基本知识

豆制品的检验包括感官检验、理化检验和微生物检验。

一、豆制品的感官检验

豆制品的感官检验同样是依据观察其色泽、组织状态，嗅闻其气味和品尝其滋味来进行的。

1. 色泽检验

进行豆制品色泽的感官检验时，取豆制品在自然光线下直接观察。品质优良的豆制品为自然光泽，并应有本品固有的色泽。

2. 组织状态检验

取豆制品在自然光线下观察其外观形态。品质优良的豆制品应有本品固有的质构，质地均一、无变异现象。固态块状产品可先进行外部观察，然后用刀切开后再仔细观察切口处，最后用手轻轻按压，以感知其弹性和硬度。

3. 气味检验

进行豆制品气味的感官检验时，取豆制品样品，在空气清新的室温环境下，直接嗅其气味。必要时加热后再嗅其气味。品质优良的豆制品应具有豆制品固有的气味，无异味。

4. 滋味检验

进行豆制品滋味的感官检验时，用清水漱口后，品尝样品滋味。品质优良的豆制品应具有豆制品固有的滋味，无异味。

二、豆制品理化检验

豆制品检验的理化指标主要有蛋白质含量、水分、脂肪含量、食盐含量、总糖含量、灰分、总酸含量、总砷含量、铅含量、铜含量、黄曲霉毒素 B1 含量等。

1. 蛋白质的测定

豆制品中蛋白质的测定一般使用《食品中蛋白质的测定》（GB/T 5009.5—2003）中的凯氏定氮法。具体方法如下：

原理：蛋白质是含氮的有机化合物。食品与硫酸、硫酸铜及硫酸钾一同加热消化，使蛋白质分解，分解的氨与硫酸结合生成硫酸铵。然后碱化蒸馏使氨游离，用硼酸吸收后以硫酸或盐酸标准溶液滴定，根据酸的消耗量乘以换算系数，即为蛋白质含量。

试剂： 硫酸铜、硫酸钾、硫酸（密度为 1.8 419 g/L）、20 g/L 硼酸溶液、400 g/L 氢氧化钠溶液、0.0 500 mol/L 硫酸标准溶液或 0.0 500 mol/L 盐酸标准溶液、1 份 1 g/L 甲基红乙醇溶液与 5 份 1 g/L 溴甲酚绿乙醇溶液或 2 份 1 g/L 甲基红乙醇溶液与 1 份 1 g/L 次甲基蓝乙醇溶液临用时混合的混合指示液，所有试剂均用不含氨的蒸馏水配制。

主要仪器： 分析天平、定氮瓶、容量瓶、消化装置、蒸馏装置、滴定装置等。

结果计算：

$$X=\frac{(V_1-V_2)\times c\times 0.014}{m\times 10/100}\times F\times 100$$

式中 X——试样中蛋白质的含量，g/100 g 或 g/100 mL；

V_1——试样消耗硫酸或盐酸标准滴定液的体积，mL；

V_2——试剂空白样消耗硫酸或盐酸标准滴定液的体积，mL；

c——硫酸或盐酸标准滴定溶液的浓度，mol/L；

0.014——1.0 mL 硫酸[$c(1/2H_2SO_4)=1.000$ mol/L]或盐酸[$c(HCl)=1.000$ mol/L]标准滴定溶液相当的氮的质量，g；

m——试样的质量或体积，g 或 mL；

F——氮换算为蛋白质的系数，大豆及其粗加工制品为 5.71，大豆蛋白制品为 6.25。

2. 水分的测定

豆制品水分的测定使用《食品中水分的测定》（GB/T 5009.3—2003）中的直接干燥法。具体方法如下：

原理： 食品中的水分一般是指在 100℃左右直接干燥的情况下，所失去物质的总量。直接干燥法适用于在 95～105℃下，不含或含其他挥发性物质甚微的食品。

试剂： 只有检验豆浆等液态豆制品时需要试剂，6 mol/L 盐酸、6 mol/L 氢氧化钠溶液、海沙。

仪器： 分析天平、扁形铝制或玻璃制称量瓶、干燥器、电热恒温干燥箱等。

结果计算： 试样中的水分的含量按下式进行计算。

$$X=\frac{m_1-m_2}{m_1-m_3}\times 100\%$$

式中 X——试样中水分的含量；

m_1——称量瓶（或蒸发皿加海沙、玻璃棒）和试样的质量，g；

m_2——称量瓶（或蒸发皿加海沙、玻璃棒）和试样干燥后的质量，g；

m_3——称量瓶（或蒸发皿加海沙、玻璃棒）的质量，g。

3. 脂肪的测定

豆制品中脂肪的测定使用《食品中脂肪的测定》（GB/T 5009.6—2003）中的索氏提取法。具体方法如下：

原理： 样品用无水乙醚或石油醚等溶剂抽提后，蒸去溶剂所得的物质，称为粗脂肪。因为除脂肪外，还含有色素及挥发油、蜡、树脂等物。抽提法所测的脂肪为游离脂肪。

试剂： 无水乙醚或石油醚。海沙：取用水洗去泥土的海沙或河沙，先用盐酸（1＋1）煮沸 0.5 h，用水洗至中性，再用氢氧化钠溶液（240 g/L）煮沸 0.5 h，用水洗至中性，经（100±5）℃干燥备用。

仪器： 索氏提取器。

结果计算：

$$X=\frac{m_1-m_0}{m_2}\times 100$$

式中　X——试样中粗脂肪的含量，g/100 g；

m_1——接收瓶和粗脂肪的质量，g；

m_0——接收瓶的质量，g；

m_2——试样的质量（如是测定水分后的试样，则按测定水分前的质量计），g。

4. 食盐的测定

豆制品中食盐含量的测定方法如下：

原理： 用硝酸银标准溶液滴定试样中的氯化钠，生成氯化银沉淀，待全部氯化银沉淀后，多滴加的硝酸银与铬酸钾指示剂生成铬酸银使溶液呈橘红色即为终点。由硝酸银标准滴定溶液消耗量计算氯化钠的含量。

试剂： 硝酸银标准滴定溶液、铬酸钾溶液。

仪器： 10 mL 微量滴定管。

结果计算： 试样中食盐（以氯化钠计）含量（以干基计）按下式进行计算。

$$X=\frac{(V_1-V_2)\times c\times 0.0585}{m}\times\frac{100}{1-A}$$

式中　X——试样中食盐（以氯化钠计）含量（以干基计），g/100 g；

A——试样中水分，g/g；

m——试样质量，g；

V_1——测定用试样稀释液消耗硝酸银标准滴定溶液的体积，mL；

V_2——试剂空白样消耗硝酸银标准滴定溶液的体积，mL；

c——硝酸银标准滴定溶液的浓度，mol/L；

0.058 5——与 1.0 mL 硝酸银标准滴定溶液［c（$AgNO_3$）＝1.000 mol/mL］相当的氯化钠的质量，g。

5. 总糖的测定

原理：试样中的糖经热水提取后，用硫酸脱水，生成糠醛或糠醛衍生物。生成物与芳香族酚类或胺类化合物缩合生成黄色物质。在 470 nm 处有最大吸收值，该值与糖的浓度成正比，以此测定糖的含量。

试剂：苯酚、硫酸（GB/T 625—2007）、葡萄糖标准溶液、淀粉酶、碘（GB/T 675—2011）—碘化钾（GB 1272—2007）溶液。

仪器与设备：实验室常规设备、分光光度计。

结果计算：

$$X=\frac{m_1\times500\times10^{-6}}{m_0}$$

式中 X——试样中总糖含量（以葡萄糖计），%；

m_1——从标准曲线上查得葡萄糖含量，μg/mL；

m_0——试样质量，g；

500——试样的稀释倍数。

6. 灰分的测定

豆制品中灰分的测定使用《食品中灰分的测定》（GB/T 5009.4—2003）中的方法。具体方法如下：

原理：食品经灼烧后所残留的无机物质称为灰分。灰分用灼烧称重法测定。

仪器：马弗炉、分析天平、石英坩埚或瓷坩埚、干燥器。

结果计算：

$$X=\frac{m_1-m_2}{m_3-m_2}\times100$$

式中 X——试样中灰分的含量，g/100 g；

m_1——坩埚和灰分的质量，g；

m_2——坩埚的质量，g；

m_3——坩埚和试样的质量，g。

7. 总酸的测定

豆制品中总酸的测定使用《食品中总酸的测定》（GB/T 12456—2008）中的方法。具体方法如下。

原理：豆制品中含有多种有机酸，用氢氧化钠标准溶液滴定，以乳酸计算。

试剂：氢氧化钠标准滴定溶液、酚酞指示液。

仪器：磁力搅拌器、酸度计。

结果计算：

$$X=\frac{(V_1-V_2)\times c\times 0.09}{m\times \frac{V_3}{100}}\times 100$$

式中　X——试样中的酸度（以乳酸计），g/100 g；

V_1——测定用试样消耗氢氧化钠标准滴定溶液的体积，mL；

V_2——试剂空白样消耗氢氧化钠标准滴定溶液的体积，mL；

V_3——滴定用试样溶液的体积，mL；

c——氢氧化钠标准溶液实际浓度，mol/L；

0.09——与 1.00 mL 氢氧化钠标准滴定溶液［c（NaOH）＝1.000 mol/L］相当的乳酸质量，g；

m——试样质量，g。

8. 总砷的测定

豆制品中总砷的测定使用《食品中总砷及无机砷的测定》（GB/T 5009.11—2003）中的银盐法。具体方法如下。

原理：样品经消化后，以碘化钾、氯化亚锡将高价砷还原为三价砷，然后与锌粒和酸产生的新生态氢生成砷化氢，经银盐溶液吸收后，形成红色胶态物，与标准系列比较定量。样品消化可分为：硝酸—高氯酸—硫酸法、硝酸—硫酸法和灰化法。

试剂：氧化镁、无砷锌粒、150 g/L 的硝酸镁溶液、盐酸、硫酸、4∶1 硝酸—高氯酸混合溶液、150 g/L 的碘化钾溶液、200 g/L 的氢氧化钠溶液、酸性氯化亚锡溶液、100 g/L 的乙酸铅溶液、二乙基二硫代氨基甲酸银—三乙醇胺—三氯甲烷溶液、0.10 mg/mL 的砷标准溶液。

主要仪器：可见分光光度计、测砷装置，容量瓶、锥形瓶，定氮瓶或坩埚、水浴锅、马弗炉。

结果计算：

$$X=\frac{(m_1-m_2)\times 1\ 000}{m\times\frac{V_2}{V_1}\times 1\ 000}$$

式中 X——样品中砷的含量，mg/kg 或 mg/L；

m_1——测定用样品消化液中砷的质量，μg；

m_2——试剂空白液中砷的质量，μg；

m——样品质量（体积），g（mL）；

V_1——样品消化液的总体积，mL；

V_2——测定用样品消化液的体积，mL。

9. 铅的测定

豆制品中铅的测定使用《食品中铅的测定》（GB/T 5009.12—2003）中的石墨炉原子吸收光谱计法。具体方法如下。

原理：样品经灰化或酸消解后，在原子吸收分光光度计石墨炉中电热原子化后吸收 283.3 nm 共振线，在一定浓度范围，吸收值与铅含量成正比，与标准系列比较定量。

主要试剂：过硫酸铵、过氧化氢（30%）、高氯酸、硝酸、磷酸铵溶液（20 g/L）、铅标准储备液。

仪器：原子吸收分光光度计（附石墨炉及铅空心阴极灯）、马弗炉、干燥恒温箱、瓷坩埚、压力消解器、压力消解罐或压力溶弹、可调式电热板、可调式电炉，容量瓶。

结果计算：

$$X_1=\frac{(m_1-m_2)\times\frac{V_2}{V_1}\times V_3\times 1\ 000}{m_3\times 1\ 000}$$

式中 X_1——样品中铅含量，μg/kg（μg/L）；

m_1——测定样液中铅含量，ng/mL；

m_2——空白液中铅含量，ng/mL；

V_1——实际进样品消化液体积，mL；

V_2——进样总体积，mL；

V_3——样品消化液总体积，mL；

m_3——样品质量或体积，g 或 mL。

10. 铜的测定

豆制品中铜的测定使用《食品中铜的测定》（GB/T 5009.13—2003）中的原子

吸收光谱法。具体方法如下。

原理：试样经处理后，导入原子吸收分光光度计中，原子化以后，吸收 324.8 nm 共振线，其吸收值与铜含量成正比，与标准系列比较定量。

试剂：硝酸、石油醚、硝酸（10%）、硝酸（0.5%）、硝酸（1+4）、硝酸（4+6）、铜标准溶液、铜标准使用液Ⅰ、铜标准使用液Ⅱ。

仪器：捣碎机、马弗炉、原子吸收分光光度计。所用玻璃仪器均以硝酸（10%）浸泡 24 h 以上，用水反复冲洗，最后用去离子水冲洗晾干后，方可使用。

结果计算：

火焰法：

$$X=\frac{(A_1-A_2)\times V\times 1\,000}{m\times 1\,000}$$

式中　X——试样中铜的含量，mg/kg 或 mg/L；

A_1——测定用试样中铜的含量，μg/mL；

A_2——试剂空白液中铜的含量，μg/mL；

V——试样处理后的总体积，mL；

m——试样质量或体积，g 或 mL。

石墨炉法：

$$X=\frac{(A_1-A_2)\times 1\,000}{m\times (V_1/V_2)\times 1\,000}$$

式中　X——试样中铜的含量，mg/kg 或 mg/L；

A_1——测定用试样消化液中铜的质量，μg；

A_2——试剂空白液中铜的质量，μg；

m——试样质量（体积），g 或 mL；

V_1——试样消化液的总体积，mL；

V_2——测定用试样消化液体积，mL。

11. 黄曲霉毒素 B1 的测定

豆制品中黄曲霉毒素 B1 的测定使用《食品中黄曲霉毒素 B1 的测定》（GB/T 5009.22—2003）中的薄层层析法。具体方法如下。

原理：样品中黄曲霉毒素 B1 经提取、浓缩、薄层分离后，在波长 365 nm 紫外线下产生蓝紫色荧光，根据其在薄层上显示荧光的最低检出量来测定含量。

试剂：三氯甲烷、甲醇、苯、乙腈、丙酮、正己烷或石油醚（沸程 30～60℃或 60～90℃）、无水乙醚、硅胶 G、三氟乙酸、无水硫酸钠、氯化钠、黄曲霉毒素

B1 标准溶液。

主要仪器： 紫外分光光度计、小型粉碎机、样筛、电动振荡器、全玻璃浓缩器、玻璃板（5 cm×20 cm）、薄层板涂布器、展开槽、微量注射器或血色素吸管。

计算公式：

$$X_2 = 0.000\,4 \times \frac{V_1 \times D}{V_2} \times \frac{1\,000}{m}$$

式中 X_2——样品中黄曲霉毒素 B1 的含量，μg/kg；

V_1——加入苯—乙腈混合液的体积，mL；

V_2——出现最低荧光时滴加样液的体积，mL；

D——样液的总稀释倍数；

m——加入苯—乙腈混合液溶解时相当样品的质量，g；

0.000 4——黄曲霉毒素 B1 的最低检出量，μg。

12. 山梨酸、苯甲酸的检测

豆制品中山梨酸、苯甲酸的测定使用《食品中山梨酸、苯甲酸的测定》（GB/T 5009.29—2003）中的气相色谱法。具体方法如下。

原理： 试样酸化后，用乙醚提取山梨酸、苯甲酸，用附氢火焰离子化检测器的气相色谱仪进行分离测定，与标准系列比较定量。

试剂： 乙醚，石油醚，盐酸，无水硫酸钠，盐酸（1+1），氯化钠酸性溶液（40 g/L），山梨酸、苯甲酸标准溶液，山梨酸、苯甲酸标准使用液。

仪器： 气相色谱仪，附氢火焰离子化检测器。

色谱参考条件： 色谱柱：玻璃柱，内径 3 mm，长 2 m，内装涂以 5%DEGS+1%磷酸固定液的 60～80 目 Chromosorb WAW；气流速度：载气为氮气，50 mL/min（氮气和空气、氢气之比按各仪器型号不同选择各自的最佳比例条件）；温度：进样口 230℃、检测器 230℃、柱温 170℃。

结果计算： 试样中山梨酸或苯甲酸的含量按下式进行计算。

$$X = \frac{A \times 1\,000}{m \times \frac{5}{25} \times \frac{V_2}{V_1} \times 1\,000}$$

式中 X——试样中山梨酸或苯甲酸的含量，mg/kg；

A——测定用试样液中山梨酸或苯甲酸的质量，μg；

V_1——加入石油醚—乙醚（3+1）混合溶剂的体积，mL；

V_2——测定时进样的体积，μL；

m——试样的质量，g；

5——测定时吸取乙醚提取液的体积，mL；

25——试样乙醚提取液的总体积，mL。

由测得苯甲酸的量乘以 1.18，即为试样中苯甲酸钠的含量。

三、豆制品微生物检验

1. 菌落总数测定

(1) 菌落总数的概念

菌落总数是指食品检样经过处理，在一定条件下培养后（如培养基成分、培养温度和时间、pH 值、需氧性质等）所得 1 mL（g）检样中所含菌落的总数。本方法规定的培养条件下所得结果，只包括在营养琼脂上生长发育的嗜中温性需氧的菌落总数。

菌落总数主要作为判定食品被污染程度的标志，也可以应用这一方法观察细菌在食品中繁殖的动态，以便对被检样品进行卫生学评价时提供依据。

(2) 菌落总数的检测方法

豆制品中菌落总数的检验使用《食品微生物学检验　菌落总数测定》（GB 4789.2—2010）。具体方法如下。

1）培养基与试剂。肉汤蛋白胨固体培养基，组成为蛋白胨 5 g、酵母浸膏 2.5 g、葡萄糖 1.0 g、氯化钠 8.5 g、琼脂 15 g、蒸馏水 1 000 mL、无菌生理盐水。

2）主要仪器。均质器、试管振摇器、培养箱、恒温水浴锅、生物显微镜、三角烧瓶、吸管、培养皿、试管。

3）菌落计数。选取菌落数为 30～300 个的平板作为菌落总数测定标准，一个稀释度使用两个平板，应采用两个平板的平均数，其中一个平板有较大片状菌数生长时，则不宜采用，应以无片状菌数生长的平板作为该稀释度的菌落数，若片状菌落不到平板的一半，而其余一半中菌落分布又很均匀，即可计算半个平板后乘以 2 代表全皿菌落数，平皿内如有链状菌落生长时（菌落之间无明显界线），若仅有一条链，可视为一个菌落，如有不同来源的几条链，则应将每条链作为一个菌落计。

2. 大肠菌群测定

(1) 大肠菌群的概念

大肠菌群是指能在 37℃条件下，发酵乳糖、产酸、产气、需氧和兼性厌氧的革兰氏阴性无芽孢杆菌。该菌主要来源于人畜粪便，故以此作为粪便污染指标来评价食品的卫生质量，推断食品中是否有污染肠道致病菌的可能。食品中大肠菌群数以每克或每毫升样品中大肠菌群的最可能数（cfu）表示。

（2）大肠菌群的检测方法

豆制品中大肠菌群的检验使用《食品卫生微生物学检验　大肠菌群计数》（GB 4789.3—2010）。具体方法如下。

1）培养基与试剂。乳糖胆盐发酵管、乳糖发酵管、伊红美蓝琼脂培养基、EC 肉汤、磷酸盐缓冲稀释液、生理盐水、革兰氏染色液。

2）主要仪器。均质器、试管振摇器、培养箱、恒温水浴锅、生物显微镜、三角烧瓶、吸管、试管、培养皿、载玻片。

3）菌群计数。根据证实为粪大肠菌群的阳性管数，查 MPN 检索表，报告每克或每毫升粪大肠菌群的 cfu 值。

3. 沙门氏菌检验

（1）沙门氏菌的概念

沙门氏菌是肠杆菌科的一种细菌，革兰氏阴性杆菌，为致病菌。沙门氏菌通常是通过摄取受到动物粪便污染的食物进入人体内的，受到沙门氏菌污染的食物在外形与味觉上与正常食物没什么两样，不过只要充分加热即可杀灭受污染食品所含有的沙门氏菌。

（2）沙门氏菌检验

豆制品中沙门氏菌的检验使用《食品微生物学检验　沙门氏菌检验》（GB 4789.4—2010）。具体方法如下：

1）设备和材料。天平、均质器或乳钵、保温箱、显微镜、灭菌广口瓶、灭菌三角烧瓶、灭菌吸管、灭菌平皿、灭菌小试管、灭菌毛细管、橡皮乳头、载玻片、酒精灯、灭菌金属匙或玻璃棒、接种棒、镍铬丝、试管架、试管篓。

2）培养基和试剂。缓冲蛋白胨水（BPW）、四硫酸钠煌绿（TTB）增菌液、亚硒酸盐胱氨酸（SC）增菌液、亚硫酸铋琼脂（BS）、HE 琼脂、XLD 琼脂、沙门氏菌显色培养基、三糖铁琼脂、蛋白胨水、靛基质试剂、尿素琼脂（pH 值为 7.2）、氰化钾（KCN）培养基、氨基酸脱羧酶实验培养基、糖发酵管、ONPG 培养基、半固体琼脂、丙二酸钠培养基、沙门氏菌 O 和 H 诊断血清。

3）结果判定

①血清学鉴定及生化试验结果符合沙门菌属的特点者，可报告为“发现沙门菌”。

②血清学鉴定为阴性，而生化实验结果符合沙门菌属的生化特性时，再进行氰化钾实验；如仍符合时，则报告为“发现沙门菌属，但未鉴定”。如不符合，则报告为“未发现沙门菌属”。

③凡血清学鉴定及生化实验结果均不符合者，即报告为“未发现沙门菌属”。

4. 志贺氏菌检验

（1）志贺氏菌的概念

志贺氏菌属即通称的痢疾杆菌，为一类能使人和猿产生痢疾疾病的革兰氏阴性杆菌。志贺氏杆菌通常仅指Ⅰ型痢疾志贺氏菌。志贺氏杆菌是日本志贺诘在 1898 年首次分离得到的，因此而得名。

（2）志贺氏菌的检验

豆制品中志贺氏菌的检验使用《食品微生物学检验　志贺氏菌检验》（GB/T 4789.5—2003）。具体方法如下：

1）设备和材料。冰箱、恒温培养箱、显微镜、均质器、架盘药物天平、灭菌广口瓶、灭菌锥形瓶、灭菌培养皿、硝酸纤维素滤膜。

2）培养基和试剂。GN 增菌液、HE 琼脂、SS 琼脂、麦康凯琼脂、伊红美蓝琼脂、三糖铁琼脂、葡萄糖半固体管、半固体管、葡萄糖铵琼脂、尿素琼脂、西蒙氏柠檬酸盐琼脂、氰化钾培养基、氨基酸脱羧酶实验培养基、糖发酵管、5%乳糖发酵管、蛋白胨水、靛基质试剂、志贺氏菌属诊断血清。

3）结果报告。综合生化和血清学的实验结果判定菌型并作出报告。

5. 金黄色葡萄球菌检验

（1）金黄色葡萄球菌的概念

金黄色葡萄球菌是人类的一种重要病原菌，隶属于葡萄球菌属，可引起多种严重感染，有“嗜肉菌”之称。典型的金黄色葡萄球菌为球形，直径为 0.8 μm 左右，显微镜下排列成葡萄串状。金黄色葡萄球菌无芽孢、鞭毛，大多数无荚膜，革兰氏染色阳性，可产生毒素。

（2）金黄色葡萄球菌的检验

豆制品中金黄色葡萄球菌的检验使用《食品微生物学检验　金黄色葡萄球菌检验》（GB 4789.10—2010）。具体方法如下：

1）设备和材料。冰箱、恒温培养箱、显微镜、均质器、架盘药物天平、灭菌试管、灭菌吸管、灭菌锥形瓶、灭菌培养皿、注射器、灭菌涂布棒、灭菌刀、剪子、镊子等。

2）培养基和试剂。胰酪胨大豆肉汤、氯化钠肉汤、血琼脂平板、Baird - Parker 琼脂平板、肉浸液（肉汤）、灭菌生理盐水、兔血浆。

3）结果报告

①符合金黄色葡萄球菌形态、染色性状，生化实验凝固血浆者，即报告“发现金黄色葡萄球菌”。

②符合金黄色葡萄球菌形态、染色性状，但不凝固血浆者，可报告为“未发现金黄色葡萄球菌”。

③经动物实验对照猫阴性，实验猫出现呕吐、腹泻等反应者，报告为“发现金黄色葡萄球菌肠毒素”。

6. 霉菌和酵母计数

(1) 原理、定义

霉菌和酵母计数的测定是指食品检样经过处理，在一定条件下培养后，所得1 g或1 mL检样中的霉菌和酵母菌落数（粮食样品是指1 g粮食表面的霉菌总数)。霉菌和酵母数主要作为判定食品被污染程度的标志，以便对被检样品进行卫生学评价时提供依据。

(2) 霉菌和酵母计数测定

豆制品中霉菌和酵母数的测定使用《食品微生物学检验　霉菌和酵母计数》(GB 4789.15—2010)。具体方法如下。

1) 培养基和试剂。冰箱、恒温培养箱、恒温振荡器、显微镜、架盘药物天平、灭菌具玻塞锥形瓶、灭菌广口瓶、灭菌吸管、灭菌平皿、灭菌试管、载玻片、盖玻片、灭菌牛皮纸袋、塑料袋、灭菌金属勺、刀等。

2) 培养基和试剂。马铃薯—葡萄糖琼脂培养基、孟加拉红培养基、灭菌蒸馏水。

3) 计算方法。通常选择菌落数为10～150 cfu/g的平皿进行计数，同稀释度的两个平皿的平均数乘以稀释倍数，即为每克（或每毫升）检样中所含霉菌和酵母数。

4) 报告。每克（或每毫升）检样中所含霉菌和酵母数以cfu/g (mL) 表示。

第 8 章 食品包装学基础知识

第 1 节 现代食品包装的基础知识

食品包装是一个古老而现代的话题，也是人们自始至终在研究和探索的课题。无论是在远古的农耕时代，还是在科学技术十分发达的今天，食品包装随着社会的进步、科学的发展而在迅速变化和更新。

一、食品包装的发展、现状及趋势

1. 食品包装的发展

食品包装与保鲜技术以及各种新型包装材料与技术在促进人类饮食文化进步、改善人类食物结构、满足人类食用需要、促进人类健康等方面经历了一个漫长的发展历程。从上古时代到近代历史的长河中，食品的储存保鲜出现了两次重大技术革命，并由此而产生了食品包装材料与包装技术的一系列革新。

历史上有两次重大的食品储存保鲜技术革命：第一次是 19 世纪后半期的罐藏、人工干燥、冷冻三大主要储存技术的发明与应用；第二次是 20 世纪以来出现的快速冷冻及解冻、冷藏气调、辐射保存和化学保鲜等技术的出现。在第一次储存保鲜技术革命以前，人类对食品的保存完全依赖于自然，如干制食品靠阳光日晒，冷藏食品靠天然冰块。而进入 19 世纪后半期人们才摆脱了自然的束缚，发明了罐藏、人工干燥、机械制冷、人工冷冻技术。这些技术的发明与应用，表明食品包装储存技术已由过去的依靠自然气候条件进入人工控制条件阶段，很大程度上克服了人类包装储存食品对自然界的依赖性。这是食品包装与储存史上一次质的飞跃。

食品包装储存保鲜技术的第二次革命则是质与量相叠加的二维飞跃，即 19 世纪的发明技术在 20 世纪得到了丰富与完善，同时一些新的技术与方法也被发明，并得以应用。从下面一些实例便足以证明：

（1）1902 年世界上首次开发出钢桶容器。

（2）1905 年美国普遍采用瓦楞纸箱运输食（物）品。

（3）1916 年德国的普兰克提出了食品速冻方法，并于 1929 年设计出了多极冷冻式装置，结合食品的冻结储存和解冻方法的研究，进一步提高了冷冻食品的质量。

（4）1922 年英国的凯德研究了气体储存法，将其与冷藏方法相结合，称为 CA 储存，该法对于储存蔬菜、水果等鲜活食品有良好效果。

（5）1940 年美国开始研究蒸煮食品，1950 年研制成功了蒸煮食品的软包装，到 1972 年蒸煮袋包装食品实现了商品化。

2. 食品包装的现状

从古至今，包装材料如雨后春笋般地涌现，而且正在不断地更新，包装技术也在不断地完善和创新。但作为离不开包装的食品，其形状千姿百态，特性各异，对包装要求也各不相同，因而，对于某种食品，采用何种包装材料、何种包装技术，才能使其更完好地保存，便于运输转移，促进销售，进而减少损失和增值；或者如何改进已有的包装，选用更理想的包装材料与包装方法，使其更加完美等，一直是人们不断研究、不断探索、不断创新的热点课题。

（1）包装材料的高阻隔性

食品安全与人体健康息息相关，因此为防止食品被污染，确保包装食品安全，食品包装材料必须要有高阻隔性。油脂食品要求具有高阻氧性和阻油性；干燥食品要求具有高阻湿性；芳香食品要求具有高保香性；果品蔬菜类生鲜食品要求包装具有高的氧气、二氧化碳和水蒸气的透气性。常用的高阻隔包装材料有铝箔、尼龙、聚酯、聚偏二氯乙烯等。另外，新型的纳米改性高阻隔包装材料，如纳米复合聚酰胺、乙烯—乙烯醇共聚物、聚乙烯醇等也已开始应用。

（2）活性包装材料与活性包装技术广泛应用

活性包装材料与活性包装技术已经普遍应用于食品包装。所谓活性包装技术就是使用活性包装材料，使之与包装内部的多余气体相互作用，以防止包装内的氧气加速食品的氧化。20 世纪 70 年代，除氧活性包装体系应运而生，不久脱氧剂开始用于食品包装。事实证明，活性包装能够有效保持食品的营养和风味。由于材料科学、生物科学和包装技术的进步，近年来活性包装技术发展很快，其中铁系脱氧剂是发展较快的一种，先后出现了亚硝盐系、酶催化系、有机脱氧剂、光敏脱氧剂等，使包装食品的安全性日益完善。

（3）智能包装材料的运用

用于食品安全包装的智能包装材料主要有显示材料、杀菌材料、测菌材料等。运用测菌包装材料可检测出沙门氏菌、弯曲杆菌、大肠杆菌、单增李斯特菌等病原菌；运用抗菌塑料包装材料能防止微生物和细菌的繁殖。

（4）食品包装保鲜技术

食品包装长效、多功能保鲜技术的应用，不仅能保持食品风味，而且还大大延长了食品的货架寿命。运用食品包装的保鲜技术能有效抑制好氧性、厌氧性、兼氧性（即好氧兼厌氧）等多种微生物的生长，且使用简便、安全。比如运用脱氧保鲜剂，由于其中的乙醇有抗微生物生长的作用、防腐作用和消毒作用，在包装密闭封存的食品内充满酒精气，保存食品效果比在食品中直接添加酒精要好，不会使食品因强烈的酒味而失去原有风味，降低商品价值。

在科学技术迅速发展的今天，包装材料与包装技术已不再是那么简单和直观的东西，无论是那些融入各学科技术而开发出的功能性包装材料，还是那些应用十分普及的真空包装、活性包装、无菌包装等技术，都需借助于理论性与应用性极强的包装工程。

3. 食品包装的新趋势

未来的食品包装新趋势将表现在以下几方面：

（1）新型食品呼唤新型包装材料与包装技术。冻干食品、微波食品、膨化食品、绿色食品等新型食品的出现，迫切需要与之相适应的包装新材料和新技术。

（2）人类生存与社会发展间矛盾凸显，环境保护已是世界性重大课题，迫使人们寻找对环境、对人类生存无害的绿色包装材料、环保型包装材料以及相匹配的包装技术。

（3）消费观念的改变需要新的包装材料与包装技术。人们已从过去对食品包装的视觉、触觉、味觉的保护要求转向内在品质的营养，消除不可视或潜在的污染与危害等深层要求，使得食品包装材料与包装技术实现抗拒包装外围环境污染与消除包装内在食品的潜在污染与质变。

（4）包装功能的实现要求从过去的静态转向动态。针对鲜活食品要求从加工前的成长、流通与转移，采取相应的包装技术与材料达到防止污染、保鲜保质以及

“美容”等要求，像水果在采摘前实行的树套袋保鲜包装、海（水）鱼类的加氧包装、鲜花食品的远距离运输包装等均属此类。

（5）包装从单一技术转向与加工相结合的一体化技术研究取得进展并得到广泛应用。不再将包装与加工分割，而是将包装技术延伸到加工领域，实现包装加工一体化。例如将鲜蛋、鲜椒用包装材料与包装技术进行加工与包装，实现了皮蛋、泡椒的一步完成。

（6）全新概念的包装材料即将或已经出现。例如防光污染包装材料、防菌包装材料、可溶性包装材料、可食性包装材料、活性包装材料等，尽管有的在研究中碰到了各种难题，但不久这些材料必将出现。

（7）全新概念的包装技术也将出现。如防放射性污染的包装技术、非外加能源的速冷（速热）包装技术、化学污染及重金属离子消除包装技术、食品环境自适应（温度、湿度等）包装技术等。这些包装技术也许目前尚存在一些难题，但经过攻关定会突破。

（8）现代新技术，特别是生物技术与基因技术将在食品包装中发挥重要和意想不到的作用。如酶技术、维生素、发酵剂、各类食品添加剂、各种气体吸收剂、抗氧化剂、活性剂等在食品包装中的作用等。

总之，食品包装材料与包装技术的研究和开发已成为多学科、多技术的结合点。

二、食品包装的要求

1. 食品包装的内在要求

食品包装的内在要求是指通过包装，使食品在其包装内保持质量不变或延缓变化的技术性要求。它主要表现在对包装强度、阻隔性、安全性、耐温性和避光性等的要求。

（1）强度要求

强度要求对食品包装而言，就是一种力学保护性，是指食品包装后抵抗外界的各种破坏力的能力，即保护食品在储存、运输及搬运过程中，抵抗压力、冲击力、振动力等的能力。

与食品包装强度要求相关的因素有很多，主要有运输过程、储存堆码方式和环境条件三类因素。

1）运输过程。运输过程包括运输工具、装卸方式和运输距离等转移过程。运输工具主要有汽车、火车、飞机、轮船、人力车或畜力车（马车等）；装卸方式有机械和人工两种；运输距离有长有短，运输距离越长越会有遭受破坏力作用而被破坏的可能。

运输方式与强度要求有很大的关系。为使商品的破损减少到最少，包装必须有一定的强度。在装卸方式中，人工装卸会使商品破损的可能性大于机械装卸，其包装更要考虑强度要求。另外，运输距离越远越应考虑其强度要求，这是因为远距离运输中使商品遭受冲击、振动、碰撞的可能性比近距离要大。

2）储存堆码方式。无论是何种包装结构形式（袋、盒、桶、箱等），对所包装物品（食品）的力学保护性都与其堆码方式有关，即堆码方式影响着包装对所包食品的力学保护。一般采用平齐多层堆码，这种堆码对提高包装强度有力，但稳定性差（特别是高层堆码）。同时能达到提高包装强度和稳定性的堆码方式的是骑缝堆码和井字堆码。

3）环境条件。影响食品包装强度的环境因素主要有运输环境条件、气候条件和储存条件。

食品运输环境条件包括陆路运输道路平整程度和水上运输水面条件等。

与食品有关的气候条件包括温度、湿度以及温差与湿差。温度越高、湿度越大，食品的包装强度越易减弱。同样温差与湿差越大，也越易使食品包装强度降低，最终因包装强度的降低而造成包装内食品的变形与变质。

储存条件指食品在仓储期间的仓库或货房中的地面与空间的潮湿程度、支撑商品平面的平整性、通风效果等，只有这些储存条件优良，才有可能提高食品包装的强度。

各类食品的包装在强度要求上，需在分析各自的特性后，针对运输过程、储存堆码方式和环境条件，采取不同材料、不同结构、不同性能的包装材料进行包装，方可满足所要实现的强度要求。

（2）阻隔性要求

阻隔性是食品包装中重要的性能之一。很多食品在储存过程中，由于包装的阻隔性差使食品的风味和品质发生变化，最终影响产品质量。食品包装的阻隔性要求实质上就是食品对包装材料的阻隔性要求。

食品对包装阻隔性的要求是由食品本身特性决定的，不同的食品对其包装阻隔性的要求也不同。

1）对外阻隔。所谓对外阻隔就是指食品包装后，依靠包装材料阻止了包装外部的各种气味、气体、水分等对包装内食品的侵入。很多食品就需要用这种对外有阻隔性的材料进行包装，以保证在一定时间内达到保护食品原有风味的目的。对外阻隔是一种单向阻隔技术在食品包装上的应用，它允许包装内食品排出的气体向外渗透，而不允许包装外的有关成分向包装内渗入。

2）对内阻隔。对内阻隔就是指食品包装后，依靠包装材料阻止了所包装食品的气味、湿度、油脂及有关挥发性物质向包装外的渗透，保护包装内食品的各种成分不溢出。对内阻隔也是一种单向阻隔技术在食品包装上的应用，原则上它不允许包装内的有关成分向包装外渗出，而允许包装外食品的各种气味、气体、水分等向内渗入。而事实上单纯的内阻隔包装在食品上很少应用。

3）双向阻隔。双向阻隔就是指食品包装后，依靠包装材料阻止了包装内食品和包装外的各种物质不相互渗透，即包装内的物质不向外溢出，而包装外的各种物质也不渗入。很多食品需要的都是包装具有双向阻隔性能，双向阻隔性越好，其货架寿命越长。

4）选择性阻隔。选择性阻隔就是指食品包装后，利用包装材料有选择性地阻隔包装内外的有关成分，让某些成分渗透通过，而另一些成分受阻碍不能通过。

（3）安全性要求

包装是保证食品品质的重要技术措施。对食品包装最重要的一点是要求包装材料与包装容器必须保证自身无毒和无挥发性物质产生，也就是要求自身具有稳定的组织成分。另外在包装工艺的实施过程中，也不能产生与食品成分发生化学反应的物质和化学成分；再就是包装材料与包装容器在储存和转移的过程中，不因气候和有关环境因素的变化而产生化学变化。

（4）耐温性要求

耐温性是现代食品包装的重要特征之一。很多食品是通过包装后进行高温杀菌处理而延长其货架寿命的，例如罐头食品及蒸煮类小食品，均需要进行高温杀菌。

传统的耐高温包装材料主要有金属、玻璃、陶瓷及其组合材料。现代包装材料中的耐高温材料主要是特种塑料、金属箔与其他材料复合的多层材料。

（5）避光性要求

光线直接照射食品（带包装食品或无包装食品）对食品有较大的破坏性，对食品的营养和色香味均会造成损害。光线直接照射，食品中的油脂会氧化酸败；紫外线被食品吸收后转变为热能，使食品中的细菌加速繁殖，食品腐败变质；食品中的色素发生化学变化而变色；维生素对光照十分敏感，容易被破坏。因此，食品包装中必须考虑避光的问题。

为了减少光线对食品的影响，可通过包装材料与包装技术加以实现。

利用加入光吸收剂或阻光剂的隔光阻光材料包装食品，通过对光线的遮挡与阻碍，或者是将光线吸收或反射，以减少或避免光线直接穿过食品。包装表面涂布遮光层或进行深色印刷，也可实现遮光及阻隔光线对食品的直接照射。

2. 食品包装的外在要求

食品包装的外在要求是利用包装反映出食品的特征和性能，它是食品外在形象化的表现形式与手段。食品包装外在要求就是食品的视觉表现，通过相应的技术而予以实现，主要包括安全性、促销性、便利性等。

(1) 安全性要求

1) 卫生安全

①在选用包装材料时，有毒或残留有毒成分的包装绝对禁止选用。

②在包装时人与食品或包装接触，可能会带来细菌或其他污染物，因此食品包装时尽量采用包装机械实现。

③包装物表面要尽可能光滑平整，有利于清洁、杀菌。

2) 搬运安全。搬运安全指运输和装卸过程中的安全问题，同时还包括消费者在购物时的提取和购后的携带安全等。一是有良好的固定性，不会散架、渗透或外流（液体类食品）；二是包装不带伤人的棱、角和毛刺；三是有专设的手提装置，尽量减少临时性的附带物（如绳、袋或其他）。

3) 陈列安全。陈列安全指食品包装必须达到陈列的安全要求，既不影响自身也不影响周边陈列的商品。一是有良好的稳定性，在陈列过程中不会倾倒或移动；二是要保证在陈列期间不渗漏（水、气等）、不变色、不变形、不变质等。

4) 食用开启安全。食用开启安全就是指在包装食用准备时，对开启操作者不至于造成伤害。开启最好不要附带工具（如钻子、旋具、刀子等），用力尽可能小，动作尽可能简单。

(2) 促销性要求

包装的功能之一是促销，食品包装是食品促销的最佳手段之一。

食品的性能、特点、食用方法、营养成分、文化内涵都需体现在包装上，这就是食品包装的促销性。

1) 信息促销。信息促销指有关法规明文规定必须在食品包装上标明的内容，如食品的名称、商标、主要成分、净含量、生产厂名、出厂日期（生产日期）、保质期、产地（厂址）等。将这些信息标在包装上，消费者购买后，无形中起到了宣传促销的作用。

另外，不同的厂家和经营者还在包装上加入其他一些必要信息，如代理商地名、地址、电话号码（或通信方式）、产品标准号、产品简介、储存方法等，这样就进一步发挥了包装的宣传与促销作用。特别是在产品简介中，选择合适的文字、恰当的言语，通过简洁而具吸引力的陈述，会有更大的促销效能。

2）形象促销。形象促销是利用包装体现食品内在魅力的促销方法。某些食品进入市场后，其外观包装就可在消费者中确立一种形象。通过包装促使消费者产生第一次购买的欲望，当第一次消费感到满意后就会再次购买，而且每当看到同样的包装或类似的包装时，就会联想到第一次使用时的满足感。

形象促销最关键的是做好商品定位，然后再确定其包装的形象。商品定位指的是礼品、珍藏品、日常消费品、休闲食品、日用必需品等。食品包装的形象促销与商品的品牌定位、取名、消费群体、材质及包装方式等均密切相关。一般而言，软包装中的塑料包装食品不能作为高档礼品的形象选用，更多选用硬盒包装、木制包装用于珍藏品、高档礼品的形象。

总之，包装形象促销应根据食品不同的食用场合和特性，针对消费者的不同要求来吸引消费者（心理作用）和打动消费者（视觉），从而使包装为食品促销扮演重要角色。

3）结构促销。包装的特殊结构可起到促销的作用。整个包装造型的新颖性和包装局部结构的特殊性都会引起消费者的注意和兴趣。增加消费者的购买欲。如包装的某部位设置特殊的提手、开孔（手提用或透气用）、加密于内层的有奖识别或开启方法等。

（3）便利性要求

便利性要求是消费者对现代食品包装要求的重要因素之一。实用、便利的包装常常是消费者选择食品及其他商品的重要依据。食品包装的便利性要求主要包括食用便利、陈列便利、储存便利、装运便利、携带便利等。

1）食用便利。食用便利是指包装使用便利设计把食用者的动作简化到了再也不能简化的地步。取一次或一定量的食品，只要一个或两个动作便可完成，不像传统的包装那样，在使用时还需要借用其他工具（刀、钳、锉等）。对于粉料或颗粒料食品包装，在出料口可设计具有自动计量的功能机构，在使用时只要轻轻动作，便可自动按定量给出，且开启和封合的快捷和密封效果好。对于不能简封的包装，可通过包装使食品量化，按一次或一顿（餐）的数定量包装，食用者在食用时能顺利而快捷地取出某一单元却不影响相邻成分（变质、变潮、散架等）。

2）陈列便利。陈列便利要求包装的食品方便陈列摆放，即要求食品包装具有艺术性，形态和色泽稳定性、耐久性，在陈列过程中能保持原有的整体艺术效果。

3）储存便利。储存便利有三个目的：其一是通过包装降低食品储存环境条件的要求，使其能在普通环境条件下储存，而不因外界环境条件变化损害包装内食品的品质；其二是通过包装对食品储存需要的环境条件（参数）予以提示，使消费者或销售商按提示说明进行妥善处理；其三是提示顾客在购买食品时，根据自己所具有的储存条件选择食品。

4）装运便利。装运便利即指食品通过包装更好地适应不同的运输装置（汽车、火车、轮船、飞机、集装箱、专用货柜等）和装卸工具及方式（叉车、人工等）。装运便利就是让包装肩负起保护和适应的双重任务。装运便利必须考虑到便于堆码，少占空间，减少辅助因素（支架、附加垫块、加固缠线绳带等），既实用便利又可节省不必要的辅助费用。

5）携带便利。在食品包装中的携带便利性也是非常重要的。

在食品包装中考虑其携带便利性时，应从食品特性、食用场合、消费习惯和消费心理多方面加以分析。要应用人机工程学的原理，使消费者在携带便利的同时，具有安全与舒适感。要根据食品包装结构及大小等选择便利的携带结构，如手提孔携带结构、手提环状携带结构或手提绳携带结构等。一般较重的食品包装箱可用对称布置的单孔或多孔双手携带结构，小型或轻型食品包装箱（盒）可选用单手提携带结构，软包装食品则多为单手孔状或环状手提携带结构。另外，在包装材料的选择和整体包装结构的设计上也要考虑携带的方便性。对于携带路程较远的食品应尽量选择体轻质软不易破碎的包装。

三、食品包装材料的选用

1. 食品包装材料的概念及种类

食品包装材料概念泛指用于包装食品的所有材料，也就是能满足食品包装要求的一切材料。包括用于食品包装装潢、食品包装容器、食品包装运输等的相关材料，例如金属、塑料、玻璃、纸、天然植物纤维、木、竹、藤、复合材料等主要包装材料及胶黏剂、涂料等。

食品包装材料的种类很多，表8—1为食品包装材料的种类与适用范围。

表8—1　食品包装材料的种类与适用范围

材料名称	包装容器类型	适用范围
竹、木包装材料	箱、桶、盒	水果、干果（蜜饯、果脯等）、酒类等外包装
纸及纸板材料	牛皮纸袋、加工纸盒、纸箱、瓦楞纸箱、复合纸罐、纤维硬纸桶	水果、糖果、糕点、肉制品、酱制品、水产制品、豆豉、腐竹等
棉麻袋材料	布袋、麻袋	粮食、花生、黄豆、白砂糖、面粉等

续表

材料名称	包装容器类型	适用范围
金属材料	桶、盒、罐	茶叶、植物油、饼干、饮料、干果、腐竹等
玻璃材料	桶、瓶、罐等容器	调味品、饮料、腌制品、酒类等
塑料材料	聚乙烯、聚丙烯、聚苯乙烯、聚氯乙烯、聚偏氯乙烯、聚酯等袋与瓶	各类加工小食品、糕点、矿泉水、白糖、粮食、饮料、豆制品等
复合材料	塑料与纸、铝箔等复合制成的袋	肉制品、防潮防氧化食品等

2. 食品包装材料的选用原则

（1）对应性原则

食品根据其消费对象与消费场所不同，有高、中、低不同的档次，同一种食品也可分为不同的档次。对同一种礼品式食品，可分为普通礼品、中档礼品和高档礼品。保健食品本身就是一种较为高档的礼品，但也分几种档次。同类食品分成不同档次，但其本质上的区别并不一定大，往往是通过包装将其分成不同的级别与档次，就是在不同档次与级别的包装中选用不同的包装材料。这种不同档次的食品包装选用不同档次的包装材料而实现其区别的方式，就是食品包装材料选用的对应性原则。这是食品包装中必须首先遵循的选材原则。

（2）适用性原则

食品因品种不同，特性也各不相同，所需达到的保护功能也不一样。食品包装材料选用的适用性原则就是必须保证其适用于不同食品的不同特性及流通环节的不同流通环境条件。例如需要保持干燥的食品，就必须要求密封性以防止空气中的水分渗入影响其品质，普通包装的纸包装材料就不适用于这类食品的包装。

适用性原则是包装材料选用的最基本原则，这一原则必须将食品特性、气候条件（环境条件）、转移方式和环节（流通因素）三者进行综合考虑。食品特性包括食品所要求的防潮、防压、防光照、防串味、防氧化、防霉变等，气候及环境条件包括温度、湿度、温差、气压、气体在空气中的组成成分等，流通因素包括运输距离、运输方式（人力、汽车、火车、船舶、飞机等）以及运输道路路况、运输距离的长短等。另外也必须考虑，不同地区、不同民族、不同国家对包装材料有不同的要求和限制，否则选用此包装材料的包装食品就难以被市场和客户所接受。

（3）经济性原则

食品包装材料的选用，在满足上述两大原则后，就应着重考虑其经济性。在确定食品的形象、品质和档次后，针对某一种食品的销售地区和对象，从包装的设计、制作及广告宣传多方面全面考虑，重点对包装材料进行比较分析和取样，对其成本和制作费用综合测定其经济指标，无论从单件成本还是从总体综合成本上分析，都要求达到最经济。其经济性质包括材料本身的成本价格、包装制作成本价格和流通费用成本等。

包装材料的成本不能仅仅看其市场购进成本，同时还要看其加工制作成本和流通成本。某些包装材料本身市场成交价并不高，但可能因包装加工工艺复杂，或由于专业性很强，只有为数不多的厂家才能加工制成所需要的包装制品，真正加工成为包装时成本可能变得很高；有一些包装材料本身市场成交价稍高些，但包装加工工艺简单，较多厂家随时可以加工出来，利用这种材料最终得到的包装制品反而可能较为经济。还有的材料不是很普及，可能要花较多的时间去寻找或较远的路程运送，也可能要较大的批量才能委托加工，这样就有可能增加成本或占压大量的资金。在进行包装设计选材时，以上诸多因素都应反复斟酌、综合权衡，然后确定具体的选材，以真正体现其经济性。

（4）协调性原则

任何产品的包装按其定位不同会分为内包装、中包装和外包装。作为食品的销售包装而言，外包装就是能表达产品形象、放于货架上进行销售的整体包装，其内包装就是直接与食品相接触的包装，也可能是小包装，而中包装就是内包装与外包装之间的包装。有的食品有以上三种包装，而有的只有内包装和外包装两种包装。这些不同的包装在流通与转运过程中所发挥的作用不一样。内包装和中包装更重要的是对食品的保护，外包装的重点在于促销。除了销售包装外，还有为了便于运输、搬运与装卸的运输包装，这种包装兼有促销和保护的双重功能。

由于不同包装类别所发挥的作用不同，所以选用的包装材料也有所不同。不同的包装类别与选材应相协调。内包装（小包装）多用软包装材料，如塑料软材、纸包装、铝箔以及复合软包装材料等；中包装多选用具有缓冲特性的缓冲材料；外包装根据食品的特性不同，多用瓦楞（细瓦楞）纸盒（箱）或硬纸板盒（箱），也有用塑料布或其他材料的；运输包装则多用具有较好刚性和强度，同时具有较好缓冲性能的瓦楞纸板（粗瓦和中瓦楞），另外木板、竹板及其他塑料板材也用得较多。

如何使食品包装材料与包装所起的作用相匹配、相协调，还需要对食品本身的特性、包装所起作用进行全面分析，既保证满足功能，又不至于产生功能浪费，既适用可靠，又经济合算。

（5）美学性（艺术性）原则

在食品包装材料的选用上，美学性原则是决定产品能否在市场上畅销的重要原则。美学性也就是艺术性，任何包装内部的产品品质、形象和特征均通过包装外表加以艺术性的表达，有的包装材料具有表达的特性，而有的包装材料却难以表达。包装材料本身的色彩、质地、透明程度、挺度、表面光滑程度（通过加工所能达到的）、表面装饰性等都是包装材料艺术性的内容。

包装材料的美学性体现在其自身品质特性上，也体现在装潢可能性上。所谓装潢可能性就是将各种相关图案、装饰纹样、图片、商标以及所能表达食品（产品）装饰意图的图形在材料表面形象表现，以使商品具有艺术感染力。最具艺术表现力的包装材料依次为纸、塑料、玻璃、金属、陶瓷，最难实现艺术表现形式的包装材料可能是天然木材、竹材、藤材等，但天然木材类包装在艺术造型上也有其优势，如古典型传统食品的包装等。

（6）科学性原则

科学性原则是根据市场、功能、消费等因素所采取的取材原则。如虽然某种包装材料从价格、实用、美学多方考虑，可以认为是一种首选的包装材料，但当地市场上缺乏或一时难以买到，产品又急于使用，这时就应设法替代。还有就是材料规格标准问题，某一种产品包装用材（展开面积）与标准材料规格不符，利用率太低，这时有可能改变包装尺寸设计，或用其他品种的材料满足使用性能要求并使利用率增大。所有这些材料的选用问题都是一个科学分析问题。另外还要考虑环保问题。

第 2 节　豆制品的包装

豆制品包装技术是一门综合性的应用技术，涉及化学、生物学、物理学、美学等基础学科，更与食品科学、包装科学、市场营销学等学科密切相关。

一、豆制品包装的一般要求

豆制品的种类繁多，形态多样，有的含水量多一些，如豆浆、豆腐等；有的含水量少一些，如豆腐干、千张等；还有经过发酵而成的，如腐乳、豆酱等，因此有多种包装方法和包装材料。豆制品经过包装可避免由于阳光直射、与空气接触、机械作用、微生物作用等而造成的产品色变、氧化、破损、变质等。

1. 防菌

大多数豆制品含有丰富的蛋白质和水分，在一定的温度下一旦受外界环境污染，极易造成细菌的迅速繁殖，国家标准规定，包装豆制品中的菌落总数不得超过 750 cfu/g，大肠菌群不得超过 40 MPN/100 g。因此，在对豆制品进行包装时一定要考虑防菌的问题。

2. 防霉

以豆类为原料制作的豆制品在适宜的温度、湿度条件下易霉变产生黄曲霉毒素。《发酵性豆制品卫生标准》（GB 2712—2003）规定，发酵性豆制品中黄曲霉毒素 B1 的含量不应超过 5 μg/kg。在对豆制品进行包装时应尽量防止霉变发生，抑制黄曲霉毒素的产生。

3. 防氧化

豆制品中的脂肪含量比较高，氧能使脂肪发生氧化反应，脂肪氧化产生的过氧化物不但可以使豆制品失去其食用价值，而且会产生异味和有毒物质，氧还能使豆制品中的维生素和多种氨基酸失去营养价值。因此，在对豆制品包装时应该尽量降低包装内氧的含量，可采用真空包装或充气包装。

4. 遮光

光线会促使豆制品中脂肪的氧化反应加快，使其发生酸败。光线吸收得越多，食品变质就越快越严重，为防止光线对豆制品的影响，应减少或避免光线直接照射食品。

二、豆制品的包装材料

1. 豆制品包装材料的防湿性

防湿性就是阻挡水蒸气透过的性质，适用于所有的豆制品包装。若产品水分以水蒸气形式从包装薄膜内侧透过来，或产品吸收从外界透进来的水蒸气，则产品的风味、组织、内容量也会发生变化。特别是腐竹等干燥豆制品的包装和一些防止自然损耗的定量包装豆制品，包装材料的防湿性是极其重要的。另外，水分对豆制品品质的影响很大，它能促进微生物繁殖，助长油脂氧化分解，促使褐变反应和色素氧化等，表 8—2 是几种薄膜的水蒸气透过率。

表 8—2　　几种薄膜的水蒸气透过率

包装材料	厚度（μm）	水蒸气透过率［g/（m²·24 h）］
聚偏二氯乙烯	40	8
无拉伸尼龙	25	800
聚乙烯醇	16	1 800
拉伸聚丙烯	20	7

注：水蒸气透过率是在 23℃，相对湿度 50%条件下测得的。

2. 豆制品包装材料的隔氧性

隔氧性就是隔绝氧气的性质，适用于所有的豆制品包装。

氧对豆制品中的营养成分有一定的破坏作用，氧除了会使豆制品中的微生物增殖以外，还会使豆制品中的油脂发生氧化产生过氧化物，不但能使豆制品失去食用价值，而且能产生有毒物质和异味。氧的存在使豆制品的褐变反应加剧。

氧气与其他气体透过塑料薄膜的量与气体分子的大小没有关系，通常分两个步骤进行，先是气体溶解在薄膜的分子里，然后再通过扩散渗透进去。溶解量越大，渗透量也就越多。某些包装材料的氧气透过率见表 8—3。

表 8—3　　某些包装材料的氧气透过率

包装材料	厚度（μm）	氧气透过率［mL/（m^2·24 h）］
聚偏二氯乙烯	40	30
聚偏二氯乙烯涂层聚酯	14	7～10
聚偏二氯乙烯涂层聚丙烯	22	10
聚乙烯醇	16	7

隔氧性是用以评价包装薄膜质量的一个重要指标，特别是对豆制品，尤其是真空包装豆制品更为重要。

3. 豆制品包装材料的遮光性

光具有很高的能量，豆制品中对光敏感的成分在光照的作用下迅速吸收光并转化成光能，从而激发豆制品内部发生变酸的化学反应。豆制品吸收的光能越多，豆制品变酸越快。某些薄膜的紫外线射透率见表 8—4。

表 8—4　　某些薄膜的紫外线射透率（波长为 330 μm）

名称	厚度（μm）	射透率
聚偏二氯乙烯	30	16%
聚丙烯	50	73%
低密度聚乙烯	40	61%
高密度聚乙烯	50	9%

豆制品包装时，可根据豆制品包装材料的吸光性，选择一种对豆制品敏感的光波具有良好遮光效果的材料作为豆制品的包装材料，可有效地避免光对豆制品质量的影响。为了满足豆制品不同的避光要求，可对包装材料进行必要的遮光处理来改善其遮光性能。

4. 豆制品包装材料的耐油性

耐油性就是防止豆制品中的油脂向薄膜外渗透的性质，耐油性的薄膜适用于含有油脂的豆制品的包装。造成包装材料耐油性较差有两种原因：一种是包装薄膜溶解，另一种是油脂成分渗透。常用薄膜的耐油性见表 8—5。

表 8—5　　常用薄膜的耐油性

包装材料	耐油性
聚偏二氯乙烯	好
聚酰胺树脂	好
聚酯	好
聚氯乙烯	良
聚乙烯醇	好
聚丙烯	良
低密度聚乙烯	差
高密度聚乙烯	良

5. 适用于保鲜包装的材料

（1）保鲜膜

保鲜膜一般是用单层聚偏二氯乙烯制成的一种超薄透明膜。此膜具有较高的阻氧性和阻湿性，耐热温度较高，容易切断。同时，膜本身还具有较强的附着性，使用方便。现在超市冷柜中所零售的传统豆制品一般均用此膜进行包装。

（2）高收缩率多层复合薄膜

此膜是用特殊共挤出技术生产的，薄膜中心是以聚偏二氯乙烯作为阻隔材料，两侧是以聚烯烃作为外层。此种薄膜具有低温高收缩性，有优良的透明度和光泽；氧气、水蒸气和其他气体的透过率非常小，使被包装物能长期在稳定状态下保存；具有优良的热水收缩性，能紧密地贴住包装物，使汁液不易渗出，且使包装工序的作业比较容易；打卡式和热合式的包装设备都适合使用。

6. 用于常温保存豆制品的包装材料

（1）陶瓷

陶瓷是以铝硅酸矿物或某些氧化物为主要原料，经粉碎、混炼、成形、烧结而成的一种制品。陶瓷对温度的剧变不太敏感，遮光性能好，化学稳定性好，耐酸、耐碱、阻隔性较好，而且刚性好，不变形，不老化，抗压性能好，特别适用于腐乳、霉豆腐的包装。但是陶瓷易碎，不适于进行远距离的运输。

（2）玻璃器皿

玻璃器皿是腐乳、豆豉包装时广泛采用的一种包装材料，玻璃的气密性、防潮性、防水性、保香性、展示性等极为优异，完全无毒、无味。但是，玻璃器皿的运输费用较大，且易碎，导致其用量增长较慢。

（3）复合袋

复合袋是以尼龙（PA）和聚丙烯（PP）为基础，采用耐高温的黏合性树脂通过共挤出工艺制得的蒸煮用复合薄膜，或是采用铝箔复合而成，可耐127℃高温，同时又能很好地防止氧气进入袋中，从而能够有效地防止袋内物质变质。主要用于常温保存的豆制品的包装。

（4）聚偏二氯乙烯膜

聚偏二氯乙烯膜既可用于包装低温豆制品，也可用于包装高温灭菌豆制品。

三、常用豆制品的包装方法

1. 鲜豆腐的包装

目前，我国鲜豆腐的生产基本上是充填豆腐和切块豆腐。切块鲜豆腐属于高水分豆制品，十分容易破碎，包装比较困难。目前采用的一种包装方法是即时包装法，或用塑料袋装或置入泡沫PS盘中，然后将盘一起装入塑料袋中，最后将袋热封；另一种包装方法是将切块的豆腐装到聚丙烯材料包装盒内，然后用封口机进行封口。充填豆腐的包装有两种形式：一种是采用聚丙烯材料的包装盒包装，将豆浆自动灌装到盒内，每盒装量一定，然后加盖密封，再通过蒸煮杀菌制成。由于容器是加盖后蒸煮的，里面原有的细菌等微生物在高温蒸煮时被杀死，而外界的微生物又很难进入，因此可以保持较长时间不变质。这类包装容器可以大批量工业化生产，成本比较低，在销售过程中，顾客也无须自备容器，比较方便，是一种较理想的包装方法。另一种是通过充填结扎机直接把豆浆装入包装袋内。这种方法由于没有经过灭菌处理，因而豆腐的保质期比较短。

2. 豆腐干的包装

（1）真空包装

豆腐干是一种半脱水豆制品，有卤制的和非卤制的两种。豆腐干的体积一般较小且含水量低，因此不太容易破损。其包装一般采用真空包装法，现在超市中陈列的豆腐干基本上是采用此法。它是先将豆腐干置入复合薄膜袋中，然后抽真空，再进行热封口。豆腐干的包装材料应具有气密性好、热封性好、防潮、无污染等特性。如果只是短期储存，可以用高密度聚乙烯薄膜袋包装，这种袋封装后能在100℃的高温条件下蒸煮消毒，而且价格低廉。

（2）加脱氧剂包装

一般在进行真空包装时，即使把氧气排除，从薄膜表面还会透进一些氧气，故想完全隔绝氧气是不可能的。脱氧剂的作用是把透入包装袋中的氧气随时吸附起来，以维持袋内氧气浓度在所希望的极限浓度之下，这样就能防止褪色、氧化及抑制细菌繁殖。加脱氧剂的优点还有成本低，可不需要真空和充气设施，操作方便灵活。

（3）密着包装

密着包装是通过脱氧或抽真空来减少氧气对豆制品的影响。密着的效果是让豆制品和包装物之间处于真空状态，抑制细菌的繁殖和氧化现象。另外，进行二次杀菌时，这种包装形式容易导热，可以缩短杀菌时间，减少对豆制品质量的影响。

3. 腐乳的包装

腐乳是一种发酵性豆制食品，成品一般都色泽鲜艳、气味芳香、后味绵长、质地柔软。腐乳质软，比较容易破碎，因此在选择腐乳包装材料时应优先考虑耐压成形效果好的包装材料。同时腐乳是一种发酵性食品，对其包装时应充分考虑气密性、避光性、霉变、外界微生物和细菌的侵入及脱水等情况。目前，腐乳采用的包装材料基本上是玻璃瓶。另外，陶瓷罐也可用于腐乳的包装。

4. 豆豉的包装

豆豉属于高水分豆制品，易引起霉变，如绀豆豉最容易发霉变质，同干货类食品一样会生长嗜干性霉菌。因此，豆豉的包装要能防潮、防霉变及外界细菌和微生物的侵入。豆豉的包装材料主要有纸袋、塑料袋和各种复合包装材料及金属罐。用纸袋包装豆豉，因其气密性、灭菌效果差且不防潮，气温在 15℃以下时仅可保存半个月，所以纸袋包装只适于短期储存。如果要长期储存，应选用防潮性、气密性及热封性都比较好的复合薄膜作为包装材料，用以延长产品的保存期。另外，也可采用真空或充气包装，保质期会更长。豆豉还可用金属罐进行包装。

5. 豆浆的包装

目前，市场上普遍采用塑料袋、PET 瓶、利乐包对豆浆进行包装。塑料袋和 PET 瓶包装的豆浆，一般采用的是常规消毒灭菌方法，所以即使在冷藏环境中也不能长期保存。目前，世界上比较先进的豆浆包装方式是用利乐无菌包包装。这种无菌包装技术采用瞬时超高温灭菌法，既可杀灭细菌，又可使豆浆中的营养成分充分保留，所以能较好地保持其新鲜品质。由于包装采用多层复合材料，具有极好的密封型、阻气性和遮光性，能有效地防止光线对豆浆营养和原有风味的影响，所以可保持较好的口感和营养价值。该种包装技术可使豆浆在常温下保质半年之久。

6. **粉状豆制品的包装**

粉状豆制品对包装的要求是牢固性和密封性，因此，一般采用铁罐或阻隔性好的复合材料包装。

四、豆制品包装与商品条码

条码是豆制品的身份证，目前世界各国间的贸易要求对方必须在商品包装上使用条码标志，国内外超级市场都要求商品必须有条码，没有条码的商品不得在该市场销售。条码一般由 13 位数字组成，第 1 位至第 3 位数为国别代码，第 4 位至第 7 位数为制造厂商代码，第 8 位至第 12 位数为商品代码，第 13 位是校验码。这组宽度不同、平行相邻的黑色线条和空白，是人与计算机通话联系的一种特定语言。

第 9 章

豆制品工厂卫生管理基础知识

第 1 节　豆制品工厂的卫生要求

一、豆制品工厂环境卫生要求

随着豆制品生产的工业化和规模化发展，工厂生产环境的卫生状况对保证产品的质量越来越重要。豆制品工厂的生产区必须与职工生活区分开；工厂不得设于易遭受污染的地区，应选择在距离居民区、公共厕所、垃圾场 100 m 以外的地区；厂区周围不应有粉尘、有害气体、放射性物质和其他扩散性污染源；厂区内禁止饲养禽和畜，并距离畜牧场、粪池等污染源 100 m 以上，且这些污染源不得位于主导风向的上风向；厂区四周环境应易于随时保持清洁，地面应易于清扫，有顺畅的排水系统，不应有严重积水、渗漏、淤泥、污秽、破损或滋生有害动物而造成污染的可能；厂区邻近及厂内道路，应采用便于清洗的混凝土、沥青及其他硬质材料铺设，防止扬尘及积水；厂区内不得有发生不良气味、有毒有害气体或其他有碍卫生的设施。

二、豆制品工厂设施设备卫生要求

1. 工厂设施卫生要求

（1）厂房设置与布局

1）厂房应根据生产工艺需要设置原材料仓库、锅炉房、原料处理场所（包括原料选择、清洗、浸泡等）、生产加工场所、半成品储存场所、烘干场所、水处理场所、包装场所、成品仓库、品管室、厕所等场所并予以标示。

2）厂房设置应按生产工艺流程需要和卫生要求，有序、整齐、科学布局，工序衔接合理，避免原材料与半成品、成品之间交叉污染。

3）设立独立的、具有足够空间的化验室，并配备相应的检验仪器设备。

4）各生产场所根据清洁要求程度，应分为一般作业区、准清洁作业区、清洁作业区、非食品处理区等（见表 9—1）。各区之间应视清洁度的需要适当分隔，以防污染。

表 9—1　　豆制品各生产车间清洁度的区分

<table>
<tr><th>生产车间</th><th colspan="2">清洁度区分</th></tr>
<tr><td>验收场、原料仓库、原料前处理场、外包装室、成品仓库</td><td colspan="2">一般作业区</td></tr>
<tr><td>制浆车间</td><td>准清洁作业区</td><td rowspan="2">管制作业区</td></tr>
<tr><td>半成品储存室、凝固成形车间、调味车间、接种车间、发酵车间、烘干车间、内包装车间</td><td>清洁作业区</td></tr>
<tr><td>品管（检验）室、办公室（除车间办公室）、更衣及洗手消毒室、厕所及其他</td><td colspan="2">非食品处理区</td></tr>
</table>

（2）车间应根据生产工艺流程、生产操作需要和生产操作区域清洁度的要求进行隔离，以防止相互污染。

（3）厂房应用适合的建筑材料建造，坚固耐用，易于维修和保持清洁，并能防止原料、半成品、食品接触面及内包装材料遭受污染（如害虫的侵入、栖息、繁殖等）。

（4）安全设施

1）厂房内供电系统应有防水设施。

2）电源应接地并具备漏电断电保护系统。

3）高湿度作业场所的插座和电源开关应具有防水功能。

4）不同电压的插座必须明确标示。

5）工厂应遵守消防有关规定，在适当地点应设有消防器材和设备。

（5）地面与排水卫生要求

1）地面应用无毒、非吸收性、不透水的建筑材料，要求平坦不滑，无裂缝及便于清洗消毒。

2）生产作业场所地面应有适当的排水斜度及排水系统。

3）排水系统应有防止固体废弃物流入的装置。

4）排水孔应可充分排水，并应设有防止有害动物侵入的装置。

5）排水沟内不得配有其他管道。

6）室内排水沟流向应由清洁度要求较高的区域流向清洁度要求较低的区域，并有防止逆流的设施。

7）应有适当的废水处理系统，废水排放应符合国家有关排放标准。

（6）屋顶和天花板的卫生要求

1）车间和仓库的室内屋顶或天花板应选用不吸水、无异味、表面光洁、易清洗、耐腐蚀、耐湿的浅色材料。室内屋顶要有适当的坡度或弧度，减少和防止冷凝水滴落。

2）食品及食品接触面暴露的上方不应设有蒸汽、水、电气等辅助管道，否则应有能防止灰尘及冷凝水等掉落的装置或措施。

（7）墙壁与门窗卫生要求

1）生产车间的墙壁应采用无毒、无异味、平滑、不透水、易清洗的浅色防腐材料构造。其墙角及柱角（墙壁与墙壁间、墙壁及柱与地面间、墙壁及柱与天花板间）应具有一定的弧度，曲率半径应在 3 cm 以上，以便于清洗消毒。

2）作业时需要打开的窗户，应装设易拆卸清洗的不生锈纱网。清洁作业区在作业时不得打开窗户。

3）生产车间的窗户不宜设内窗台，若有窗台，则要设于距地面 1 m 以上，且台面应向内倾斜 45°。

4）管制作业区对外出入口应有隔离缓冲室，并装置缓冲设施（如空气帘、塑料门帘、能自动关闭的纱门等）及（或）清洗消毒鞋底的设备（需保持干燥的作业场所应设置换鞋设施），门应以平滑、易清洗、不透水的坚固材料制作，并经常保持关闭。

（8）供水供气设施的卫生要求

1）生产用水必须符合《生活饮用水卫生标准》（GB 5749—2006）的规定。水质、水压、流量等指标应满足正常生产所需。必要时，生产作业场所应有储水设备及提供适当温度的热水。供水系统要有防止虹吸和回流现象的措施，并有完备的供水网络图。

2）储水设备（池、塔、槽）、与水直接接触的供水管道、器具等应由无毒、无异味、防腐的材料制成。供水设施出入口应设置安全卫生设施，防止有害动物及其他有害物质进入。

3）不与产品接触的非饮用水（如冷却水、污水或废水等）的管道系统与生产原料用水及饮用水的管道系统应以不同颜色明显区分，并以完全分离的管道输送，不得有逆流或相互交接现象。

4）直接喷射到食品和食品接触面的蒸汽须经过滤，除去杂物，必须符合食品安全要求。

（9）照明设施的卫生要求

厂房内应有充足的自然采光或人工照明。照明设施应使用安全型照明设施，以防止破裂时污染食品。

（10）通风设施的卫生要求

1）加工、包装和储存等场所应保持通风良好，防止室内温度过高、蒸汽凝结或产生异味。空气流向应从清洁度要求高的区域流向清洁度要求低的区域。

2）通入管制作业区的空气须经净化处理。清洁作业区应保持相对稳定的温度和湿度。

3）通风排气装置应易于拆卸清洗、维修或更换，通风口应装有耐腐蚀网罩。进气口必须距地面 2 m 以上，并远离污染源和排气口。排气口要有防止有害动物侵入的设施。

4）有大量蒸汽、废气的场所应安装足够能力的排气设备。在有臭味、气体（蒸汽及有毒有害气体）或粉尘产生而有可能污染产品的场所，应有排除、收集或控制装置。

（11）洗手设施和消毒池卫生要求

1）洗手设施应以不锈钢或陶瓷等不透水材料制造，且易于清洗消毒。

2）洗手设施应设置在车间进口处和车间内适当的地点，采用非手动式水龙头（包括按压自动关水式、肘动式等），水龙头数量能满足工人所需。必要时应提供适当温度的温水（或热水及冷水，并装置可调节冷热水的水龙头）。

3）在洗手设施附近应备有液体清洁消毒剂及简明易懂的洗手方法说明。洗手设施中应包括免关式洗涤剂和消毒液的分配器、干手器或擦手纸巾等。

4）洗手设施的排水应直接接入下水管道，有防止逆流、有害动物侵入及臭味产生的装置。

5）管制作业区的入口处应设置鞋靴消毒池或鞋底清洁设施。需保持干燥的清洁作业场所应有换鞋设施，消毒池如使用氯化物消毒剂，浓度应经常保持在 200×10^{-6} mg/L 以上。

6）鞋靴消毒池池壁内侧与墙体成 45°，其规格尺寸应根据情况务必使工作人员必须通过消毒池才能进入车间。

（12）更衣室的卫生要求

1）更衣室应设于生产车间进口处，并靠近洗手设施。更衣室应男女分设，其大小与生产人员数量相适应。更衣室内照明、通风良好，有消毒装置。

2）更衣室应分设外更衣室和内更衣室。

3）更衣室内应有足够的储衣柜、鞋架，并有供生产人员自检用的穿衣镜。储衣柜应编号，柜顶成 45°以上坡形，柜内有不靠墙的工作服衣架。

（13）厕所的卫生要求

1）厕所的设置应有利于生产和卫生，其数量和便池坑位应根据生产需要和人员情况设置。

2）不得使用大通道冲水式厕所。厂区设置坑式厕所时，应距生产车间 25 m 以上，便于清扫、保洁，并设置防蚊、防蝇设施。

3）生产车间的厕所应设置在车间外侧，与更衣室相连。出入口不得正对车间及车间出入口，厕所门不得朝外打开且应有自动关闭装置。厕所内有洗手设施，有良好的排风及照明设施。

4）厕所的地面、墙壁、天花板、隔板和门要使用易清洗、不透气的材料。

5）厕所内的洗手设施宜设在出口处附近。厕所排污管道应与车间排水管道分设，且有可靠的防臭气水封。

（14）仓库的卫生要求

1）应设置与生产能力和产品储存要求相适应的仓库，大小应满足作业顺畅进行并易于维持整洁。原辅料仓库及成品仓库应分开设置。同一仓库内储存性质不同物品时，应适当区隔。

2）仓库应以无毒、坚固的材料建成，并有防止储存物品受到污染的措施。

3）仓库须有防止有害动物侵入的装置（如库门口应设防鼠板或防鼠沟等）。

4）仓库应设置数量足够的栈板或物品存放架。储存物品与墙壁、地面保持适当的距离，以利空气流通及物品的搬运。

5）仓库应根据储存物品的不同储存要求设置温度记录仪和湿度记录仪。

6）冷（冻）藏库应装设可正确指示库内温度的测定器，并装设自动调温器或自动报警器。

7）应设置危险品专门储存区。储存危险品的区域应远离生产车间和原辅料、产品仓库。

2. 机械设备卫生要求

（1）设计要求

1）所有加工设备包括管道、工器具等，其设计和结构应易于清洗消毒、易于检查，并有避免机器润滑油、金属碎屑、污水或其他污染物混入产品的设计和措施。

2）食品接触面应平滑、边角圆滑、无死角和裂缝，以减少食品碎屑、污垢及有机物的聚积。

3）各种器具结构设计应简单，易排水，易于保持干燥。

4）储存、运输系统的设计与制造应易于使其维持良好的卫生状况。

5）直接接触产品的设备，如玻璃温度计，必须有安全保护装置。

6）作业区内不与产品接触的设备和器具也应保持清洁状态。

（2）材质要求

1）直接用于生产的设备和有可能接触产品的设备、操作台、传送带、运输车和工器具等辅助设施，应由无毒、无异味、非吸收性、耐腐蚀且可重复清洗和消毒的材料制作，并符合国家有关标准的规定。

2）与产品直接接触的设施、设备的表面材料不得使用会成为产品污染源的材质。

三、豆制品工厂生产操作人员的卫生要求

1. 生产操作人员必须保持良好的个人卫生，应勤理发、勤剪指甲、勤洗澡、勤换衣。

2. 进入生产车间前，必须穿戴好整洁的工作服、工作帽、工作鞋靴。工作服应盖住外衣，头发不得露出帽外，必要时需戴口罩。不得穿工作服、鞋进入厕所或离开生产车间。

3. 操作时手部应保持清洁。上岗前应洗手消毒，操作期间要勤洗手。有下述情况之一时，必须洗手消毒，企业应有监督措施：开始工作以前、上厕所以后、处理被污染的原材料和物品之后、从事与生产无关的其他活动之后。

4. 与产品直接接触的人员不使用指甲油、口红、粉饼等物品，不得佩戴手表、戒指、项链、耳环等饰物。

5. 上班前不准喝酒，生产场所不得吸烟，工作中不得进食或做其他有碍食品卫生的行为。

6. 操作人员手部受到外伤后不得接触产品或原料。经过包扎治疗，戴上防护手套后，方可参加不直接接触产品的工作。

7. 个人衣物与工作服应分开存放。个人衣物（鞋、包、帽等）应储存在更衣室的个人专用更衣柜内，其他个人物品不得带入生产车间。

第 2 节　豆制品工厂的卫生管理

一、卫生管理部门

豆制品企业要设立专门的卫生管理部门，负责各项卫生管理制度的制定和修订，厂内、外环境及厂房设施卫生、生产及清洗等操作卫生和人员卫生，组织卫生培训和从业人员健康检查等，宣传和贯彻食品卫生法规和有关规章制度，监督、检查在本单位的执行情况，定期向食品卫生监督部门报告。

二、卫生管理的制度与执行

企业各部门应按照工厂卫生要求制定卫生管理制度，并由卫生管理领导小组审核并监督执行。卫生管理部门负责制定检查方案并实施，组织相关的卫生管理人员至少每月进行一次全厂范围内的生产和环境卫生检查，每次检查应有记录并存档备案。

三、厂区环境的卫生管理

1. 厂区及邻近厂区的区域应保持清洁。厂区内道路、地面养护良好，无破损，无严重积水，不扬尘。

2. 厂区内草木要定期修剪，保持环境整洁。禁止堆放杂物及不必要的器材，以防止有害动物滋生。原料处理、包装等场所和地面、水沟、墙壁等，开工时应清洗，必要时予以消毒。原料处理场所应杀菌或消毒，厕所应每日清洗消毒。

3. 排水系统应保持通畅，不得有污泥沉积。

4. 应避免有毒有害气体、废水、废弃物、噪声等对环境产生有害影响。

5. 在远离生产车间的合适地点设置废弃物临时存放设施。废弃物根据其性质分类存放。

6. 易腐败的废弃物存放设施应为密闭式或带盖，污物不得外溢，做到日产日清，至少应每天清除一次运出厂区处理。清除后的容器应及时清洗消毒。

7. 废弃物放置场所不得有不良气味或有有毒有害气体逸出，防止有害动物的滋生，防止污染产品、食品接触面、水源及地面。

8. 生产车间应当保持空气的清洁，防止污染食品。按自然沉降法测定，各生产作业区空气中的菌落总数见表 9—2。

表 9—2　　各生产作业区空气中的菌落总数

作业区	每平皿菌落数（cfu）
清洁作业区	≤75
准清洁作业区	≤100

四、厂房设施的卫生管理

1. 应建立厂房设施维修保养制度，并按规定对厂房设施进行维护、保养和检修，确保厂房卫生状况良好。

2. 厂房内各项设施应随时保持清洁，及时维修、更新，厂房屋顶、天花板及墙壁有破损时，应及时维修，地面不得破损或积水。

3. 原材料预处理场所、加工制造场所、厕所、更衣室等（包括地面、水沟、墙壁等），每天开工前和下班后应及时清洗消毒，必要时增加清洗消毒频次。洗手干手器应定期进行卫生控制与检查，避免成为污染源。车间厕所要由专人管理。

4. 灯具及其配管的外表应定期清洁。

5. 仓库内应经常清理，保持清洁并定期消毒，避免地面积水和库壁长霉，定时测量记录仓库内的温度或设置温度自动记录仪器。

6. 生产作业场所应采取措施（如纱窗、气幕、栅栏、诱虫灯等）防止有害动物侵入。

7. 厂区内应定期或在必要时进行除虫灭害工作，要采取有效措施防止鼠类、蚊、蝇等昆虫的聚集和滋生。对已经发生有害动物侵入的场所，应采取紧急措施加以控制和消灭，防止受污染范围扩大。使用各类杀虫剂或其他药剂前，应做好对人身、食品、设备工具的污染和中毒的预防措施，用药后将所有设备、工具彻底清洗，消除污染。

8. 在原材料处理、加工、包装、储存等场所内的适当位置，放置不透水、易清洗消毒（一次性使用者除外）、加盖（或密封）的存放废弃物的容器，并定时（至少每天一次）搬离厂房。盛装废弃物的容器不得与盛装原料、产品的容器混用，并应有明显的区别标志。反复使用的容器在丢弃内容物后，应及时清洗消毒。处理废弃物的设备停机后须及时清洗消毒。

9. 原料、配料及内包装材料或其他物品需现领现用。管制作业区不得堆放非即用物品、内包装材料及其他不必要的物品。生产车间严禁存放有毒物品。供车间内部使用的清洁消毒用品，应设专区或专柜存放，并明确标示，由专人负责管理。

10. 车间储水槽（塔、池）应定期清洗并于每天上班前检查消毒情况。使用自备水源的，每年两次将水样送有关检验机构检验，确保生产用水水质符合国家饮用水标准的规定。

11. 经检验，当空气中的菌落总数达不到相应清洁区要求时，应进行空气消毒。

五、机械设备的卫生管理

1. 用于加工制造、包装、储运等的设备、器具和生产用管道，应定期清洗消毒。

2. 所有食品接触面，包括设备和器具等与原料、产品接触的表面，应防止锈蚀并经常消毒，消毒后要彻底清洗（热消毒除外），以免残留消毒剂造成污染。

3. 完工后，对使用过的设备器具应进行彻底清洗消毒，必要时在开工前再清洗一次（仅与干燥食品接触的除外）。

4. 车间使用杀虫剂后，所有设备和器具应彻底清洗，除去残留药物，消除污染。

5. 已清洗、消毒过的可移动设备和器具，应放置在能防止其食品接触面再受污染的场所，并保持适用状态。

6. 用于清洗与原材料、产品接触的设备和器具的清洗用水，应符合国家饮用水标准的规定。

7. 用于生产的机械设备和场所不得用做与生产无关的用途。

第 10 章
豆制品工厂设计与环境保护基础知识

第 1 节　豆制品工厂的选址

一、厂址选择的重要性

厂址选择是企业基本建设中的关键问题之一，也是关系到工厂建设顺利与否和将来生产运行成本高低的关键大事。它对投资总额、建厂速度和将来的经营管理条件、生产成本起着决定性的影响，同时也对附近其他工厂的生产条件、居住的生活卫生条件、职工生活方便与否有很大的影响。一个工厂的厂址选择对项目建成后的经济效益、社会效益和环境效益的发挥，对食品工业的合理布局和地区经济文化的发展具有深远意义。因此厂址选择是一项包括社会关系、经济、技术的综合性工作。

二、厂址选择的基本原则

食品工厂的厂址选择必须遵守国家法律、法规，符合国家和地方的长远规划和行政布局、国土开发整治规划、城镇发展规划。同时从全局出发，正确处理工业与农业、城市与乡村、远期与近期以及协作配套等各种关系，并因地制宜、节约用地，不占或少占耕地及林地。注意资源合理开发和综合利用；节约能源，节约劳动力；注意环境保护和生态平衡；保护风景和名胜古迹；另外还要做到有利生产、方便生活、便于施工。厂址选择的原则主要是从两方面综合考虑。

1. 生产条件

（1）从原料供应方面考虑

豆制品企业是以大豆为主要原料的加工企业，由于在加工中需要大量的大豆作为原料，同时豆制品生产过程中还需要工业性的辅助材料和包装材料，这就要求厂址选择要具有一定的运输优势。另外从豆制品工厂产品的销售市场看，主要的消费市场是人口集中的城市，因此豆制品工厂建立在城乡结合地带是生产、销售的需求。

（2）从地理和环境条件考虑

1）所选厂址必须要有可靠的地质条件，特别是应避免将工厂设在流沙、淤泥、土崩断裂层上。尽量避免特殊地质如溶洞、湿陷性黄土、孔性土等。在山坡上建厂则要注意避免滑坡、塌方等。同时也要避免将工厂设在矿场、文物区域上。同时厂址要具有一定的地耐力。

2）厂址所在地区的地形要尽量平坦，以减少土地平整所需工程量和费用，也方便厂区内各车间之间的运输。厂区的标高应高于当地历史最高洪水位 0.5～1.0 m，特别是主厂房和仓库的标高更应高于历史洪水位。厂区自然排水坡度最好为 0.004～0.008。

3）所选厂址附近应有良好的卫生条件，避免有害气体、放射性源、粉尘和其他扩散性的污染源。特别是对于上风向地区的工矿企业、附近医院的处理物等，要注意它们是否会对豆制品工厂的生产产生危害。

2. 投资和经济效果

（1）要有一定的供电、供水条件

在供电距离和容量上应得到供电部门的保证，同时所选厂址必须要有充分的水源，而且水质也应较好。生产使用的水质必须符合卫生部门颁发的饮用水质量标准，其中工艺用水的要求较高，需在工厂内对水源提供的水作进一步处理，以保证用合格的水生产豆制品。

（2）运输条件

所选厂址附近应有便捷的交通运输（靠近公路、铁路、水路），如需要新建公路或专用铁路线，应该选择最短距离，以减少运输成本和投资成本。

三、厂址选择的程序及要求

1. 选址前的准备

厂址选择工作由建设项目的主管部门或投资单位支持和组织。工作组应由建设、工程咨询、设计单位及其他部门组成。

根据设计项目的内容和要求，收集同类型豆制品工厂的有关资料，编制工艺布置方案，确定工厂组成（包括主要生产车间和辅助车间），做出工艺、总平面方案，初步确定厂区外形和占地面积（估算）。

对拟建厂的基本条件进行下列各项指标的估算：

（1）职工总数（工人所占比例）。

（2）总投资（固定资产所占比例、设备及安装所占比例、土建所占比例）。

（3）原料和能源（包括水、电、气、煤）耗用量。

（4）原材料及成品运输量（包括运入量和运出量）。

（5）全厂占地面积（分列生产区、生活区、厂内外配套设施）。

（6）全厂建筑面积（分列生产区、生活区、厂前区、仓库区）。

（7）三废（包括废水、废气、废渣）排放量及其主要有害成分。

（8）拟定收集资料提纲，包括地理位置地形图、区域位置地形图、区域地质、气象、资源、水源、交通运输、排水、供热、供气、供电、通信、施工条件、市政建设及厂址四邻情况等。

2. 现场踏勘

现场踏勘的主要任务是根据厂址选择的基本原则到现场进行调查研究，收集资料，具体落实厂址条件，以便判断该地区建厂的可能性。

3. 编写厂址选择报告

根据现场调查和踏勘所取得的资料，在具体条件落实后，对可选的几个地址进行综合比较分析，提出推荐的厂址方案，形成一个正式的厂址选择报告并向上级部门呈报，以便依据此报告正式确认厂址。

厂址选择报告的内容一般包括六方面。

（1）选厂依据及简况说明

选厂依据、指导思想、选址范围、内容和选址经过、初步结论等。

（2）拟建厂的基本情况

包括工艺流程概述及对厂址的要求、排污状况、拟建厂的基本条件等。

（3）厂址方案比较

概述各厂址的地理环境条件、社会经济条件、自然环境、建厂条件及协作条件，列出厂址方案比较表，内容包括技术条件比较、建设投资比较、年经营费用比较、社会和环境影响比较等。

（4）厂址方案推荐

提出各方案综合论证与推荐方案论述。

（5）结论、存在问题和建议

（6）附件

包括：厂址预选文件，选厂工作组成员表，各建厂地区规划示意图，区域位置图、厂址地形图、各厂址方案总平面示意图，各厂址工程地质、水文地质选址阶段的勘察资料，区域地质构造及地震烈度鉴定书，环境保护部门对厂址要求的文件，有关协议文件及有关单位对厂址方案的讨论意见等。

通过厂址选择报告的内容，可以比较详细、具体地比较各厂址的优劣，从而确定最合适的厂址，以便为职工的生活和周围地区创造一个良好的环境，用最少量的投资取得生产时最大的经济效益。

第 2 节　豆制品工厂的工艺设计

一、生产工艺设计的依据

在进行豆制品厂生产工艺设计时，必须以项目建议书和可行性研究报告中规定的生产纲领为依据。根据原料的产地、特性和产品的质量要求，以及厂址的水文地理条件，结合国内外设备制造供应条件，尽量采用先进的工艺技术和设备。设计的主要依据如下：

1. 项目建议书和可行性研究报告。

2. 环境影响预评价报告。

3. 厂址选择报告。

4. 项目负责人下达的设计工作提纲和技术决定。

5. 若采用新工艺、新技术和新设备时，必须依据正式的实验研究报告和技术鉴定书，并经有关方面论证核准后方可作为设计依据。

二、生产工艺设计的内容

设计阶段一般分为初步设计和施工图设计。初步设计主要解决生产技术和经济问题，施工图设计主要解决工程项目的施工、安装、制造及生产问题。

1. 初步设计阶段

初步设计是根据批准的可行性研究报告、环境影响预评价报告、厂址选择报告等设计基础资料，对项目进行系统的研究，在投资额度内和质量要求下，在指定的时间、空间限制条件下，做出技术上可行、经济上合理的设计和规定，并编制项目总概算。根据轻工业建设项目初步设计编制内容，生产工艺设计的主要内容如下：

（1）设计依据和范围。

（2）全厂生产车间构成。

（3）生产工艺流程比较、选择和阐述。

（4）各生产车间综合叙述内容

1）车间概况及特点。阐述车间设计的生产规模、生产方案、生产方法和工艺流程等的特点，以及技术的先进性、布置的合理性、生产的安全性及多方案比较。

2）车间劳动组织。车间主任、工段长、班长及员工。

3）工作制度。年工作日、日工作小时、生产班数等。

4）成品或半成品的主要技术规格及标准（国家标准、行业标准、企业标准）。

5）生产流程简述。物料经过设备的顺序及生成物的去向，产品及原料的运输和储存方式，主要操作技术条件及操作要点。

6）采用新技术的内容、效益及来源（专利或中试报告）。

7）主要工艺技术指标和工艺参数（需列表说明）。

8）原料、辅料、水、电、气等的消耗量，物料平衡、热能平衡等的计算，并与国内先进技术指标比较。

9）设备选型及计算，确定生产设备的规格和台数。

10）车间设备布置及说明、设备一览表。

（5）存在的问题及建议。

（6）附件内容

1）生产工艺流程图。需标明原料、辅料、设备名称及代号、各种介质流向、工艺参数和控制点等。

2）生产工艺设备布置图。需绘制生产工艺设备平面、剖面布置图（有时需要做渲染图或鸟瞰图）。

3）生产设备一览表。需标明设备名称、规格、型号、台数、重量和动力等。

4）主要材料估算表。

2. 施工图设计阶段

在初步设计的基础上进行施工图设计，使工程设计达到施工、安装的要求（详细化、具体化），并编制项目施工预算。根据轻工业建设项目施工图设计编制内容，施工图设计阶段主要有以下内容：

（1）设计文件目录、列表

需列出所有标准图、非标准图、复用图并统计图样量。

（2）生产工艺设计说明

对批准的初步设计内容若有所变化，需说明并补充说明理由；对遗留问题需提出解决办法及建议。

（3）工艺安装说明

设备和管道安装标准及规范；安装技术程序及特殊说明（如设备吊装、基础做法、管道连接及保温等）。

（4）详细的设备一览表和各种材料汇总表

设备一览表中设备的名称、规格、型号、台数、重量、主要材质、性能和动力等内容必须准确详细，特殊设备标明生产厂家（通用设备一般不允许注明生产厂家）。材料汇总表需注明材料规格、型号、数量、单重、总重及余量等。

（5）带控制点的工艺流程图。

（6）工艺设备布置图。

（7）工艺管道布置图。

（8）非标准设备制造图。

三、生产工艺设计的步骤

1. 初步设计阶段的设计步骤

（1）根据原料特点、产品质量要求等因素，核实生产方案与生产规模。

（2）选择并确定生产工艺流程，确定工艺参数指标及操作说明。

（3）物料计算。

（4）能量计算（热量、耗冷量、耗电量、给水量计算）。

（5）设备的选型和计算，确定生产设备的规格和台数。

（6）生产车间布置设计。

（7）向配套专业（土建、供电、供热、采暖、自控仪表、给排水、计经和概算）提出设计要求和有关资料。

（8）各专业经协调确定后，绘制生产工艺流程图、生产工艺设备布置图，编制设备一览表和主要材料估算表。

2. 施工图设计阶段的设计步骤

（1）修改或复核初步设计文件和图样，若需要还得进一步收集资料。

（2）详细向各专业提供资料。

（3）详细绘制生产工艺流程图、车间工艺设备布置图、管道布置图、设备及管道安装图、非标准图，详细编制设备一览表和材料汇总表。

（4）文件和图样经过各级校核、审核、审查、审定及各专业会签，经过晒图或复印、盖章后，向建设单位发图。

第 3 节　豆制品工厂的“三废”处理

一、豆制品工厂的“三废”及国家规定的排放标准

豆制品工厂生产过程中，产生的“三废”主要是废水和废渣。废渣主要是豆腐渣，每加工 1 t 大豆就要产生 1.2～1.5 t 的湿豆腐渣，如不及时处理，很快就会腐败污染环境。

废水是豆制品企业最大的污染源，豆制品工厂生产过程中，原料预处理和设备的清洗等将会产生废水，每加工 1 t 大豆就要产生 3～5 t 废水。所以，废水处理是豆制品工厂设计的主要任务之一。

1. 我国工业废水排放标准规定

（1）饮用水的水源和风景游览区的水质，严禁有任何污染。

（2）渔业与农业用水，要保证植物的生长条件，保证动植物体内有害物质的残存毒性不得超过食用标准。

（3）工业用水的水源，必须符合工业生产用水的要求。

2. 有害物质最高容许排放浓度

排放标准中，对工业废水里含有有害物质的最高容许排放浓度做出了严格规定。有害物质最高容许排放浓度分为两类：

第一类：能在环境或动植物体内积蓄，对人体健康产生长远影响的有害物质。

第二类：其长远影响小于第一类有害物质，也就是说，从长远角度考虑，其毒性作用低于第一类物质毒性。

豆制品工业废水的排放应符合第二类标准，工厂排出口处的有害物质浓度应符

合表 10—1 中的要求。

表 10—1　**第二类污染物（部分）最高允许排放浓度**　mg/L

序号	污染物	一级标准	二级标准	三级标准
1	pH 值	6～9	6～9	6～9
2	色度（稀释倍数）	50	80	—
3	悬浮物（SS）	70	150	400
4	生化需氧量（BOD）	20	100	600
5	化学需氧量（COD）	100	300	1 000
6	动植物油	10	15	100
7	磷酸盐（以 P 计）	0.5	1.0	—
8	总铜	0.5	1.0	2.0
9	总锌	2.0	5.0	5.0
10	总有机碳（TOC）	20	30	—

检测水质的污染程度，除上述规定外，还有很多指标，如透明度、浊度、温度、臭味、味道、蒸发残留物、电导率、硬度、溶解氧、总需氧量、营养素含量、病毒、大肠菌数、一般细菌数和其他有害有毒物质含量等。

（1）生化需氧量（BOD）

许多有机物在水体中成为微生物的营养源而被消化分解，分解过程要大量消耗水中的溶解氧。溶解氧因此而显著减少，就会给需氧的鱼类等水生生物带来危害，甚至发生缺氧死亡。同时，水中氧量不足，将引起有机物厌氧发酵，散发恶臭，污染大气，毒害水生生物。因此，测定这些能发生生物降解的有机污染物含量是很重要的，它可用生化需氧量（废水中的有机污染物在微生物作用下氧化所消耗的氧量）作为衡量指标。

（2）化学需氧量（COD）

除去有机物外，废水中的硫化物、亚硫酸盐、亚硝酸盐等还原性无机物也会同水中的溶解氧发生反应，消耗水中的溶解氧。因而，仅用生化需氧量这个指标是不够全面的，还需要采用化学需氧量这个指标，以表示由于水中的污染物进行化学氧化而需要消耗的氧量。化学需氧量也可以称为化学耗氧量，通过采用强化学氧化剂氧化污染物所消耗的试剂量（折算成氧量，mg/L）来表示。并不是所有的有机物都能被这样的氧化剂所氧化，如重铬酸钾能氧化直链脂肪族化合物，但不能分解芳香族化合物和吡啶等杂环化合物。在不同条件下，得出的耗氧量也不同，故必须严格控制反应条件。化学需氧量并不一定包括全部生物需氧量。一般说 BOD/COD 的比值高，表明许多可溶性有机物能被生物降解；比值低，表明有抗生物氧化的有机物存在。

（3）总有机碳（TOC）

总有机碳是表示废水中所含有的全部有机碳的数量，这个指标补充测定了废水中既不易被生物降解，又不易发生化学氧化的那部分有机污染物。它的测定方法是将所有的有机物全部氧化成二氧化碳和水，然后通过所生成的二氧化碳量来求出废水中所含有的总有机碳量。

二、豆制品厂废水处理方法

1. 废水的物理处理法

物理处理方法是利用物理作用，将废水中的悬浮物、油类、可溶性盐类以及其他固体分离出来，从而保护后续处理设施能正常运行，降低其他处理设施的处理负荷。废水的物理处理方法分为两类，即隔滤（如格栅、筛网、过滤、离心等）与分离（如沉淀、上浮等）。以下主要介绍水质调节、过滤、沉淀和离心分离。

（1）调节

此种方法最初是为了使产生的废水能够达到排放允许的标准而采用清水加以稀释的方法。此法只是使污染物质的浓度下降，但总含量不变。这种方法用于废水的预处理，为以后的各级处理提供方便。由于不同的豆制品加工车间生产不同产品及生产的周期不同，所排放废水的水质和水量会经常变化，为了使废水治理设备的负荷保持稳定，而不受废水的流量、浓度、酸碱度、温度等条件变化的影响，故需在废水治理装置之前设置调节池，用来调节废水的水质、水量及温度等，使之均衡地流入处理装置。

（2）过滤

在水处理技术中，过滤是以具有孔隙的粒状滤料层，如石英砂等，截留水中的杂质从而使水获得澄清的工艺过程。它不仅可以进一步降低水中的悬浮物，而且通过过滤层还可使水中有机物、细菌乃至病毒随着悬浮物的减少而被大量去除。

（3）沉淀

水中悬浮颗粒的去除，可通过颗粒和水的密度差，在重力作用下进行分离。密度大于水的颗粒将下沉，小于水的则上浮。胶体不能用沉淀法去除，需经混凝处理后，使颗粒尺寸变大，才具有较快的沉降速度。

（4）离心分离

离心分离法处理废水，是利用高速旋转所产生的离心力，使废水中的悬浮颗粒进行分离，即当含有悬浮颗粒的废水进行高速旋转运动时，由于悬浮物质颗粒的质量与水的质量大小不一样，质量大的固体颗粒在高速旋转的过程中所受到的离心力也大，质量小的固体颗粒受到的离心力也小，因而质量大的固体颗粒被甩到外圈，沿离心装置的器壁向下排出，而质量小的则留在内圈，向上运动，使废水与悬浮颗粒达到分离的目的。

2. 废水的化学处理法

废水的化学处理法是向废水中投加某种化学物质，利用化学反应来分离、回收废水中的某些污染物质，或使其转化为无害的物质。它的处理对象主要是水和废水中的无机或有机的（难以生物降解的）溶解物质或胶体物质。主要的方法有化学混凝、中和、化学沉淀和氧化还原法等。用于豆制品生产废水处理的主要是化学混凝法。

3. 废水的物理化学处理法

（1）吸附

吸附法是利用多孔固体物质作为吸附剂，以吸附剂的表面吸附废水中的某种污染物的方法。吸附法治理废水的应用范围广，可用于脱色、除臭，去除重金属离子、可溶性有机物、放射性元素及细菌、病毒等，效果好，近年来越来越受到人们的重视。其缺点是预处理要求高，吸附成本较大，故一般多用于废水的深度处理。常用的吸附剂有活性炭、硅藻土、铝钼土、砂渣、炉渣、粉煤灰等，其中以活性炭最为常用。

（2）离子交换

利用离子交换剂的可交换离子与水相中离子进行当量交换的过程称为离子交换，也称离子交换反应。提供离子交换的物质称为离子交换剂。

由于离子交换可以获得彻底的脱盐效果，因而就有可能应用分流处理的方法，将一部分流入废水脱盐，然后使其再与旁路的另一部分流入废水相混合，以达到规定的排水水质。离子交换装置按照处理方式的不同，可分为固定床和连续床两大类。

（3）电渗析

电渗析最初用于海水淡化。这对去除废水中的无机营养物（磷、氮）是很有前途的一种方法，在废水处理流程中可以作为最后一个步骤。

电渗析槽是一连串离子交换树脂制成的薄膜，这些薄膜只对离子类物质才具有可渗透性，并对特定类型的离子有选择性。

（4）反渗透

反渗透技术主要用于分离水中的分子态或离子态溶解物质。它是利用某种特殊的半透膜具有能渗析水而溶质被阻留的特性来进行工作的。因此，当向溶液施加较大压力时，溶剂水被迫反向透过半透膜成为淡水，而溶质被阻留在另一侧。因而，可以利用反渗透技术从废水中回收净水，所余下的水可进一步处理回收利用或排放。反渗透器的结构可以有多种形式，最常见的有板式、内压管式、外压管式、空心纤维式等。

(5) 超过滤

超过滤简称超滤，它是与反渗透法很相似的一种膜分离技术。它同样是利用半渗透膜的选择透过性质，在一定的压力条件下，使水通过半渗透膜，而胶体、微小颗粒等不能通过，从而达到分离或浓缩的目的。

超滤过程的动力与反渗透法相同，也是依靠外加压力，但不同的是，超滤法所需压力较低，超滤法中使用最多的半渗透膜（称为超滤膜）也是醋酸纤维素制成的膜，但其性能不同，膜上的微孔直径较大，而反渗透法中所使用的半渗透膜（也称反渗透膜）的孔径较小。

超滤装置和反渗透装置相似，目前我国普遍应用管式装置。国外除应用管式、卷式装置外，近来更多地应用空心纤维式装置。

4. 废水的生物处理法

生物处理就是利用微生物分解氧化有机物的这一功能，采取一定的人工措施，创造有利于微生物的生长、繁殖的环境，使微生物大量增殖，以提高其分解氧化有机物效率的一种废水处理的方法。生物处理法分为好氧和厌氧两大类。好氧生物处理需要有氧的供应，而厌氧生物处理则需保证无氧环境。

三、豆渣的利用和处理方法

1. 豆渣的主要成分

豆渣作为大豆制品生产中的副产品，一般含水分80%～85%，蛋白质3.0%～5.0%，脂肪1.5%～3.5%，碳水化合物（纤维素、多糖等）4.5%～8.0%，灰分0.5%～0.8%，含有钙、磷、铁等矿物质。食用豆渣，能降低血液中的胆固醇含量，减少糖尿病人对胰岛素的消耗；豆渣中丰富的食物纤维有预防肠癌及减肥的功效，因而豆渣被视为一种新的保健食品源。

2. 豆渣的处理与再利用

湿鲜豆渣可以直接利用，也可以干燥或者发酵处理后再利用。主要利用的途径是各种食品和饲料，也可用做肥料。

豆渣的处理，最初大都是以湿鲜的状态直接用于饲料和肥料。目前，多数企业委托回收业者用于饲料原料。但随着豆制品企业生产规模的扩大，由于湿鲜豆腐渣运输的费用及运输过程中变质等问题，这种利用方式已越来越难。有的企业要付费给回收业者，而且根据地区和工厂所处位置付费的多少相差很多，对中大型企业来说显然在经营成本方面的压力是巨大的。豆渣处理的好坏必将成为左右企业经营效益的重要因素，因此豆渣的干燥处理和发酵处理已成为主流。豆渣干燥处理后可以用于菌类生产的培养基，制作饲料、肥料和食品，还有部分用于 PP 原料的替代和 PP 板材或填充料以及化工原料。

豆渣是很好的食品素材，把它干燥后作为食品材料再利用是一个重要课题。豆渣通过陶瓷球鼓式旋转干燥机干燥，再经过粉碎机加工，可以把豆渣做成比较细腻的食品原料，可以面向消费者直接零售，还可以作为畜肉和鱼肉的火腿肠等加工品的填充料、糕点面包的原料、中式凉菜的原料等，但是这个市场尚未形成，有待进一步开拓。即使是销售利润很低甚至没有利润，与付费处理豆渣相比，还是合算的。

陶瓷球鼓式旋转干燥工艺的特点是时间短、温度低。这是因为在豆渣里面混入了数百个陶瓷做的球，通过这些球可以使豆渣受热均匀，还可以防止豆渣黏附在干燥鼓的内壁上。产出的原料水分在 9%以下。

非食品用途干燥处理豆渣对水分和杂菌数要求不像食品用那样严格，处理成本也低。干燥豆渣在肥料中的应用范围也在扩大。特别是有机栽培方面很有潜力，有的已经开始商品化。有机肥料中有很多酶，这是肥料中的微生物在活动中产生出来的，是有机肥料的重要成分。

将湿豆渣加热到 80℃，用胶体磨磨成粒度在 100 目以下的豆渣糊。用上述豆渣糊直接代替牛肉丸子配料中的马铃薯泥，其加工性能良好，制品口感滑润，无豆渣味，且制品糖类含量低，蛋白质和纤维素含量高，钙的含量也较高，是一种很理想的食品。

第 11 章 相关法律法规知识

作为一名豆制品工艺师，肩负着保障食品安全的责任，就必须有法律意识，不仅要遵守国家有关法律法规，还要注意学习掌握有关标准知识，了解国家有关政策规定，只有这样，才能在工作中得心应手，有效保障企业经济利益。

第 1 节 相关法律知识

一、《中华人民共和国食品安全法》的相关知识

《中华人民共和国食品安全法》是为了保证食品安全，保障公众身体健康和生命安全而制定的。在中华人民共和国境内从事下列活动，应当遵守本法：第一，食品生产和加工（以下称食品生产），食品流通和餐饮服务（以下称食品经营）；第二，食品添加剂的生产经营；第三，用于食品的包装材料、容器、洗涤剂、消毒剂和用于食品生产经营的工具、设备（以下称食品相关产品）的生产经营；第四，食品生产经营者使用食品添加剂、食品相关产品；第五，对食品、食品添加剂和食品相关产品的安全管理。供食用的源于农业的初级产品（以下称食用农产品）的质量安全管理，遵守《中华人民共和国农产品质量安全法》的规定；但是，制定有关食用农产品的质量安全标准、公布食用农产品安全有关信息，也应当遵守本法的有关规定。

1. 食品安全风险监测和评估

(1) 食品安全风险监测

食品安全风险监测是国际上流行的对食品安全进行风险分析的基础和前提步骤，是为了掌握和了解食品安全状况，对食品安全水平进行检验、分析、评价和公告的活动。依据本法规定，国家建立食品安全风险监测制度，主要对以下三类内容进行监测：

1）食源性疾病。食源性疾病是指食品中致病因素进入人体引起的感染性、中毒性等疾病。包括常见的食物中毒、肠道传染病、人畜共患传染病、寄生虫病以及化学性有毒有害物质所引起的疾病。

2）食品污染。食品污染是指食品及其原料在生产、加工、运输、包装、储存、销售、烹调等过程中，因农药、废水、污水、各种食品添加剂、病虫害和家畜疾病所引起的污染，以及霉菌毒素引起的食品霉变，运输、包装材料中有毒物质等对食品造成的污染的总称。

3）食品中的有害因素。其来源有四类，包括食品污染物、食品添加剂、食品中天然存在的有害物质、食品加工及保存过程中产生的有害物质。有害因素按性质可分为生物性因素、化学性因素和物理性因素三类。需要注意的是，食品中可能存在有害因素，但是其性质、作用各不相同，在食品中所允许的含量水平不同，进行食品安全风险监测的研究方法也大不相同。

国务院农业行政、质量监督、工商行政管理和国家食品药品监督管理等有关部门获知有关食品安全风险信息后，应当立即向国务院卫生行政部门通报。国务院卫生行政部门会同有关部门对信息核实后，应当及时调整食品安全风险监测计划。依据本法以及国务院有关部门职责的规定，按照一个环节由一个部门管理的原则，采取分段监管为主、品种监管为辅的方式，国务院农业行政部门负责初级农产品种植养殖环节的监督管理；国务院质量监督部门负责食品生产加工环节的监督管理；国务院工商行政管理部门负责食品流通环节的监督管理；国家食品药品监督管理部门负责对餐饮服务活动实施监督管理。

(2) 食品安全风险评估

食品安全风险评估的过程通常包含危害识别、危害描述、暴露评估、风险描述四个明显不同的阶段。危害识别是指识别可能产生健康不良效果并且可能存在于某种或某类特别食品中的生物、化学和物理因素。危害描述是指对与食品中可能存在的生物、化学和物理因素有关的健康不良效果的性质的定性和（或）定量评价。其中对化学因素应进行剂量—反应评估；对生物或物理因素，如数据可得到时，应进行剂量—反应评估。暴露评估是指对与通过食品的可能摄入和其他有关途径暴露的生物、化学和物理因素的定性和（或）定量评价。风险描述是指根据危害识别、危害描述和暴露评估，对某一给定人群的已知或潜在健康不良效果的发生可能性和严重程度进行定性和（或）定量的估计，其中包括伴随的不确定性。危害识别一般采用的是定性方法。从一般意义上讲，风险评估可以被描述为这样一个科学过程，即“对已知危害的科学了解，以及它们将怎样发生和如果发生后果将会如何”。

国务院卫生行政部门通过食品安全风险监测或者接到举报发现食品可能存在安全隐患的，应当立即组织进行检验和食品安全风险评估。食品安全风险评估的结果是制定、修订食品安全标准和对食品安全实施监督管理的科学依据。评估结果得出食品不安全结论的，国务院质量监督、工商行政管理和国家食品药品监督管理部门应当依据各自职责立即采取相应措施，确保该食品停止生产经营，并告知消费者停止食用；需要制定、修订相关食品安全国家标准的，国务院卫生行政部门应当立即制定、修订。国务院卫生行政部门应当会同国务院有关部门，根据食品安全风险评估结果、食品安全监督管理信息，对食品安全状况进行综合分析。对经综合分析表明可能具有较高程度安全风险的食品，国务院卫生行政部门应当及时提出食品安全风险警示，并予以公布。

2. 食品安全标准

食品安全标准是指为了保证食品安全，对食品生产经营过程中影响食品安全的各种要素以及各关键环节所规定的统一技术要求。内容主要涉及：食品、食品相关产品中危害人体健康物质的限量规定，食品添加剂的品种、使用范围、用量，专供婴幼儿和其他特定人群的主辅食品的营养成分要求，对与食品安全、营养有关的标签、标示、说明书的要求，食品生产经营过程的卫生要求，与食品安全有关的质量要求，食品检验方法与规程等。

食品安全标准是强制执行的标准。除食品安全标准外，不得制定其他的食品强制性标准。食品安全标准包括下列内容：

（1）食品、食品相关产品中的致病性微生物、农药残留、兽药残留、重金属、污染物质以及其他危害人体健康物质的限量规定。

（2）食品添加剂的品种、使用范围、用量。

（3）专供婴幼儿和其他特定人群的主辅食品的营养成分要求。

（4）对与食品安全、营养有关的标签、标志、说明书的要求。

（5）食品生产经营过程的卫生要求。

（6）与食品安全有关的质量要求。

(7) 食品检验方法与规程。

(8) 其他需要制定为食品安全标准的内容。

食品安全国家标准由国务院卫生行政部门负责制定、公布，国务院标准化行政部门提供国家标准编号。食品中农药残留、兽药残留的限量规定及其检验方法与规程由国务院卫生行政部门、国务院农业行政部门制定。屠宰畜、禽的检验规程由国务院有关主管部门会同国务院卫生行政部门制定。有关产品国家标准涉及食品安全国家标准规定内容的，应当与食品安全国家标准相一致。没有食品安全国家标准的，可以制定食品安全地方标准。省、自治区、直辖市人民政府卫生行政部门组织制定食品安全地方标准，应当参照执行本法有关食品安全国家标准制定的规定，并报国务院卫生行政部门备案。企业生产的食品没有食品安全国家标准或者地方标准的，应当制定企业标准，作为组织生产的依据。国家鼓励食品生产企业制定严于食品安全国家标准或者地方标准的企业标准。企业标准应当报省级卫生行政部门备案，在本企业内部适用。

3. 食品生产经营

(1) 食品生产经营应当符合食品安全标准，并符合下列要求：

1) 具有与生产经营的食品品种、数量相适应的食品原料处理和食品加工、包装、储存等场所，保持该场所环境整洁，并与有毒、有害场所以及其他污染源保持规定的距离。

2) 具有与生产经营的食品品种、数量相适应的生产经营设备或者设施，有相应的消毒、更衣、盥洗、采光、照明、通风、防腐、防尘、防蝇、防鼠、防虫、洗涤以及处理废水、存放垃圾和废弃物的设备或者设施。

3) 有食品安全专业技术人员、管理人员和保证食品安全的规章制度。

4) 具有合理的设备布局和工艺流程，防止待加工食品与直接入口食品、原料与成品交叉污染，避免食品接触有毒物、不洁物。

5) 餐具、饮具和盛放直接入口食品的容器，使用前应当洗净、消毒，炊具、用具用后应当洗净，保持清洁。

6) 储存、运输和装卸食品的容器、工具和设备应当安全、无害，保持清洁，防止食品污染，并符合保证食品安全所需的温度等特殊要求，不得将食品与有毒、有害物品一同运输。

7) 直接入口的食品应当有小包装或者使用无毒、清洁的包装材料、餐具。

8) 食品生产经营人员应当保持个人卫生，生产经营食品时，应当将手洗净，穿戴清洁的工作衣、帽；销售无包装的直接入口食品时，应当使用无毒、清洁的售货工具。

9）用水应当符合国家规定的生活饮用水卫生标准。

10）使用的洗涤剂、消毒剂应当对人体安全、无害。

11）法律、法规规定的其他要求。

（2）禁止生产经营下列食品

1）用非食品原料生产的食品或者添加食品添加剂以外的化学物质和其他可能危害人体健康物质的食品，或者用回收食品作为原料生产的食品。

2）致病性微生物、农药残留、兽药残留、重金属、污染物质以及其他危害人体健康的物质含量超过食品安全标准限量的食品。

3）营养成分不符合食品安全标准的专供婴幼儿和其他特定人群的主辅食品。

4）腐败变质、油脂酸败、霉变生虫、污秽不洁、混有异物、掺假掺杂或者感官性状异常的食品。

5）病死、毒死或者死因不明的禽、畜、兽、水产动物肉类及其制品。

6）未经动物卫生监督机构检疫或者检疫不合格的肉类，或者未经检验或者检验不合格的肉类制品。

7）被包装材料、容器、运输工具等污染的食品。

8）超过保质期的食品。

9）无标签的预包装食品。

10）国家为防病等特殊需要明令禁止生产经营的食品。

11）其他不符合食品安全标准或者要求的食品。

（3）预包装食品的包装上应当有标签。标签应当标明下列事项：

1）名称、规格、净含量、生产日期。

2）成分或者配料表。

3）生产者的名称、地址、联系方式。

4）保质期。

5）产品标准代号。

6）储存条件。

7）所使用的食品添加剂在国家标准中的通用名称。

8）生产许可证编号。

9）法律、法规或者食品安全标准规定必须标明的其他事项。

专供婴幼儿和其他特定人群的主辅食品，其标签还应当标明主要营养成分及其含量。

二、《中华人民共和国产品质量法》的相关知识

《中华人民共和国产品质量法》是为了加强对产品质量的监督管理，提高产品质量水平，明确产品质量责任，保护消费者的合法权益，维护社会经济秩序而制定的。在中华人民共和国境内从事产品生产、销售活动的，必须遵守本法。

1. 产品质量的监督

产品质量应当检验合格，不得以不合格产品冒充合格产品。产品须符合国家标准、行业标准；未制定国家标准、行业标准的，必须符合保障人体健康和人身、财产安全的要求。企业根据自愿原则可以向国务院产品质量监督部门认可的或者国务院产品质量监督部门授权的部门认可的认证机构申请企业质量体系认证和产品质量认证；经认证合格的，由认证机构颁发企业质量体系认证证书和产品质量认证证书，准许企业在产品或者其包装上使用产品质量认证标志。

（1）国家对产品质量实行以抽查为主要方式的监督检查制度，抽查的样品在市场上或者企业成品仓库内的待销产品中随机抽取。国家监督抽查的产品，地方不得另行重复抽查；上级监督抽查的产品，下级不得另行重复抽查。根据监督抽查的需要，可以对产品进行检验。检验抽取样品的数量不得超过检验的合理需要，并不得向被检查人收取检验费用。

（2）对依法进行的产品质量监督检查，生产者、销售者不得拒绝。

（3）生产者、销售者对抽查检验的结果有异议的，可以自收到检验结果之日起15日内向实施监督抽查的产品质量监督部门或者其上级产品质量监督部门申请复检，由受理复检的产品质量监督部门做出复检结论。

（4）县级以上产品质量监督部门和工商行政管理对涉嫌违法行为进行查处时，可以行使下列职权：对当事人涉嫌从事违反本法的生产、销售活动的场所实施现场检查；向当事人的法定代表人、主要负责人和其他有关人员调查、了解与涉嫌从事违反本法的生产、销售活动有关的情况；查阅、复制当事人有关的合同、发票、账簿以及其他有关资料；对有根据认为不符合保障人体健康和人身、财产安全的国家标准、行业标准的产品或者有其他严重质量问题的产品，以及直接用于生产、销售该项产品的原辅材料、包装物、生产工具，予以查封或者扣押。

2. 生产者、销售者的产品质量责任和义务

（1）生产者不得生产国家明令淘汰的产品。不得伪造产地，不得伪造或者冒用他人的厂名、厂址。不得伪造或者冒用认证标志等质量标志。生产产品不得掺杂、

掺假，不得以假充真、以次充好，不得以不合格产品冒充合格产品。产品质量应当不存在危及人身、财产安全的不合理的危险；产品应当符合相应的国家标准、行业标准；国家鼓励企业产品质量达到甚至高于行业标准、国家标准和国际标准。

（2）销售者应当建立并执行进货检查验收制度，验明产品合格证明和其他标志，不得伪造产地，不得伪造或者冒用他人的厂名、厂址，不得伪造或者冒用认证标志等质量标志。不得销售国家明令淘汰并停止销售的产品和失效、变质的产品；不得掺杂、掺假，不得以假充真、以次充好，不得以不合格产品冒充合格产品。销售者应当采取措施，保持销售产品的质量。

（3）产品或者其包装上的标志必须真实，并符合下列要求：有产品质量检验合格证明；有中文标明的产品名称、生产厂厂名和厂址。需要标明产品规格、等级、所含主要成分的名称和含量的，用中文相应予以标明；限期使用的产品，应当在显著位置清晰地标明生产日期和安全使用期或者失效日期；使用不当，容易造成产品本身损坏或者可能危及人身、财产安全的产品，应当有警示标志或者中文警示说明。裸装的食品和其他根据产品的特点难以附加标志的裸装产品，可以不附加产品标志。

3. 损害赔偿

（1）售出的产品不具备产品应当具备的使用性能而事先未作说明的；不符合在产品或者其包装上注明采用的产品标准的；不符合以产品说明、实物样品等方式表明的质量状况的，销售者应当负责更换、退货；给购买产品的消费者造成损失的，销售者应当赔偿损失，并有权向有责任的生产者、供货者追偿。销售者未按照规定给予更换、退货或者赔偿损失的，由产品质量监督部门或者工商行政管理部门责令改正。生产者之间、销售者之间、生产者与销售者之间订立的买卖合同、承揽合同有不同约定的，合同当事人按照合同约定执行。

（2）因产品存在危及人身、他人财产安全的不合理的危险或不符合相关国家、行业标准而造成连带损害的，除下列情形之外，生产者应当承担赔偿责任：未将产品投入流通；产品投入流通时，引起损害的缺陷尚不存在；将产品投入流通时的科学技术水平尚不能发现缺陷存在。销售者应当承担自身过错造成的赔偿责任，在不能指明缺陷产品的生产者也不能指明缺陷产品的供货者时，也应当承担赔偿责任。

（3）因产品质量发生民事纠纷时，当事人可以通过协商或者调解解决。当事人不愿通过协商、调解解决或者协商、调解不成的，可以根据当事人各方的协议向仲裁机构申请仲裁；当事人各方没有达成仲裁协议或者仲裁协议无效的，可以直接向人民法院起诉。

4. 罚则

（1）监督抽查的产品质量不合格的，由实施监督抽查的产品质量监督部门责令其生产者、销售者限期改正。逾期不改正的，由省级以上人民政府产品质量监督部门予以公告；公告后经复查仍不合格的，责令停业，限期整顿；整顿期满后经复查产品质量仍不合格的，吊销营业执照。产品质量检验机构、认证机构必须依法按照有关标准，客观、公正地出具检验结果或者认证证明。产品质量认证机构应当依照国家规定对准许使用认证标志的产品进行认证后的跟踪检查；对不符合认证标准而使用认证标志的，要求其改正；情节严重的，取消其使用认证标志的资格。

（2）生产、销售不符合保障人体健康和人身、财产安全的国家标准、行业标准的产品的，责令停止生产、销售，没收违法生产、销售的产品，并处违法生产、销售产品（包括已售出和未售出的产品）货值金额等值以上三倍以下的罚款；在产品中掺杂、掺假，以假充真，以次充好，或者以不合格产品冒充合格产品的，责令停止生产、销售，没收违法生产、销售的产品，并处违法生产、销售产品货值金额50%以上三倍以下的罚款；销售失效、变质的产品的，责令停止销售，没收违法销售的产品，并处违法销售产品货值金额两倍以下的罚款；伪造产品产地的，伪造或者冒用他人厂名、厂址的，伪造或者冒用认证标志等质量标志的，责令改正，没收违法生产、销售的产品，并处违法生产、销售产品货值金额等值以下的罚款；有违法所得的，并处没收违法所得；情节严重的，吊销营业执照；构成犯罪的，依法追究刑事责任。

（3）生产国家明令淘汰的产品的，销售国家明令淘汰并停止销售的产品的，责令停止生产、销售，没收违法生产、销售的产品，并处违法生产、销售产品货值金额等值以下的罚款；有违法所得的，并处没收违法所得；情节严重的，吊销营业执照。

（4）产品标志不符合规定的，责令改正；有包装的产品标志不符合规定，情节严重的，责令停止生产、销售，并处违法生产、销售产品货值金额30%以下的罚款；有违法所得的，并处没收违法所得。

（5）销售者有充分证据证明其不知道该产品为禁止销售的产品并如实说明其进货来源的，可以从轻或者减轻处罚。拒绝接受依法进行的产品质量监督检查的，给予警告，责令改正；拒不改正的，责令停业整顿；情节特别严重的，吊销营业执照。在广告中对产品质量作虚假宣传，欺骗和误导消费者的，依照《中华人民共和国广告法》的规定追究法律责任。

三、《中华人民共和国消费者权益保护法》的相关知识

《中华人民共和国消费者权益保护法》是为保护消费者的合法权益，维护社会经济秩序，促进社会主义市场经济健康发展而制定，规定了消费者的权利及经营者的义务等相关法律问题，要求作为经营者的生产企业必须遵守。

1. 消费者的主要权利选摘

（1）消费者在购买、使用商品和接受服务时享有人身、财产安全不受损害的权利。有权要求经营者提供的商品和服务，符合保障人身、财产安全的要求。

（2）消费者享有知悉其购买、使用的商品或者接受的服务的真实情况的权利。

（3）消费者享有自主选择商品或者服务的权利。

（4）消费者享有公平交易的权利。

（5）消费者在购买商品或者接受服务时，有权获得质量保障、价格合理、计量正确等公平交易条件，有权拒绝经营者的强制交易行为。

（6）消费者因购买、使用商品或者接受服务受到人身、财产损害的，享有依法获得赔偿的权利。

2. 经营者的主要义务选摘

（1）经营者向消费者提供商品或者服务，应当依照《中华人民共和国产品质量法》和其他有关法律、法规的规定履行义务。另有约定的，应当按照约定履行义务，但双方的约定不得违背法律、法规的规定。

（2）经营者应当听取消费者对其提供的商品或者服务的意见，接受消费者的监督。

（3）经营者应当保证其提供的商品或者服务符合保障人身、财产安全的要求。对可能危及人身、财产安全的商品和服务，应当向消费者作出真实的说明和明确的警示，并说明和标明正确使用商品或者接受服务的方法以及防止危害发生的方法。

（4）经营者发现其提供的商品或者服务存在严重缺陷，即使正确使用商品或者接受服务仍然可能对人身、财产安全造成危害的，应当立即向有关行政部门报告和告知消费者，并采取防止危害发生的措施。

（5）经营者应当向消费者提供有关商品或者服务的真实信息，不得作引人误解的虚假宣传。经营者对消费者就其提供的商品或者服务的质量和使用方法等问题提出的询问，应当作为真实、明确的答复。

（6）经营者应当保证在正常使用商品或者接受服务的情况下其提供的商品或者服务具有的质量、性能、用途和有效期限，但消费者在购买该商品或者接受该服务

前已经知道其存在瑕疵的除外。

(7) 经营者不得以格式合同、通知、声明、店堂告示等方式作出对消费者不公平、不合理的规定，或者减轻、免除其损害消费者合法权益应当承担的民事责任。格式合同、通知、声明、店堂告示等含有前款所列内容的，其内容无效。

(8) 经营者以广告、产品说明、实物样品或者其他方式表明商品或者服务的质量状况的，应当保证其提供的商品或者服务的实际质量与表明的质量状况相符。

3. 争议解决及法律责任

(1) 消费者和经营者发生消费者权益争议的，可以通过与经营者协商和解、请求消费者协会调解、向有关行政部门申诉、提请仲裁机构仲裁或提起诉讼等途径解决。

(2) 依法经有关行政部门认定为不合格的商品，消费者要求退货的，经营者应当负责退货。

(3) 出现需赔偿问题后，消费者有权向销售者或生产者的任何一方要求赔偿。赔偿后，属于生产者责任的由生产者承担，属于销售者责任的由销售者承担。如原企业分立、合并的，可以向变更后承受其权利义务的企业要求赔偿。使用他人营业执照的，消费者可以向其要求赔偿，也可以向营业执照的持有人要求赔偿。经营者提供商品有欺诈行为的，应当向消费者双倍赔偿。

(4) 经营者以预收款方式提供商品的，应当按照约定提供，未按照约定提供的，应当按照消费者的要求履行约定或者退回预付款，并应当承担预付款的利息、消费者必须支付的合理费用。

(5) 经营者提供商品造成消费者或者其他受害人人身伤害的，应当支付医疗费、治疗期间的护理费、因误工减少的收入等费用，造成残疾的，还应当支付残疾者生活自助具费、生活补助费、残疾赔偿金以及由其扶养的人所必需的生活费等费用；造成消费者或者其他受害人死亡的，应当支付丧葬费、死亡赔偿金以及由死者生前扶养的人所必需的生活费等费用；构成犯罪的，依法追究刑事责任。

(6) 经营者有生产、销售的商品不符合保障人身、财产安全要求的；在商品中掺杂、掺假，以假充真，以次充好，或者以不合格商品冒充合格商品的；生产国家明令淘汰的商品或者销售失效、变质的商品的；伪造商品的产地，伪造或者冒用他人的厂名、厂址，伪造或者冒用认证标志、名优标志等质量标志的；销售的商品应当检验、检疫而未检验、检疫或者伪造检验、检疫结果的；对商品作引人误解的虚假宣传的；对消费者提出的修理、重做、更换、退货、补足商品数量、退还货款和服务费用或者赔偿损失的要求，故意拖延或者无理拒绝的；侵害消费者人格尊严或者侵犯人身自由等情形之一时，有法律、法规规定的处罚方式的，依照法律、法规的规定承担民事责任；法律、法规未作规定的，由工商行政管理部门责令改正，并根据情节处以罚款或责令停业整顿、吊销营业执照。

（7）经营者对行政处罚决定不服的，可以自收到处罚决定之日起 15 日内向上一级行政机关申请复议，对复议决定不服的，可以自收到复议决定书之日起 15 日内向人民法院提起诉讼；也可以直接向人民法院提起诉讼。

第 2 节　相关法规知识

一、《食品生产许可管理办法》相关知识

为落实食品安全法及其实施条例，国家质量监督检验检疫局于 2010 年 4 月 7 日发布了《食品生产许可管理办法》（以下简称管理办法）和食品企业生产许可标志（QS 标志）新式样，对食品生产许可的要求、程序以及食品企业生产许可标志做出了新的规定。

1. 程序

设立食品生产企业，应当在工商部门预先核准名称后依照食品安全法律法规和本办法有关要求取得食品生产许可。

（1）取得食品生产许可，应当符合食品安全标准，并符合下列要求：

1）具有与申请生产许可的食品品种、数量相适应的食品原料处理和食品加工、包装、储存等场所，保持该场所环境整洁，并与有毒、有害场所以及其他污染源保持规定的距离。

2）具有与申请生产许可的食品品种、数量相适应的生产设备或者设施，有相应的消毒、更衣、盥洗、采光、照明、通风、防腐、防尘、防蝇、防鼠、防虫、洗涤以及处理废水、存放垃圾和废弃物的设备或者设施。

3）具有与申请生产许可的食品品种、数量相适应的合理的设备布局、工艺流程，防止待加工食品与直接入口食品、原料与成品交叉污染，避免食品接触有毒物、不洁物。

4）具有与申请生产许可的食品品种、数量相适应的食品安全专业技术人员和管理人员。

5）具有与申请生产许可的食品品种、数量相适应的保证食品安全的培训、从业人员健康检查和健康档案等健康管理、进货查验记录、出厂检验记录、原料验收、生产过程等食品安全管理制度。

法律法规和国家产业政策对生产食品有其他要求的，应当符合该要求。

（2）拟设立食品生产企业申请食品生产许可的，应当向生产所在地质量技术监督部门（以下简称许可机关）提出，并提交下列材料：

1）食品生产许可申请书。

2）申请人的身份证（明）或资格证明复印件。

3）拟设立食品生产企业的名称预先核准通知书。

4）食品生产加工场所及其周围环境平面图和生产加工各功能区间布局平面图。

5）食品生产设备、设施清单。

6）食品生产工艺流程图和设备布局图。

7）食品安全专业技术人员、管理人员名单。

8）食品安全管理规章制度文本。

9）产品执行的食品安全标准；执行企业标准的，须提供经卫生行政部门备案的企业标准。

10）相关法律法规规定应当提交的其他证明材料。

申请食品生产许可所提交的材料，应当真实、合法、有效。申请人应在食品生产许可申请书等材料上签字确认。

（3）许可机关对收到的申请，应当依照《中华人民共和国行政许可法》第 32 条等有关规定进行处理。

对申请决定予以受理的，应当出具受理决定书。决定不予受理的，应当出具不予受理决定书，并说明不予受理的理由，告知申请人享有依法申请行政复议或者提起行政诉讼的权利。

（4）许可机关受理申请后，应当依照有关规定组织对申请的资料和生产场所进行核查（以下简称现场核查）。

现场核查应当由许可机关指派 2～4 名核查人员组成核查组并按照国家质检总局有关规定进行，企业应予以配合。

（5）许可机关应当根据核查结果，在法律法规规定的期限内作出如下处理：

1）经现场核查，生产条件符合要求的，依法作出准予生产的决定，向申请人发出准予食品生产许可决定书，并于作出决定之日起 10 日内颁发设立食品生产企业食品生产许可证书。

2）经现场核查，生产条件不符合要求的，依法作出不予生产许可的决定，向申请人发出不予食品生产许可决定书，并说明理由。

除不可抗力外，由于申请人的原因导致现场核查无法在规定期限内实施的，按现场核查不合格处理。

（6）拟设立的食品生产企业必须在取得食品生产许可证书并依法办理营业执照工商登记手续后，方可根据生产许可检验的需要组织试产食品。新设立的食品生产企业应当按规定实施许可的食品品种申请生产许可检验。许可机关接到生产许可检验申请后，应当及时按照有关规定抽取和封存样品，并告知申请企业在封样后 7 日内将样品送交具有相应资质的检验机构。

检验结论合格的，许可机关根据检验报告确定食品生产许可的品种范围，并在食品生产许可证副页中予以载明。在未经许可机关确定食品生产许可的品种范围之前，禁止出厂销售试产食品。

检验结论为不合格的，可以按照有关规定申请复检。复检结论为部分食品品种不合格的，不予确定该类食品的生产许可范围，在食品生产许可证副页中不予载明；禁止出厂销售该类食品。复检结论为全部食品品种不合格的，应当按照有关规定注销食品生产许可；禁止出厂销售全部品种的食品。

（7）已经设立的企业申请取得食品生产许可的，应当持合法有效的营业执照，按照本章规定的有关条件和要求办理许可申请手续。许可机关按照本章规定的有关条件和要求，受理已经设立的企业从事食品生产的许可申请，并根据现场核查结果和检验报告决定是否准予许可以及确定食品生产许可的品种范围，颁发食品生产许可证书。

食品生产许可证有效期为三年。有效期届满，取得食品生产许可证的企业需要继续生产的，应当在食品生产许可证有效期届满六个月前，向原许可机关提出换证申请；准予换证的，食品生产许可证编号不变。期满未换证的，视为无证；拟继续生产食品的，应当重新申请，重新发证，重新编号，有效期自许可之日起重新计算。

2. 证书与标志

（1）企业应当在其食品或者其包装上标注食品生产许可证编号和标志；没有食品生产许可证编号和标志的，不得出厂销售。

（2）食品生产许可证编号和标志均属企业获得食品生产许可的标志。食品生产许可证编号规则和标志式样由国家质检总局统一规定。

（3）企业不得出租、出借或者以其他形式转让食品生产许可证书和编号。禁止伪造、变造食品生产许可证书、食品生产许可证编号和食品生产许可证标志。

3. 监督检查

企业应当在食品生产许可的品种范围内从事食品生产活动，不得超出许可的品种范围生产食品。各级质量技术监督部门在各自职责范围内依法对企业食品生产活动进行定期或不定期的监督检查。

二、《食品安全国家标准管理办法》相关知识

《食品安全国家标准管理办法》的主要内容如下：

（1）制定食品安全国家标准应当以保障公众健康为宗旨，以食品安全风险评估结果为依据，做到科学合理、公开透明、安全可靠。

（2）卫生部负责食品安全国家标准制（修）定工作。卫生部组织成立食品安全国家标准审评委员会（以下简称审评委员会），负责审查食品安全国家标准草案，对食品安全国家标准工作提供咨询意见。审评委员会设专业分委员会和秘书处。

（3）食品安全国家标准制（修）定工作包括规划、计划、立项、起草、审查、批准、发布以及修改与复审等。

（4）鼓励公民、法人和其他组织参与食品安全国家标准制（修）定工作，提出意见和建议。

（5）卫生部会同国务院农业行政、质量监督、工商行政管理和国家食品药品监督管理以及国务院商务、工业和信息化等部门制定食品安全国家标准规划及其实施计划。各有关部门认为本部门负责监管的领域需要制定食品安全国家标准的，应当在每年编制食品安全国家标准制（修）订计划前，向卫生部提出立项建议。立项建议应当包括要解决的重要问题、立项的背景和理由、现有食品安全风险监测和评估依据、标准候选起草单位，并将立项建议按照优先顺序进行排序。

任何公民、法人和其他组织都可以提出食品安全国家标准立项建议。

（6）卫生部在公布食品安全国家标准规划、实施计划及制（修）订计划前，应当向社会公开征求意见。

（7）食品安全国家标准制（修）订计划在执行过程中可以根据实际需要进行调整。根据食品安全风险评估结果和食品安全监管中发现的重大问题，可以紧急增补食品安全国家标准制（修）定项目。

（8）起草食品安全国家标准，应当以食品安全风险评估结果和食用农产品质量安全风险评估结果作为主要依据，充分考虑我国社会经济发展水平和客观实际的需要，参照相关的国际标准和国际食品安全风险评估结果。

（9）卫生部应当组织审评委员会、省级卫生行政部门和相关单位对标准的实施情况进行跟踪评价。任何公民、法人和其他组织均可以对标准实施过程中存在的问题提出意见和建议。

三、《食品添加剂新品种管理办法》相关知识

为加强食品添加剂新品种管理，根据《食品安全法》和《食品安全法实施条例》有关规定，制定《食品添加剂新品种管理办法》。主要内容如下：

（1）食品添加剂新品种是指未列入食品安全国家标准的食品添加剂品种，未列入卫生部公告允许使用的食品添加剂品种，扩大使用范围或者用量的食品添加剂品种。

食品添加剂应当在技术上确有必要且经过风险评估证明安全可靠。

（2）使用食品添加剂应当符合下列要求：

1）不应当掩盖食品腐败变质。

2）不应当掩盖食品本身或者加工过程中的质量缺陷。

3）不以掺杂、掺假、伪造为目的使用食品添加剂。

4）不应当降低食品本身的营养价值。

5）在达到预期的效果下尽可能降低在食品中的用量。

6）食品工业用加工助剂应当在制成最后成品之前去除，有规定允许残留量的除外。

（3）申请食品添加剂新品种生产、经营、使用或者进口的单位或者个人（以下简称申请人），应当提出食品添加剂新品种许可申请，并提交以下材料：

1）添加剂的通用名称、功能分类，用量和使用范围。

2）证明技术上确有必要和使用效果的资料或者文件。

3）食品添加剂的质量规格要求、生产工艺和检验方法，食品中该添加剂的检验方法或者相关情况说明。

4）安全性评估材料，包括生产原料或者来源、化学结构和物理特性、生产工艺、毒理学安全性评价资料或者检验报告、质量规格检验报告。

5）标签、说明书和食品添加剂产品样品。

6）其他国家（地区）、国际组织允许生产和使用的有助于安全性评估的资料。

申请食品添加剂品种扩大使用范围或者用量的，可以免于提交前款第四项材料，但是技术评审中要求补充提供的除外。

（4）根据技术评审结论，卫生部决定对在技术上确有必要性和符合食品安全要

求的食品添加剂新品种准予许可并列入允许使用的食品添加剂名单予以公布。

四、《食品生产许可审查通则》相关知识

为规范申请人按规定条件设立食品生产企业，落实质量安全主体责任，保障食品质量安全，依据《中华人民共和国食品安全法》及其实施条例、《中华人民共和国工业产品生产许可证管理条例》《食品生产许可管理办法》等有关法律、法规、规章，制定《食品生产许可审查通则》，主要内容如下：

1. 适用范围

通则适用于对申请人生产许可规定条件的审查工作，包括审核资料、核查现场和检验食品。

2. 使用要求

通则应当与《食品生产许可管理办法》、相应食品生产许可审查细则结合使用。《食品生产许可管理办法》及本通则涉及的相关责任主体，均应依照规定使用相应格式文书，不得缺失。

3. 审查工作程序及要点

（1）地方质检部门收到申请人的申请后，发食品生产许可申请受理决定书；组成审查组；制订审查计划；通知申请人，告知需要配合的事项。

（2）审核申请资料。包括：审核食品安全管理制度，审核岗位责任制度，审核申请人制定的专业技术人员、管理人员岗位分工是否与生产相适应，岗位职责文本内容、说明等对相关人员专业、经历等要求是否明确。审核资料在有必要时与现场核查结合进行。

（3）实施现场核查，包括：核查厂区环境，核查生产车间，核查原辅料及成品库房，核查生产设备设施，核查检验条件，核查工艺流程，核查相关技术人员等，与申请材料的一致性以及是否符合审查细则的规定。

（4）形成初步审查意见和判定结果。

（5）与申请人交流沟通初步审查意见和判定结果。

（6）审查组填写对设立食品生产企业的申请人规定条件审查记录表。

（7）根据判定原则决定审查结果。

（8）形成审查结论。

（9）将审查结果报告审查组织单位，通过审查组织单位以书面形式通知申请人。

（10）申请人收到书面通知后，如对审查小组的现场核查有意见的，可及时

反馈。

4. 生产许可检验工作程序及要点

（1）通知检验事项。

（2）样品抽取。样品一式两份，并加贴封条，填写抽样单。抽样单及样品封条应有抽样人员和申请人签字，并加盖申请人印章。

（3）选择检验机构。申请人在公布的检验机构名单中选择作为生产许可的检验机构。

（4）样品送达。申请人应当充分考虑样品的保质期，封存的两份样品，一份用于检验，一份用于样品备份。

（5）样品接收。检验机构接收样品时应认真检查。对接收或拒收的样品，检验机构应当在抽样单上签章并做好记录，并应当妥善保管已接收的样品。

（6）实施检验。检验机构应当在保质期内按检验标准检验样品。

（7）检验结果送达。检验完成后 2 日内检验机构应当向审查组织部门及申请人递送检验报告。

（8）许可检验复检。检验结果不合格的，申请人可以在 15 日内向许可机关提出生产许可复检申请。

（9）食品检验合格后，许可机关发放食品生产许可证副页。

5. 已设立食品企业、食品生产许可证延续换证的，审查工作和许可检验工作可同时进行。

五、《豆制品生产许可证审查细则》相关知识

《豆制品生产许可证审查细则》有两个，分别是《豆制品生产许可证审查细则》《其他豆制品生产许可证审查细则》。

1. 豆制品生产许可证审查细则

（1）发证产品范围及申证单元

豆制品是指以大豆或其他杂豆为原料经加工制成的产品。根据加工工艺的不同分为发酵性豆制品和非发酵性豆制品两大类。

实施食品生产许可证管理的发酵性豆制品是指以大豆或其他杂豆为原料经发酵制成的豆制食品，包括腐乳、豆豉、纳豆等产品。

实施食品生产许可证管理的非发酵性豆制品是指以大豆或其他杂豆为原料制成的豆制食品。包括豆腐、干豆腐、腐竹、豆浆等产品。

实施食品生产许可证管理的豆制品分为 2 个申证单元，即发酵性豆制品和非发

酵性豆制品。

在生产许可证上应注明获证产品名称和申证单元名称，即发酵性豆制品、非发酵性豆制品。豆制品生产许可证有效期为 3 年，其产品类别编号为 2501。

（2）基本生产流程及关键控制环节

1）基本生产流程（见图 11—1）

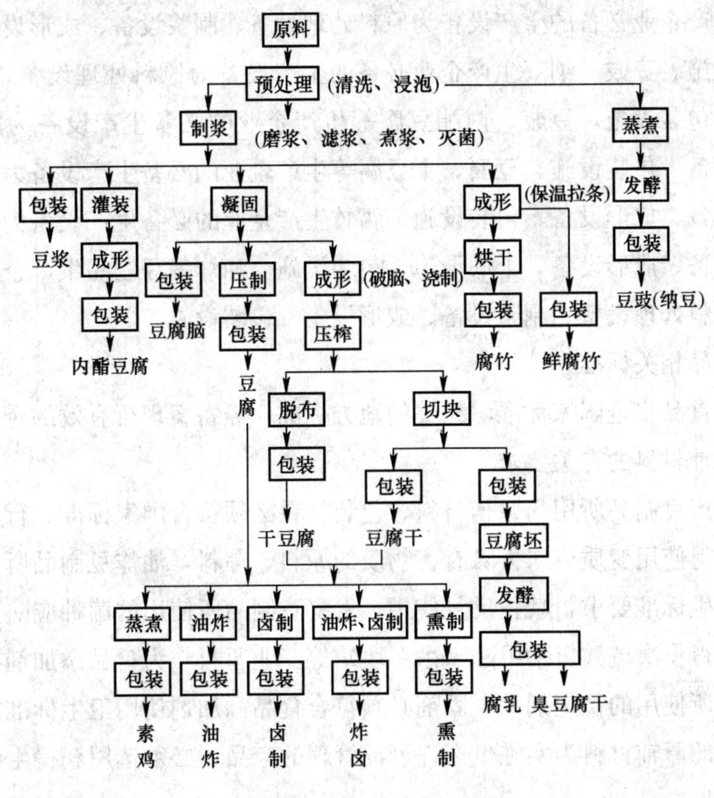

图 11—1　基本生产流程

2）关键控制环节。选料和清洗，菌种的选择、发酵的温度和时间，煮浆温度和时间，凝固成形，生产加工中环境卫生的控制，成品的储存和运输。

3）容易出现的质量安全问题。杂菌的污染，造成半成品和成品的腐败变质；蛋白质和氨基酸态氮含量过低；食品添加剂的超量和超范围使用；加工中使用非食品原料。

（3）必备的生产资源

1）生产场所。厂房设计合理，应有与生产产品相适应的原料库、加工车间、成品库、包装车间，生产发酵豆制品的企业应有相应的发酵场所。加工车间必须具备良好的通风，包装车间应密闭，有消毒措施，生产场所应与生活区分开。

2）必备的生产设备。原料处理设备（如浸泡罐等），制浆设备（如磨浆机、煮浆罐等），蒸煮设备（如蒸煮罐等），成形设备（如切块机、压榨机等），发酵设施（如发酵笼、屉等），干燥设施（如干燥机等），包装设施（如包装机等）。

除以上设备以外，生产企业根据其不同的生产工艺流程，必须具备相应的生产设备和设施。如灭菌、油炸等相关设备。

腐乳生产企业必备的生产设备为原料处理设备、制浆设备、成形设备、发酵设施、包装设施。豆豉、纳豆生产企业必备的生产设备为原料处理设备、蒸煮设备、发酵设施、包装设施。豆浆、内酯豆腐等生产企业的必备生产设备为原料处理设备、制浆设备、包装设施。豆腐、干豆腐等生产企业的必备生产设备为原料处理设备、制浆设备、成形设备、包装设施。腐竹生产企业的必备生产设备为原料处理设备、制浆设备、成形设备、干燥设施、包装设施。油炸等豆制品生产企业的必备生产设备为原料处理设备、制浆设备、成形设备、包装设施。

（4）产品相关标准

相关的食品安全国家标准，相关的地方标准，经备案现行有效的企业标准。

（5）原辅材料的有关要求

企业生产豆制品所用的原辅材料、包装材料必须符合国家标准、行业标准及有关规定；不得使用变质或未去除有害物质的原料、辅料，油炸豆制品所用的油脂应符合相关卫生标准要求，禁止反复使用。发酵豆制品所使用的菌种应防止污染和变异产毒。不得将次硫酸氢钠甲醛（吊白块）等工业原料作为食品添加剂在豆制品加工中使用。所使用的稳定剂和凝固剂必须符合食品添加剂使用卫生标准规定。

如使用的原辅材料为实施生产许可证管理的产品，必须选用获得生产许可证企业生产的合格产品。

（6）必备的出厂检验设备

1）发酵性豆制品。分析天平（0.1 mg），酸度计（pH0.01），天平（0.1 g），干燥箱，灭菌锅，微生物培养箱，无菌室或超净工作台，生物显微镜。注意：豆豉、纳豆生产企业出厂检验设备不需要酸度计。

2）非发酵性豆制品。干燥箱，天平（0.1 g），灭菌锅，微生物培养箱，无菌室或超净工作台，生物显微镜。

（7）检验项目

豆制品的发证检验、监督检验、出厂检验分别按照表 11—1 和表 11—2 中所列出的相应检验项目进行。出厂检验项目中注有“＊”标记的，企业应当每年检验两次。

表 11—1　　　发酵性豆制品质量检验项目表

序号	检验项目	发证	监督	出厂	备注
1	标签	√	√		
2	净含量	√	√	√	
3	感官	√	√	√	
4	水分	√	√	√	腐乳检测项目
5	氨基酸态氮	√	√	√	腐乳检测项目
6	水溶性无盐固形物	√	√	√	腐乳检测项目
7	食盐	√	√	√	腐乳检测项目
8	总砷	√	√	*	
9	铅	√	√	*	
10	黄曲霉毒素 B1	√	√	*	
11	大肠菌群	√	√	√	
12	致病菌（沙门氏菌、志贺氏菌、金黄色葡萄球菌）	√	√	*	
13	糖精钠	√	√	*	
14	甜蜜素	√	√	*	
15	苯甲酸	√	√	*	
16	山梨酸	√	√	*	
17	脱氢乙酸	√	√	*	

表 11—2　　　非发酵性豆制品质量检验项目表

序号	检验项目	发证	监督	出厂	备注
1	标签	√	√		适用于预包装产品
2	净含量	√	√	√	适用于定量包装产品
3	感官	√	√	√	
4	总砷	√	√	*	
5	铅	√	√	*	
6	菌落总数	√	√	√	腐竹等非直接入口的食品不做要求
7	大肠菌群	√	√	√	腐竹等非直接入口的食品不做要求
8	致病菌（沙门氏菌、志贺氏菌、金黄色葡萄球菌）	√	√	*	腐竹等非直接入口的食品不做要求
9	脲酶试验	√	√	*	豆浆检验项目，检验结果应为阴性
10	苯甲酸	√	√	*	直接入口食品检测项目
11	山梨酸	√	√	*	直接入口食品检测项目
12	糖精钠	√	√	*	直接入口食品根据产品实际情况选择
13	甜蜜素	√	√	*	直接入口食品根据产品实际情况选择
14	色素	√	√	*	直接入口食品根据产品实际情况选择
15	次硫酸氢钠甲醛	√	√	*	腐竹检测项目

（8）发证检验抽样方法

发证检验抽样应当按照下列规定进行。

根据企业所申请取证产品的品种，发酵性豆制品在企业成品库内分别随机抽取一种产品。非发酵性豆制品优先抽取直接入口的产品，有腐竹的加抽一个腐竹产品。所抽样品应为同一规格、同一批次的产品。

抽样基数：产品不得少于 50 kg。

抽样数量：同一批次的产品不少于 2 kg（腐竹可适当减少抽样数量），独立包装不少于 8 个产品，分成 2 份，1 份检验，1 份备查。

样品及抽样单内容经确认无误后，由抽样人员与被抽查单位在抽样单上签字、盖章，当场封存样品，并加贴封条，封条上应有抽样人员签名、抽样单位盖章及抽样日期。

（9）其他要求

1）对于保质期短且储存温度有特殊要求的豆制品，抽完样后，要按企业产品明示的储存温度保存样品并及时送达发证检验机构。

2）次硫酸氢钠甲醛的检测依据国质检执（2002）183 号文关于印发《禁止在食品中使用次硫酸氢钠甲醛（吊白块）产品的监督管理规定》的通知及附件。

3）腐竹允许分装，但必须符合本细则中的相应规定。

4）保质期短的产品在储存中应有保证产品质量的措施。运输豆制品时，应严密遮盖，避免日晒、雨淋。不得与有害、有异味或影响产品质量的物品混装运输，做到专车送货。

5）在发证检验中，如果在地方标准、企业标准和产品标签上标注了审查细则规定以外的其他指标，发证检验时也要进行检验，并按相关标准、产品明示值进行判定。

2. 其他豆制品生产许可证审查细则

（1）发证产品范围及申证单元

本细则是对豆制品生产许可证审查细则的补充，在原审查细则的基础上增加了 1 个申证单元：其他豆制品。实施食品生产许可证管理的其他豆制品是指以大豆或其他杂豆为原料经加工制成的，包括大豆组织蛋白（挤压膨化豆制品）、豆沙类产品等。

在生产许可证上应注明获证产品和申证单元名称，即豆制品（其他豆制品）。

（2）基本生产流程及关键控制环节

1）基本生产流程

大豆组织蛋白（挤压膨化豆制品）：原料→粉碎→调和→挤压膨化→烘干→（调味加工）→包装→成品。

豆沙：原料豆→预处理→蒸煮→破碎→洗沙→分离→干燥→调配→包装→成品。

豆馅、豆蓉：原料豆→预处理→蒸煮→破碎→调配（炒蓉）→包装→杀菌→成品。

2）关键控制环节。加工过程中温度的控制，各道工序加工时间的控制，加工过程中压力的控制。

3）容易出现的质量安全问题。加工中生理有害因子灭活问题，加工中微生物指标控制问题，超量、超范围使用食品添加剂（食品加工助剂）。

（3）必备的生产资源

1）生产场所。厂房设计合理，应有与生产产品相适应的原料库、加工车间、成品库、包装车间。加工车间必须具备良好的通风；包装车间应密闭，有消毒措施；生产场所应与生活区分开。

2）必备的生产设备。大豆组织蛋白（挤压膨化豆制品）生产企业必备的生产设备为粉碎设备、挤压膨化设备、干燥设备、包装设备。

豆沙、豆馅、豆蓉生产企业的必备生产设备为原料处理设备、蒸煮设备、粉碎设备、杀菌设备、干燥设备、包装设备。

除以上设备以外，生产企业根据不同的生产工艺流程，必须具备相应的生产设备和设施。

（4）产品相关标准

相关的食品安全国家标准，备案有效的企业标准。

（5）原辅材料的有关要求

企业生产其他豆制品所用的原辅材料、包装材料必须符合国家标准、行业标准及有关规定，不得使用变质或未去除有害物质的原料、辅料。原料大豆粕应符合《食用大豆粕卫生标准》（GB 14932.1—2003）。食品添加剂应当选用 GB 2760—2011 中允许使用的品种，并应符合相应的国家标准或行业标准的规定。

如使用的原辅材料为实施生产许可证管理的产品，必须选用获得生产许可证企业生产的合格产品。

（6）必备的出厂检验设备

干燥箱，天平（0.1 g），灭菌锅，微生物培养箱，无菌室或超净工作台，生物显微镜。

（7）检验项目

其他豆制品的发证检验、监督检验、出厂检验分别按照表 11—3 中所列出的相应检验项目进行。出厂检验项目中注有“＊”标记的，企业应当每年检验 2 次。

表 11—3　　质量检验项目表

序号	检验项目	发证	监督	出厂	备注
1	标签	√	√		提供给消费者的预包装食品应符合 GB 7718—2011 及相关产品标准的规定；其他食品应符合相关产品的规定
2	净含量	√	√	√	
3	感官	√	√	√	
4	无机砷	√	√	＊	GB 2762—2005（参考豆类）
5	铅	√	√	＊	
6	铜（以 Cu 计）	√	√	＊	GB 15199—1994（参考豆类）
7	黄曲霉毒素 B1	√	√	＊	GB 2761—2011
8	六六六	√	√	＊	GB 2763—2005（参考豆类）
9	滴滴涕	√	√	＊	
10	菌落总数	√	√	√	企业标准
11	大肠菌群	√	√	√	
12	致病菌	√	√	＊	不得检出
13	苯甲酸	√	√	＊	根据产品实际情况选择
14	山梨酸	√	√	＊	
15	糖精钠	√	√	＊	
16	甜蜜素	√	√	＊	
17	着色剂	√	√	＊	

注：依据 GB 2760—2011、GB 2761—2011、GB 2762—2005、GB 2763—2005、GB 7718—2011、GB 15199—1994 等国家标准、行业标准、企业标准。

（8）抽样方法

根据企业所申请取证产品的品种，在企业成品库内分别随机抽取一种主导产品。所抽样品应为同一规格、同一批次的产品。抽样基数不得少于 50 kg。抽样数量：同一批次的产品不少于 2 kg，分成 2 份，1 份检验，1 份备查。

样品及抽样单内容经确认无误后，由抽样人员与被抽查单位在抽样单上签字、盖章，当场封存样品，并加贴封条，封条上应有抽样人员签名、抽样单位盖章及抽样日期。

第 3 节　有关食品安全国家标准的相关知识

一、食品安全国家标准目录

与豆制品企业有直接或间接关系的食品安全国家标准见表 11—4，供豆制品工艺师在使用中参考。

表 11—4　　食品安全国家标准目录

国家标准编号	国家标准名称
基础标准	
GB 14881—1994	食品企业通用卫生规范
GB 7718—2011	预包装食品标签通则
GB 2760—2011	食品添加剂使用标准
GB 2761—2011	食品中真菌毒素限量
GB 2762—2005	食品中污染物限量
GB 14880—2008	食品营养强化剂使用标准
产品标准	
GB 2711—2003	非发酵性豆制品及面筋卫生标准
GB 22556—2008	豆芽卫生标准
GB 2712—2003	发酵性豆制品卫生标准
检验标准	
GB 4789—2010 系列	食品微生物学检验
GB 5009—2010 系列	食品理化检验

二、《食品企业通用卫生规范》相关知识

规范规定了食品企业的食品加工过程、原料采购、运输、储存、工厂设计与设施的基本卫生要求及管理准则，适用于食品生产、经营的企业、工厂，并作为制定各类食品厂的专业卫生规范的依据。主要内容如下：

1. 原材料采购、运输、储存的卫生要求

采购原材料应按该种原材料质量卫生标准或卫生要求进行。不含有毒有害物，

也不应受其污染。

运输工具（车厢、船舱）等应符合卫生要求，应备有防雨防尘设施，根据原料特点和卫生需要，还应具备保温、冷藏、保鲜等设施。

原材料场地和仓库，应地面平整，便于通风换气，有防鼠、防虫设施；设专人管理，建立管理制度，定期检查质量和卫生情况，按时清扫、消毒、通风换气。

2. 工厂设计与设施的卫生要求

凡新建、扩建、改建的工程项目有关食品卫生部分均应按本规范和各该类食品厂的卫生规范的有关规定进行设计和施工。各类食品厂应将本厂的总平面布置图，原材料、半成品、成品的质量和卫生标准，生产工艺规程以及其他有关资料，报当地食品卫生监督机构备查。

厂址要选择在地势干燥、交通方便、有充足的水源的地区。厂区周围不得有粉尘、有害气体、放射性物质和其他扩散性污染源；不得有昆虫大量滋生的潜在场所，避免危及产品卫生。厂区要远离有害场所。生产区建筑物与外缘公路或道路应有防护地带。

厂区合理布局，划分生产区和生活区；生产区应在生活区的下风向。

厂区道路应通畅，便于机动车通行，有条件的应修环行路且便于消防车辆到达各车间；应采用便于清洗的混凝土、沥青及其他硬质材料辅设道路，防止积水及尘土飞扬。

给排水系统应能适应生产需要，设施应合理有效，经常保持畅通，有防止污染水源和鼠类、昆虫通过排水管道潜入车间的有效措施。

污物（加工后的废弃物）存放应远离生产车间，且不得位于生产车间上风向。存放设施应密闭或带盖，要便于清洗、消毒。

凡接触食品物料的设备、工具、管道，必须用无毒、无味、抗腐蚀、不吸水、不变形的材料制作；表面要清洁，边角圆滑，无死角，不易积垢，不漏隙，便于拆卸、清洗和消毒。设备设置应根据工艺要求，布局合理。

生产厂房的高度应能满足工艺、卫生要求，以及设备安装、维护、保养的需要。生产车间人均占地面积（不包括设备占位）不能少于 1.50 m^2，高度不低于 3 m；地面应使用不渗水、不吸水、无毒、防滑的材料（如耐酸砖、水磨石、混凝土等）铺砌，应有适当坡度，在地面最低点设置地漏，以保证不积水。屋顶或天花板应选用不吸水、表面光洁、耐腐蚀、耐温、浅色的材料覆涂或装修，要有适当的坡度，在结构上减少凝结水滴落，防止虫害和霉菌滋生，以便于洗刷、消毒。生产车间墙壁要用浅色、不吸水、不渗水、无毒材料覆涂，并用白瓷砖或其他防腐蚀材料装修高度不低于 1.50 m 的墙裙；墙壁表面应平整光滑，其四壁和地面交界面要呈漫弯形，防止污垢积存，并便于清洗。门、窗、天窗要严密不变形，防护门要能两面开，设置位置适当，并便于卫生防护设施的设置。窗台要设于地面 1 m 以上，内侧要下斜 45°。

通道要宽畅，便于运输和卫生防护设施的设置。楼梯、电梯传送设备等处要便于维护和清扫、洗刷和消毒。

生产车间、仓库应有良好通风，采用自然通风时通风面积与地面积之比不应小于 1∶16。

车间或工作地应有充足的自然采光或人工照明。

洗手设施应分别设置在车间进口处和车间内适当的地点。要配备冷热水混合器，其开关应采用非手动式。

3. 工厂的卫生管理

食品厂必须建立相应的卫生管理机构，并配备经专业培训的专职或兼职的食品卫生管理人员，对本单位的食品卫生工作进行全面管理。

建筑物和各种机械设备、装置、设施、给排水系统等均应保持良好状态，确保正常运行和整齐洁净，不污染食品。建立健全维修保养制度，定期检查、维修，杜绝隐患，防止污染食品。

应制定有效的清洗及消毒方法和制度，以确保所有场所清洁卫生，防止污染食品。使用清洗剂和消毒剂时，应采取适当措施，防止人身健康受到影响、食品受到污染。

厂区应定期或在必要时进行除虫灭害工作，要采取有效措施防止鼠类、蚊、蝇等的聚集和滋生。

清洗剂、消毒剂、杀虫剂以及其他有毒有害物品均应有固定包装，并在明显处标示“有毒品”字样，储存于专门库房或柜橱内，加锁并由专人负责保管，建立管理制度。各种药剂的使用品种和范围，须经省（自治区、直辖市）卫生监督部门同意。

污水排放应符合国家规定标准，不符合标准者应采取净化措施，达标后排放。

副产品（加工后的下料和废弃物）应及时从生产车间运出，按照卫生要求，储存于副产品仓库，废弃物则收集于污物设施内，及时运出厂区处理。

食品厂全体工作人员每年至少进行一次体格检查，没有取得卫生监督机构颁发的体检合格证者，一律不得从事食品生产工作。凡体检确认患有肝炎（病毒性肝炎和带毒者）、活动性肺结核、肠伤寒和肠伤寒带菌者、细菌性痢疾和痢疾带菌者、化脓性或渗出性脱屑性皮肤病、其他有碍食品卫生的疾病或疾患的人员，均不得从事食品生产工作。

4. 生产过程的卫生要求

应按产品品种分别建立生产工艺和卫生管理制度，明确各车间、工序、个人的岗位职责，并定期检查、考核。

原材料必须经过检验、化验，合格者方可使用；不符合质量卫生标准和要求的，不得投产使用，要与合格品严格区分开，防止混淆和污染食品。

按生产工艺的先后次序和产品特点，应将原料处理、半成品处理和加工、包装材料和容器的清洗、消毒、成品包装和检验、成品储存等工序分开设置，防止前后工序相互交叉污染。防止变质和受到腐败微生物及有毒有害物的污染。生产设备、工具、容器、场地等在使用前后均应彻底清洗、消毒。维修、检查设备时，不得污染食品。

成品应有固定包装，经检验合格后方可包装；包装应在良好的状态下进行，防止将异物带入食品。使用的包装容器和材料应完好无损，符合国家卫生标准。包装上的标签应按 GB 7718—2011 的有关规定执行。成品包装完毕，按批次入库、储存，防止差错。生产过程的各项原始记录（包括工艺规程中各个关键因素的检查结果）应妥为保存，保存期应较该产品的商品保存期延长 6 个月。

5. 卫生和质量检验的管理

应设立与生产能力相适应的卫生和质量检验室，并配备经专业培训、考核合格的检验人员从事卫生、质量的检验工作。原始记录应齐全，并应妥善保存，以备查核。

6. 成品储存、运输的卫生要求

经检验合格包装的成品应储存于成品库，成品库容量应与生产能力相适应，按品种、批次分类存放，防止相互混杂。成品库不得储存有毒、有害物品或其他易腐、易燃品。成品码放时，与地面，墙壁应有一定距离，便于通风。要留出通道，便于人员、车辆通行，要设有温度、湿度监测装置，定期检查和记录。要有防鼠、防虫等设施，定期清扫、消毒，保持卫生。

运输工具（包括车厢、船舱和各种容器等）应符合卫生要求。要根据产品特点配备防雨、防尘、冷藏、保温等设施。运输作业应避免强烈振荡、撞击，轻拿轻放，防止损伤成品外形；且不得与有毒有害物品混装、混运，作业结束，搬运人员应撤离工作地，防止污染食品。

7. 个人卫生与健康的要求

食品厂的从业人员（包括临时工）应接受健康检查，并取得体检合格证者，方可参加食品生产。从业人员上岗前，要经过卫生培训教育方可上岗。上岗时，要做好个人卫生，防止污染食品。进车间前，必须穿戴整洁划一的工作服、帽、靴、鞋，工作服应盖住外衣，头发不得露于帽外，并要把双手洗净。直接与原料、半成品和成品接触的人员不准戴耳环、戒指、手镯、项链、手表。不准化妆、涂指甲油、喷洒香水后进入车间。手接触脏物、进厕所、吸烟、用餐后，都必须把双手洗净才能进行工作。上班前不许喝酒，工作时不准吸烟、饮酒、吃食物及做其他有碍食品卫生的活动。操作人员手部受到外伤，不得接触食品或原料，经过包扎治疗戴上防护手套后，方可参加不直接接触食品的工作。不准穿工作服、鞋进厕所或离开生产加工场所。生产车间不得带入或存放个人生活用品，如衣物、食品、烟酒、药品、化妆品等。进入生产加工车间的其他人员（包括参观人员）均应遵守本规范的规定。

三、《预包装食品标签通则》相关知识

1. 基本要求

预包装食品标签的所有内容应符合法律、法规的规定，并符合相应食品安全标准的规定。内容应清晰、醒目、持久，应使消费者购买时易于辨认和识读。

内容应通俗易懂、有科学依据，不得标示封建迷信、色情、贬低其他食品或违背营养科学常识的内容。

内容应真实、准确，不得以虚假、夸大、使消费者误解或具有欺骗性的文字、图形等方式介绍食品，也不得利用字号大小或色差误导消费者。不应直接或以暗示性的语言、图形、符号误导消费者，将购买的食品或食品的某一性质与另一产品混淆。不应标注或者暗示具有预防、治疗疾病作用的内容，非保健食品不得明示或者暗示具有保健作用。不应与食品或者其包装物（容器）分离。

应使用规范的汉字（商标除外）。具有装饰作用的各种艺术字应书写正确，易于辨认。预包装食品包装物或包装容器的最大表面面积大于 35 cm^2 时，强制标示内容的文字、符号、数字的高度不得小于 1.8 mm。一个销售单元的包装中含有不同品种、多个独立包装可单独销售的食品，每件独立包装的食品标志应当分别标注。若外包装易于开启识别或透过外包装物能清晰地识别内包装物（容器）上的所有强制标示内容或部分强制标示内容，可不在外包装物上重复标示相应的内容；否则应在外包装物上按要求标示所有强制标示内容。

2. 强制标示内容

（1）直接向消费者提供的预包装食品标签标示内容

1）食品名称。应在食品标签的醒目位置，清晰地标示反映食品真实属性的专用名称。无国家标准、行业标准或地方标准规定的名称时，应使用不使消费者误解或混淆的常用名称或通俗名称。标示“新创名称”“奇特名称”“音译名称”“牌号名称”“地区俚语名称”或“商标名称”时，应在所示名称的同一展示版面标示规定的名称。为不使消费者误解或混淆食品的真实属性、物理状态或制作方法，可以在食品名称前或食品名称后附加相应的词或短语。如干燥的、浓缩的、复原的、熏制的、油炸的、粉末的、粒状的等。

2）配料表。预包装食品的标签上应标示配料表，配料表中的各种配料应标示具体名称，食品添加剂应当标示其在 GB 2760 中的食品添加剂通用名称。

各种配料应按制造或加工食品时加入量的递减顺序一一排列。

在食品制造或加工过程中，加入的水应在配料表中标示。在加工过程中已挥发的水或其他挥发性配料不需要标示。

制造、加工食品时使用的加工助剂，不需要在配料清单中标示。

3）配料的定量标示。如果在食品标签或食品说明书上特别强调添加了或含有一种或多种有价值、有特性的配料或成分，应标示所强调配料或成分的添加量或在成品中的含量。

如果在食品的标签上特别强调一种或多种配料或成分的含量较低或无时，应标示所强调配料或成分在成品中的含量。

食品名称中提及的某种配料或成分未在标签上特别强调的，不需要标示该种配料或成分的添加量或在成品中的含量。

4）净含量和规格。净含量的标示应由净含量、数字和法定计量单位组成。

净含量应依据法定计量单位，按以下形式标示包装物（容器）中食品的净含量：a）液态食品，用体积升（L）（l）、毫升（mL）（ml），或用质量克（g）、千克（kg）；b）固态食品，用质量克（g）、千克（kg）；c）半固态或黏性食品，用质量克（g）、千克（kg）或体积升（L）（l）、毫升（mL）（ml）。

5）生产者、经销者的名称、地址和联系方式。应当标注生产者的名称、地址和联系方式。生产者名称和地址应当是依法登记注册、能够承担产品安全质量责任的生产者的名称、地址。

6）日期标示。应清晰标示预包装食品的生产日期和保质期。如日期标示采用“见包装物某部位”的形式，应标示所在包装物的具体部位。日期标示不得另外加贴、补印或篡改。

应按年、月、日的顺序标示日期，如果不按此顺序标示，应注明日期标示顺序。

7）储存条件。预包装食品标签应标示储存条件。

8）食品生产许可证编号。预包装食品标签应标示食品生产许可证编号的，标示形式按照相关规定执行。

9）产品标准代号。在国内生产并在国内销售的预包装食品（不包括进口预包装食品）应标示产品所执行的标准代号和顺序号。

10）辐照食品。经电离辐射线或电离能量处理过的食品或配料，应在食品名称附近或配料表中标明。

11）转基因食品。转基因食品的标示应符合相关法律、法规的规定。

12）营养标签。特殊膳食类食品和专供婴幼儿的主辅类食品，应当标示主要营养成分及其含量，标示方式按照 GB 13432 执行。其他预包装食品如需标示营养标签，标示方式参照相关法规标准执行。

13）质量（品质）等级。食品所执行的相应产品标准已明确规定质量（品质）等级的，应标示质量（品质）等级。

（2）非直接提供给消费者的预包装食品标签标示内容

食品名称、规格、净含量、生产日期、保质期和储存条件的标示与直接提供给消费者的预包装食品标签相同，其他内容如未在标签上标注，则应在说明书或合同中注明。

（3）标示内容的豁免

酒精度大于等于 10% 的饮料酒、食醋、食用盐、固态食糖可以免除标示保质期。

当预包装食品包装物或包装容器的最大表面面积小于 10 cm^2 时可以只标示产品名称、净含量、生产者（或经销商）的名称和地址。

3. 非强制标示内容

批号、食用方法、能量和营养素等为推荐性标示的内容。

四、《食品添加剂使用标准》相关知识

《食品添加剂使用标准》的主要内容如下：

1. 范围

标准规定了食品添加剂的使用原则、允许使用的食品添加剂品种、使用范围及

最大使用量或残留量。

2. 术语和定义

标准规定了食品添加剂的定义为：为改善食品品质和色、香、味，以及为防腐、保鲜和加工工艺的需要而加入食品中的人工合成或者天然物质。营养强化剂、食品用香料、胶基糖果中基础剂物质、食品工业用加工助剂也包括在内。

最大使用量：食品添加剂使用时所允许的最大添加量。

最大残留量：食品添加剂或其分解产物在最终食品中的允许残留水平。

食品工业用加工助剂：保证食品加工能顺利进行的各种物质，与食品本身无关。如助滤、澄清、吸附、脱模、脱色、脱皮、提取溶剂、发酵用营养物质等。

国际编码系统（INS）：食品添加剂的国际编码，用于代替复杂的化学结构名称表述。

中国编码系统（CNS）：食品添加剂的中国编码，由食品添加剂的主要功能类别代码和在本功能类别中的顺序号组成。

3. 食品添加剂的使用原则

（1）食品添加剂的使用时应符合的基本要求

1）不应对人体产生任何健康危害。

2）不应掩盖食品的腐败变质。

3）不应掩盖食品本身或加工过程中的质量缺陷或以掺杂、掺假、伪造为目的而使用食品添加剂。

4）不应降低食品本身的营养价值。

5）在达到预期目的前提下尽可能降低在食品中的使用量。

（2）可使用食品添加剂的情况

1）保持或提高食品本身的营养价值。

2）作为某些特殊膳食用食品的必要配料或成分。

3）提高食品的质量和稳定性，改进其感官特性。

4）便于食品的生产、加工、包装、运输或者储存。

（3）食品添加剂可以通过食品配料（含食品添加剂）带入食品中的情况

1）根据本标准，食品配料中允许使用该食品添加剂。

2）食品配料中该添加剂的用量不应超过允许的最大使用量。

3）应在正常生产工艺条件下使用这些配料，并且食品中该添加剂的含量不应超过由配料带入的水平。

4）由配料带入食品中的该添加剂的含量应明显低于直接将其添加到该食品中

通常所需要的水平。

4. 食品分类系统

附录 F 规定了适用于该标准使用的食品分类。

5. 食品添加剂的使用规定

附录表 A1 规定了食品添加剂的使用范围和使用量。附录表 A2 规定了可在各类食品中按生产需要适量使用的食品添加剂名单；附录表 A3 规定了需要适量使用的食品添加剂所例外的食品类别名单。

6. 食品用香料

附录表 B 列出了用于生产食品用香精、香料的名单。

7. 食品工业用加工助剂

附录表 C 列出了食品工业用加工助剂的名单和使用范围。

8. 胶基糖果中基础剂物质及其配料

附录表 D 列出了胶基糖果中基础剂物质及其配料名单。

五、食品营养强化剂使用标准相关内容

食品安全国家标准食品营养强化剂使用标准的主要内容如下：

1. 范围

标准规定了食品营养强化剂在食品中的强化原则、食品营养强化剂的使用原则、强化载体的选择原则，并规定了允许使用的食品营养强化剂品种、使用范围及使用量。

2. 营养强化原则

使用营养强化剂的原则如下：

（1）用于弥补食品在正常加工、储存时造成的营养素损失。

（2）有充足的证据表明在一定的地域范围内有相当规模的特定人群出现某种营养素的缺乏，且通过强化营养素可以改善上述营养素摄入水平低或缺乏导致的健康影响，可以通过强化在此地域内向营养素缺乏人群提供强化营养素的食品。

（3）有证据表明当某些人群由于饮食习惯或其他原因可能出现某些营养素及其他营养物质的摄入量水平较低或缺乏，且通过添加营养强化剂可以改善上述营养素及其他营养物质摄入水平低或缺乏导致的健康影响。

（4）当生产传统食品的替代食品时，用于增加替代食品的营养成分。

（5）补充和调整特殊膳食用食品中营养素及其他营养物质的含量。

3. 营养强化剂的使用原则

使用营养强化剂应符合以下原则：

（1）营养强化剂的使用不能导致人群食用后营养素及其他营养物质摄入过量或不均衡，不会导致任何其他营养物质的代谢异常。

（2）添加到食品的营养强化剂应能在常规的储存、运输和食用条件下保持质量的稳定。

（3）添加的营养强化剂不会导致食品一般特性如颜色、味道、气味、烹调特性等发生不良改变。

（4）不应通过使用营养强化剂夸大强化食品中某一营养成分含量或作用误导和欺骗消费者。

（5）营养强化剂的使用不应鼓励和引导与国家营养政策相悖的食品消费模式。

4. 强化载体的选择原则

选择营养强化剂的强化载体作为强化食品时应符合以下原则：

（1）应选择目标人群普遍消费且容易获得的食品进行强化。

（2）强化载体食物消费量应比较稳定，有利于比较准确地计算出营养强化剂的添加量，同时能避免由于食品的大量摄入而发生人体营养素及其他营养物质的过量。

（3）已经是某营养素良好来源的天然食物，不宜作为该营养素的强化载体。

六、《食品中污染物限量》相关内容

食品安全国家标准《食品中污染物限量》规定了食品中铅、镉、汞、砷、锡、镍、铬、硝酸盐、亚硝酸盐、苯并（a）芘、N-亚硝胺、多氯联苯、3-氯-1，2-丙二醇的限量指标。其中铅的限量在豆类及其制品中规定：豆类蔬菜≤0.2 mg/kg、干豆和豆粉≤0.2 mg/kg、豆浆≤0.2 mg/kg、其他豆类制品≤0.5 mg/kg；镉的限量在豆类及其制品中规定：豆类蔬菜≤0.1 mg/kg、豆类≤0.2 mg/kg；铬的限量在豆类及其制品中规定：豆类≤1.0 mg/kg。

七、《食品中真菌毒素限量》相关内容

食品安全国家标准《食品中真菌毒素限量》规定了食品中黄曲霉毒素B1、黄曲霉毒素M1、脱氧雪腐镰刀菌烯醇、展青霉素、赭曲霉毒素A及玉米赤霉烯酮的限量指标。标准中规定了豆类及其制品中黄曲霉毒素B1的最大限量为5μg /kg，大豆中赭曲霉毒素A的限量为5 μg /kg。

八、《食品中致病菌限量》相关内容

食品安全国家标准《食品中致病菌限量》规定了食品中致病菌指标、限量要求和检验方法。标准中规定了豆类制品中不得检出沙门氏菌、金黄色葡萄球菌和单核细胞增生李斯特菌。

九、食品安全国家标准豆制品产品标准的相关知识

1. 食品安全国家标准《豆制品》

食品安全国家标准《豆制品》规定了豆制品的术语和定义及技术要求。标准中规定了生产豆制品的原料要求应符合相关标准和规定；产品中污染物的限量应符合食品安全国家标准《食品中污染物限量》中的规定；产品中真菌毒素的限量应符合食品安全国家标准《食品中真菌毒素限量》中的规定；产品中致病菌微生物应符合食品安全国家标准《食品中致病菌限量》中的规定，产品中大肠菌群微生物应符合：按照三级采样方案设定的指标，在 5 个样品中，容许全部样品中相应微生物指标查验值小于或等于 10 cfu/g；容许有小于等于 2 个样品其相应微生物指标查验值在 10 cfu/g 值和 100 cfu/g 之间；不容许有样品相应微生物指标查验值大于 100 cfu/g。

2. 食品安全国家标准《豆芽》

食品安全国家标准《豆芽》规定了豆芽的术语和定义及技术要求。标准中规定了生产豆芽的原料要求应符合相关标准和规定；产品中污染物的限量应符合食品安全国家标准《食品中污染物限量》中的规定；产品中真菌毒素的限量应符合食品安全国家标准《食品中真菌毒素限量》中的规定；产品中致病菌微生物应符合食品安全国家标准《食品中致病菌限量》中的规定。

十、食品安全国家标准中检验标准的相关知识

1. 食品安全国家标准《食品微生物学检验》

食品安全国家标准《食品微生物学检验》标准号为 GB4789，包括了从 GB4789.1—GB4789.40 微生物检验标准。其中 GB4789.1 为《总则》，GB4789.2 为《菌落总数测定》，GB4789.3 为《大肠菌群计数》，GB4789.4 为《沙门氏菌检验》，GB4789.10 为《金黄色葡萄球菌检验》，GB4789.15 为《霉菌和酵母计数》，GB4789.30 为《单核细胞增生李斯特氏菌检验》。

2. **食品理化检验**

食品安全国家标准食品理化检验标准 GB 5009 系列中，GB 5009.3 为《食品中水分的测定》，GB 5009.4 为《食品中灰分的测定》，GB 5009.5 为《食品中蛋白质的测定》，GB 5009.12 为《食品中铅的测定》，GB 5009.24 为《食品中黄曲霉毒素 M1 和 B1 的测定》。